"十四五"职业教育国家规划教材

国家职业教育机电一体化技术专业
教学资源库配套教材

电机与电气控制技术

（第2版）

▶ 主 编 赵红顺 莫莉萍
▶ 主 审 蒋庆斌

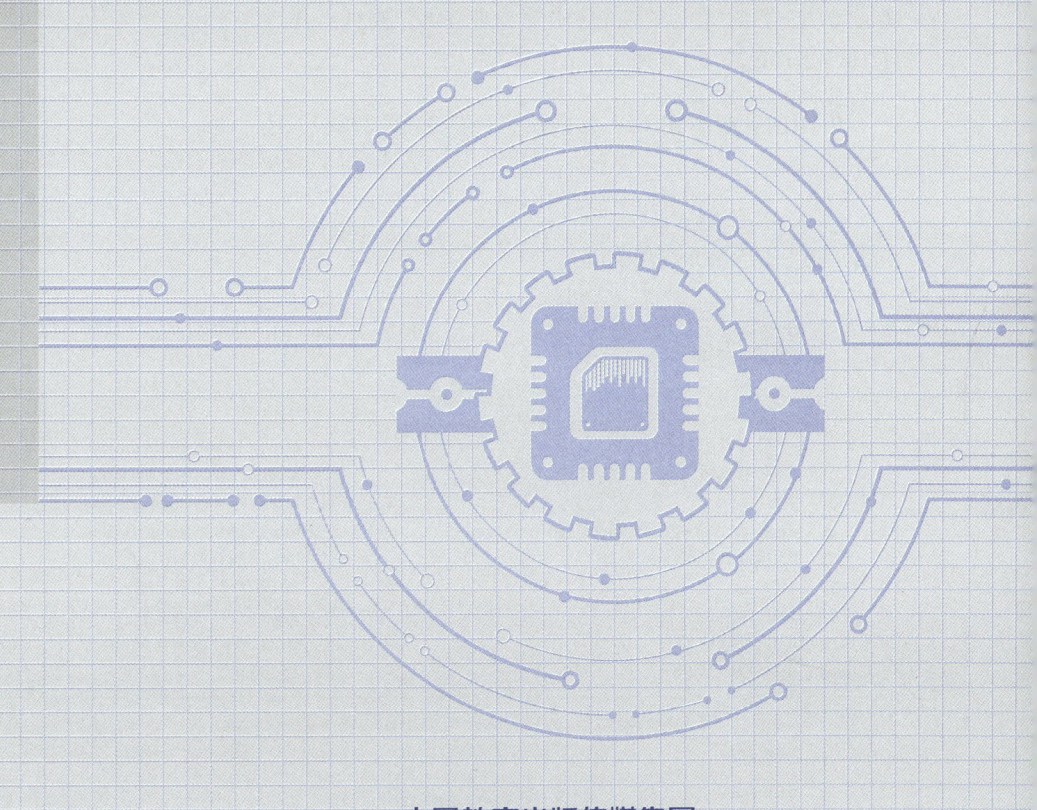

中国教育出版传媒集团
高等教育出版社·北京

内容简介

本书是"十四五"职业教育国家规划教材,也是高等职业教育电类课程新形态一体化教材。本书根据高等职业教育的特点,突出了应用能力和实践能力培养的特色,结合高等职业教育教学改革和课程改革要求,本着"工学结合、项目引导、任务驱动、学做一体化"的原则编写。本书共9个项目22个任务,其内容包括直流电动机的拆装、维修与电力拖动,三相异步电动机的拆装与电气检查,变压器的性能测试与同名端、联结组判定,控制电动机及其应用,三相异步电动机单向起动控制线路,三相异步电动机正反转控制线路,三相异步电动机减压起动控制线路,三相异步电动机调速与制动控制线路和典型机床电气控制线路分析与故障检修,将元器件认识与检测,电路分析,安装与调试及故障检修等分解于各任务中。

本教材体现了互联网与传统教学的完美融合,采用"纸质教材+数字课程"的出版形式,以新颖的留白编排方式,突出资源的导航,扫描二维码,即可观看微课、动画等视频类数字资源,随扫随学,突破传统课堂教学的时空限制,激发学生自主学习的兴趣,打造高效课堂。配套数字课程使用方式请见"智慧职教"服务指南。读者也可发送电子邮件至 gzdz@pub.hep.cn 获取配套教学资源。

本书内容贴近生产实际,实用性、可操作性强,任务考核标准与国家维修电工职业技能鉴定全面接轨,是一本"双证融通"的理实一体化教材,可作为高等职业院校电气自动化、机电一体化、机电设备技术等机电类专业的教学用书,也可作为中、高级维修电工考证培训教材或相关专业工程技术人员的岗位培训教材和参考用书。

图书在版编目(CIP)数据

电机与电气控制技术 / 赵红顺,莫莉萍主编. -- 2版. -- 北京:高等教育出版社,2024.3
ISBN 978-7-04-061395-7

Ⅰ. ①电… Ⅱ. ①赵… ②莫… Ⅲ. ①电机学-中等专业学校-教材②电气控制-中等专业学校-教材 Ⅳ. ①TM3②TM921.5

中国国家版本馆 CIP 数据核字(2023)第 218873 号

DIANJI YU DIANQI KONGZHI JISHU

| 策划编辑 | 曹雪伟 | 责任编辑 | 曹雪伟 | 封面设计 | 赵 阳 马天驰 | 版式设计 | 童 丹 |
| 责任绘图 | 邓 超 | 责任校对 | 张 然 | 责任印制 | 刘思涵 | | |

出版发行	高等教育出版社	网 址	http://www.hep.edu.cn
社 址	北京市西城区德外大街4号		http://www.hep.com.cn
邮政编码	100120	网上订购	http://www.hepmall.com.cn
印 刷	高教社(天津)印务有限公司		http://www.hepmall.com
开 本	850mm×1168mm 1/16		http://www.hepmall.cn
印 张	16	版 次	2019年2月第1版
字 数	390千字		2024年3月第2版
购书热线	010-58581118	印 次	2024年12月第4次印刷
咨询电话	400-810-0598	定 价	45.00元

本书如有缺页、倒页、脱页等质量问题,请到所购图书销售部门联系调换
版权所有 侵权必究
物 料 号 61395-00

"智慧职教"服务指南

"智慧职教"(www.icve.com.cn)是由高等教育出版社建设和运营的职业教育数字教学资源共建共享平台和在线课程教学服务平台,与教材配套课程相关的部分包括资源库平台、职教云平台和 App 等。用户通过平台注册,登录即可使用该平台。

● 资源库平台:为学习者提供本教材配套课程及资源的浏览服务。

登录"智慧职教"平台,在首页搜索框中搜索"电机与电气控制技术",找到对应作者主持的课程,加入课程参加学习,即可浏览课程资源。

● 职教云平台:帮助任课教师对本教材配套课程进行引用、修改,再发布为个性化课程(SPOC)。

1. 登录职教云平台,在首页单击"新增课程"按钮,根据提示设置要构建的个性化课程的基本信息。

2. 进入课程编辑页面设置教学班级后,在"教学管理"的"教学设计"中"导入"教材配套课程,可根据教学需要进行修改,再发布为个性化课程。

● App:帮助任课教师和学生基于新构建的个性化课程开展线上线下混合式、智能化教与学。

1. 在应用市场搜索"智慧职教 icve"App,下载安装。

2. 登录 App,任课教师指导学生加入个性化课程,并利用 App 提供的各类功能,开展课前、课中、课后的教学互动,构建智慧课堂。

"智慧职教"使用帮助及常见问题解答请访问 help.icve.com.cn。

第2版前言

本书第 1 版自 2019 年出版以来,作为高等职业教育电气自动化技术、机电一体化技术及相关专业的专业核心课教材,在高等职业院校中被广泛选用。2020 年,本书获评"十三五"职业教育国家规划教材,2023 年,通过复核获评"十四五"职业教育国家规划教材。

本书在第 1 版基础上进行修订,根据党的二十大报告中"深入实施人才强国战略,努力培养大国工匠、高技能人才"的相关要求,对部分内容进行补充和拓展,在微课、动画、操作视频和实操内容等方面进行细化和完善,将课程思政元素融入教材,明确各个项目的知识目标、能力目标和素质目标要求,细化实践考核环节,使教材内容更丰富,叙述更清楚,语言通俗易懂,更加贴近生产实践。具体修订内容包括以下几个方面:

1. 将课程思政元素融入教材,增加思政案例。书中适时安排思政学习内容,以拓展阅读的形式通过二维码随扫随学,引导学生树立互帮互助、团队协作、乐业敬业的工作作风,在巩固和加深专业知识的同时,培养学生敬业、精益、专注、创新的工匠精神和正确的劳动观。

2. 推进教育数字化,进一步丰富、优化、更新教材数字化教学资源。新增部分视频、工程案例、动画、实操文本和微课,强化实践技能,使学生更好地理解和掌握相关的知识点、技能点。

3. 新增各个项目的知识目标、能力目标和素养目标。在各个任务实施过程和考核评价设计中,渗透节能、绿色、环保等理念,融入爱国创新、开拓进取等育人元素,培养学生的创新意识和创新能力。

修订后的教材延续了原教材理实一体化的风格,教学资源更加丰富多样,实现纸质教材与数字化资源的完美结合,体现"互联网+"新形态一体化教材理念。学生通过扫描书中二维码可观看相应资源,随扫随学,激发学生自主学习的兴趣,打造高效课堂。

本书由常州机电职业技术学院赵红顺和莫莉萍担任主编,常州机电职业技术学院蒋庆斌担任主审。其中项目一~项目四由莫莉萍编写,项目五~项目九由赵红顺编写。全书由赵红顺负责统稿工作。参与本书教学资源制作工作的有赵红顺、莫莉萍、王青、白颖、马仕麟、庞宇峰和马剑等。

编写本书时,编者查阅和参考了众多文献资料,从中得到了许多启发,在此向参考文献的作者致以诚挚的谢意。同时向多年来使用本书的同行与读者表示真诚的谢意,感谢同行们的支持以及读者的厚爱,敬请使用本书的同行与读者继续批评指正。

编 者
2023 年 9 月

第1版前言

本书根据培养高职技能型人才的目标要求,本着"项目引领、岗位实境"工学结合人才培养模式,在国家示范性高职院校建设和教学改革的基础上编写而成。本书以工厂常用电气设备典型控制技术为主线,采用项目教学、任务驱动方式组织教材内容,在内容选取方面颇具特色,以"必需、够用"为度,内容丰富实用,针对性强,重视职业技能训练和职业能力培养,理论与实践结合,通过设计不同工作任务,巧妙地将知识点和技能训练融入各个任务之中,各个项目按照知识点与技能要求循序渐进编排,符合高职学生认知规律,体现了高职技能型人才培养的特色。

全书共9个项目22个任务,分别是项目一直流电动机的拆装、维修与电力拖动;项目二三相异步电动机的拆装与电气检查;项目三变压器的性能测试与同名端、联结组判定;项目四控制电动机及其应用;项目五三相异步电动机单向起动控制线路;项目六三相异步电动机正反转控制线路;项目七三相异步电动机减压起动控制线路;项目八三相异步电动机调速与制动控制线路;项目九典型机床电气控制线路分析与故障检修。各项目以国家维修电工职业技能标准与规范为指导,以培养学生技能为目的,按照从易到难、从简单到复杂的原则进行编排,将元器件认识与检测,电路分析、安装与调试及故障检修等分解于各任务中;每个任务中都有相应考核要求和评分标准,对技能考核过程进行记录,可操作性的量化考核标准便于过程教学评价,同时各任务后安排了练习题,各项目后安排有题型丰富的思考与练习,以使学生更好地掌握专业知识和技能。

本书结构合理,通俗易懂,注重学生职业技能的培养,内容贴近工厂实际,实用性、可操作性强,各任务考核标准与国家维修电工职业技能鉴定全面接轨,是一本"双证融通"的理实一体化教材,可作为高职院校电气自动化、机电一体化、机电设备维修与管理等机电类专业的教学用书,也可作为中、高级维修电工考证培训教材或作为相关专业工程技术人员的岗位培训教材和参考用书。

本书由常州机电职业技术学院赵红顺和莫莉萍担任主编,其中项目一~项目四由莫莉萍编写,项目五~项目九由赵红顺编写。参与教学资源制作工作的还有常州机电职业技术学院王青、白颖、马仕麟、马剑和庞宇峰等。

在本书的编写过程中,查阅和参考了相关教材和厂家的文献资料,得到许多教益和启发,在此向参考文献的作者致以诚挚的谢意。在统稿过程中,部门领导和同事给予了很多支持和帮助,在此一并表示衷心的感谢。

限于编者水平,书中难免存在错漏和不妥之处,恳请广大读者提出宝贵意见,以便修改。

编 者
2018年9月

目 录

绪论 ……………………………………… 1
  一、认识电机 …………………………… 1
    （一）电机的发展历史 ……………… 1
    （二）电机的分类 …………………… 2
    （三）电机的应用 …………………… 4
  二、电气控制技术 ……………………… 5
    （一）电气控制技术发展历史 ……… 5
    （二）低压电器概述 ………………… 6
  三、本课程的特点及学习方法 ………… 7

项目一　直流电动机的拆装、维修与电力拖动 …………… 9

任务一　直流电动机的拆装 ………… 10
  一、任务目标 …………………………… 10
  二、任务引导 …………………………… 10
    （一）直流电动机的结构 …………… 10
    （二）直流电动机的工作原理 ……… 13
    （三）直流电动机的铭牌数据 ……… 14
  三、任务实施 …………………………… 16
  四、技能考核 …………………………… 18
  五、拓展知识 …………………………… 19
    他励直流电动机的机械特性 ……… 19
  六、练习题 ……………………………… 21

任务二　直流电动机起动、反转和调速的操作 ……………… 22
  一、任务目标 …………………………… 22
  二、任务引导 …………………………… 22
    （一）直流电动机的起动 …………… 22
    （二）直流电动机的反转 …………… 25

    （三）直流电动机的调速 …………… 25
  三、任务实施 …………………………… 27
  四、技能考核 …………………………… 28
  五、拓展知识 …………………………… 29
    （一）能耗制动 ……………………… 29
    （二）反接制动 ……………………… 30
    （三）回馈制动 ……………………… 30
  六、练习题 ……………………………… 31

任务三　直流电动机的维修 ………… 32
  一、任务目标 …………………………… 32
  二、任务引导 …………………………… 32
    （一）直流电动机绕组的主要故障及修理 … 32
    （二）直流电动机换向器的故障及修理 … 35
  三、任务实施 …………………………… 35
  四、技能考核 …………………………… 36
  五、练习题 ……………………………… 37

思考与练习 ……………………………… 37

项目二　三相异步电动机的拆装与电气检查 ………………… 40

任务一　三相异步电动机的拆装 …… 41
  一、任务目标 …………………………… 41
  二、任务引导 …………………………… 41
    （一）三相异步电动机的结构 ……… 41
    （二）三相异步电动机的工作原理 … 45
    （三）三相异步电动机的铭牌数据 … 49
  三、任务实施 …………………………… 51
  四、技能考核 …………………………… 51
  五、拓展知识 …………………………… 52

（一）三相异步电动机的电磁转矩 ……… 52
　　（二）三相异步电动机的机械特性 ……… 53
　　（三）固有机械特性与人为机械特性 …… 57
　六、练习题 ………………………………… 58
任务二　三相异步电动机的电气检查 …… 59
　一、任务目标 ……………………………… 59
　二、任务引导及实施 ……………………… 59
　　（一）直流电阻的测定 …………………… 59
　　（二）绝缘性能的检测 …………………… 59
　　（三）耐压试验 …………………………… 60
　　（四）短路试验 …………………………… 60
　　（五）空载试验 …………………………… 60
　三、技能考核 ……………………………… 61
　四、拓展知识 ……………………………… 62
　五、练习题 ………………………………… 63
思考与练习 …………………………………… 64

项目三　变压器的性能测试与同名端、联结组判定 …… 66

任务一　单相变压器的性能测试 ………… 66
　一、任务目标 ……………………………… 67
　二、任务引导 ……………………………… 67
　　（一）变压器的基本结构和分类 ………… 67
　　（二）变压器的工作原理 ………………… 71
　三、任务实施 ……………………………… 74
　四、技能考核 ……………………………… 75
　五、拓展知识 ……………………………… 76
　　（一）电压互感器 ………………………… 76
　　（二）电流互感器 ………………………… 78
　六、练习题 ………………………………… 79
任务二　变压器同名端的判定 …………… 80
　一、任务目标 ……………………………… 80
　二、任务引导 ……………………………… 80
　　（一）观察法 ……………………………… 80
　　（二）直流法 ……………………………… 81
　　（三）交流法 ……………………………… 81
　三、任务实施 ……………………………… 82
　四、技能考核 ……………………………… 82
　五、练习题 ………………………………… 82
任务三　三相变压器的联结组标号判定 ……………………………………… 83
　一、任务目标 ……………………………… 83
　二、任务引导 ……………………………… 83
　　（一）三相变压器的磁路系统 …………… 83
　　（二）三相变压器的电路系统——联结组 … 84
　三、任务实施 ……………………………… 87
　四、技能考核 ……………………………… 87
　五、拓展知识 ……………………………… 88
　　（一）变压器并联运行的优点 …………… 88
　　（二）变压器理想的并联运行 …………… 88
　　（三）变压器理想并联运行的条件 ……… 88
　六、练习题 ………………………………… 89
思考与练习 …………………………………… 89

项目四　控制电动机及其应用 … 91

任务一　伺服电动机及其应用 …………… 92
　一、任务目标 ……………………………… 92
　二、任务引导 ……………………………… 92
　　（一）直流伺服电动机 …………………… 92
　　（二）交流伺服电动机 …………………… 95
　三、任务实施 ……………………………… 99
　四、技能考核 …………………………… 101
　五、拓展知识 …………………………… 102
　　（一）交流伺服电动机的产品型号 …… 102
　　（二）交流伺服电动机的主要性能指标 … 102
　六、练习题 ……………………………… 104
任务二　步进电动机及其应用 ………… 104
　一、任务目标 …………………………… 105
　二、任务引导 …………………………… 105
　　（一）步进电动机的分类及结构 ……… 105
　　（二）步进电动机的工作原理 ………… 105
　三、任务实施 …………………………… 107

四、技能考核 ……………………… 109
　　五、拓展知识 ……………………… 110
　　六、练习题 ………………………… 111
　思考与练习 …………………………… 111

项目五　三相异步电动机单向起动控制线路 ……………… 113

任务一　手动控制线路的分析 …… 114
　　一、任务目标 ……………………… 114
　　二、任务引导 ……………………… 114
　　　（一）刀开关 …………………… 114
　　　（二）熔断器 …………………… 116
　　　（三）三相异步电动机的接法 … 119
　　三、任务实施 ……………………… 120
　　四、技能考核 ……………………… 121
　　五、拓展知识 ……………………… 121
　　　（一）电气图的分类 …………… 121
　　　（二）绘制电气原理图的基本原则 … 122
　　　（三）图面区域的划分 ………… 123
　　　（四）符号位置的索引 ………… 123
　　六、练习题 ………………………… 124

任务二　点动控制线路的分析 …… 124
　　一、任务目标 ……………………… 124
　　二、任务引导 ……………………… 125
　　　（一）组合开关 ………………… 125
　　　（二）接触器 …………………… 126
　　　（三）按钮 ……………………… 130
　　三、任务实施 ……………………… 131
　　四、技能考核 ……………………… 133
　　五、拓展知识 ……………………… 134
　　　绘制电气安装接线图 …………… 134
　　六、练习题 ………………………… 136

任务三　具有自锁功能的单向起动控制线路的分析 ……… 136
　　一、任务目标 ……………………… 136
　　二、任务引导 ……………………… 137

　　　（一）低压断路器 ……………… 137
　　　（二）热继电器 ………………… 139
　　三、任务实施 ……………………… 142
　　四、技能考核 ……………………… 144
　　五、拓展知识 ……………………… 144
　　　（一）点动与连续混合控制 …… 144
　　　（二）同一台电动机的多地控制 … 145
　　六、练习题 ………………………… 146
　思考与练习 …………………………… 146

项目六　三相异步电动机正反转控制线路 ……………………… 148

任务一　电气互锁的正反转控制线路的分析 ……………… 148
　　一、任务目标 ……………………… 149
　　二、任务引导 ……………………… 149
　　　（一）识读电气原理图 ………… 149
　　　（二）识读电路工作过程 ……… 150
　　三、任务实施 ……………………… 151
　　四、技能考核 ……………………… 152
　　五、拓展知识 ……………………… 153
　　　（一）万能转换开关 …………… 153
　　　（二）使用万能转换开关实现电动机正反转控制 ……………… 154
　　六、练习题 ………………………… 155

任务二　双重互锁的正反转控制线路的分析 ……………… 155
　　一、任务目标 ……………………… 155
　　二、任务引导 ……………………… 156
　　　（一）按钮互锁的正反转控制线路 … 156
　　　（二）双重互锁的正反转控制线路 … 156
　　三、任务实施 ……………………… 158
　　四、技能考核 ……………………… 159
　　五、拓展知识 ……………………… 160
　　　（一）行程开关 ………………… 160
　　　（二）接近开关 ………………… 162

（三）工作台自动往复循环控制线路 …… 163

　六、练习题 …………………………… 164

思考与练习 ……………………………… 165

项目七　三相异步电动机减压起动控制线路 …… 166

任务一　星-三角减压起动控制线路的分析 …… 167

　一、任务目标 ………………………… 167

　二、任务引导 ………………………… 168

　　（一）识读电动机定子绕组的联结方式 … 168

　　（二）识读按钮切换的星-三角减压起动控制线路 …………… 168

　　（三）识读时间继电器控制的星-三角减压起动控制线路 …… 169

　三、任务实施 ………………………… 174

　四、技能考核 ………………………… 175

　五、拓展知识 ………………………… 176

　　（一）主电路的识读 ………………… 176

　　（二）控制电路的识读 ……………… 176

　六、练习题 …………………………… 178

任务二　自耦变压器减压起动控制线路的分析 …… 178

　一、任务目标 ………………………… 178

　二、任务引导 ………………………… 179

　　（一）电压继电器 …………………… 179

　　（二）电流继电器 …………………… 179

　　（三）中间继电器 …………………… 180

　三、任务实施 ………………………… 181

　四、技能考核 ………………………… 182

　五、拓展知识 ………………………… 183

　　（一）三相绕线式异步电动机转子串电阻起动控制 ……… 183

　　（二）三相绕线式异步电动机转子串频敏变阻器起动控制 …… 184

　六、练习题 …………………………… 185

思考与练习 ……………………………… 186

项目八　三相异步电动机调速与制动控制线路 …… 187

任务一　三相异步电动机变极调速控制线路的分析 …… 188

　一、任务目标 ………………………… 188

　二、任务引导 ………………………… 188

　　（一）变极调速方法 ………………… 188

　　（二）双速电动机定子绕组的接线方式 … 188

　　（三）按钮控制的双速电动机控制线路 … 190

　　（四）时间继电器控制的双速电动机控制线路 ……………… 191

　三、任务实施 ………………………… 191

　四、技能考核 ………………………… 192

　五、拓展知识 ………………………… 193

　　（一）变转差率调速 ………………… 193

　　（二）变频调速 ……………………… 194

　六、练习题 …………………………… 194

任务二　三相异步电动机反接制动控制线路的分析 …… 194

　一、任务目标 ………………………… 194

　二、任务引导 ………………………… 194

　　（一）速度继电器的主要结构和工作原理 …………………… 194

　　（二）反接制动的原理和实现要求 …… 195

　　（三）单向反接制动控制线路 ……… 196

　三、任务实施 ………………………… 197

　四、技能考核 ………………………… 198

　五、练习题 …………………………… 198

任务三　三相异步电动机能耗制动控制线路的分析 …… 199

　一、任务目标 ………………………… 199

　二、任务引导 ………………………… 199

　　（一）能耗制动的原理 ……………… 199

　　（二）能耗制动的实现方法 ………… 200

（三）能耗制动的特点和适用场合 ……… 201
　　（四）单相全波整流能耗制动控制线路 … 201
　　（五）单相半波整流能耗制动控制线路 … 201
　三、任务实施 …………………………… 202
　四、技能考核 …………………………… 203
　五、拓展知识 …………………………… 204
　　（一）电磁抱闸 ………………………… 204
　　（二）电磁抱闸制动控制线路 ………… 205
　六、练习题 ……………………………… 206
思考与练习 ………………………………… 207

项目九　典型机床电气控制线路分析与故障检修 ……… 209

任务一　C6140T 型车床电气控制线路分析与故障检修 ………… 210
　一、任务目标 …………………………… 210
　二、任务引导 …………………………… 210
　　（一）车床的主要结构和运动形式 …… 210
　　（二）分析车床加工对控制线路的要求 … 211
　　（三）C6140T 型车床电气控制线路电气原理图 ……………………………… 211

　　（四）机床电气设备故障的诊断步骤 …… 211
　　（五）机床电气故障常用检修方法 …… 213
　三、任务实施 …………………………… 217
　四、技能考核 …………………………… 219
　五、练习题 ……………………………… 220

任务二　X6132 型万能卧式铣床电气控制线路分析与故障检修 ……… 220
　一、任务目标 …………………………… 220
　二、任务引导 …………………………… 221
　　（一）铣床的主要结构与运动形式 …… 221
　　（二）分析铣床加工对电气线路的要求 ……………………………… 222
　　（三）X6132 型万能卧式铣床控制线路电气原理图 ……………………… 222
　三、任务实施 …………………………… 225
　四、技能考核 …………………………… 234
　五、练习题 ……………………………… 234
思考与练习 ………………………………… 234

附录　常用电气符号 ……………… 236

参考文献 …………………………… 239

绪 论

一、认识电机

(一) 电机的发展历史

1. 电机的定义

列车为什么能飞驰而过呢？雷达为什么能准确定位飞机呢？全自动生产线为什么能大大减少人的体力劳动呢？各种机床为什么能高速旋转呢？家用的洗衣机、电冰箱、风扇为什么能工作呢？……所有这些都离不开各种驱动电机、控制电机和电器产品。

电机是以电磁感应或电磁力定律为基本工作原理进行电能传递或机电能量转换的机械装置。

拓展阅读
世界上第一台发电机的诞生

2. 电机的发展历史

谈到电机的发展历史，一定会提到三位科学家，汉斯·奥斯特是丹麦物理学家、化学家；安德烈·玛丽·安培是法国物理学家、化学家、数学家；迈克尔·法拉第是英国物理学家、化学家。

1820年，奥斯特发现了电流磁效应，随后安培通过总结电流在磁场中所受机械力的情况建立了安培定律，1821年9月，法拉第发现通电的导线能绕永久磁铁旋转以及磁体能绕载流导体运动，第一次实现了电磁运动向机械运动的转换，从而建立了电动机的实验室模型，被认为是世界上第一台电动机。

1831年，法拉第利用电磁感应发明了世界上第一台真正意义上的发电机——法拉第圆盘发电机，如图0-1所示。这台发电机的构造跟现代的发电机不同，在磁场中转动的不是线圈，而是一个铜圆盘。圆心处固定一个摇柄，圆盘的边缘和圆心处各与一

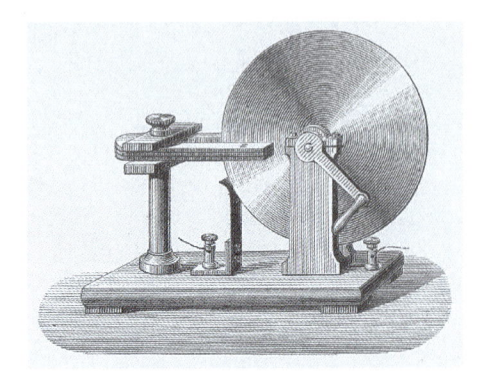

图 0-1 法拉第圆盘发电机（1831 年）

个电刷紧贴，用导线把电刷与电流表连接起来；铜圆盘放置在蹄形永磁体的磁场中，当转动摇柄使铜圆盘旋转起来时，电流表的指针偏向一边，电路中产生了持续的电流。

1831 年夏，亨利对法拉第的电动机模型进行了改进，改进装置的运动部件是在垂直方向上运动的电磁铁，当它们端部的导线与两个电池交替连接时，电磁铁的极性自动改变，电磁铁与永磁体相互吸引或排斥，使电磁铁以每分钟 75 个周期的速度上下运动。

亨利改进的电动机其重要意义在于这是第一次展示了由磁极排斥和吸引产生的连续运动，是电磁铁在电动机中的真正应用。

1832 年，斯特金发明了换向器，据此对亨利的振荡电动机进行了改进，并制作了世界上第一台能产生连续运动的旋转电动机。后来他还制作了一个并励直流电动机。

1834 年，德国的雅可比在两个 U 形电磁铁中间装一个六臂轮，每臂带两根棒形磁铁，通电后，棒形磁铁与 U 形磁铁之间产生相互吸引和排斥作用，带动轮轴转动。

1882 年，德国将米斯巴哈水电站发出的 2 kW 直流电通过 57 km 的 1 500~2 000 V 电线输送到慕尼黑，证明了直流电远距离输送的可能性。

以上介绍的都是直流电机，直流电在传输中的缺点：电压越高，电能的传输损失越小，但高压直流发电困难较大，而且单机容量越大，换向也越困难，换向器上的火花使工作不稳定。因而人们就把目光转向交流电机。

1824 年，法国人阿拉果在转动悬挂着的磁针时发现其外围环上受到机械力。1825 年，他重复这一实验时，发现外围环的转动又使磁针偏转，这些实验导致了后来感应电动机的出现。

1888 年，美国发明家特斯拉发明了交流电动机。它是根据电磁感应原理制成，又称为感应电动机，这种电动机结构简单，使用交流电，无火花，因此被广泛应用于工业和家庭电器中，交流电动机通常用三相交流电供电。

1891 年，奥斯卡·冯·米勒在法兰克福世界电气博览会上宣布：他与多里沃合作架设的从劳芬到法兰克福的三相交流输电电路，可把劳芬的一架 300×735.5 W/55 V 三相交流发电机的电流经三相变压器提高到了万伏，输送了 175 km，顺利通电，从此三相交流电机很快代替了工业上的直流电机，因为三相制的优点十分明显：材料可靠，结构简单，性能好，效率高，用铜省，在电力驱动方面又有重大效益。此后，各种各样的电机迅速发展起来。1896 年，特斯拉的两相交流发电机在尼亚拉发电厂开始运营，3 750 kW/5 000 V 的交流电一直送到 40 km 外的布法罗市。

（二）电机的分类

电机可以从不同的角度分类。为了能建立一个感性认识，对电机进行简单的分类如下：

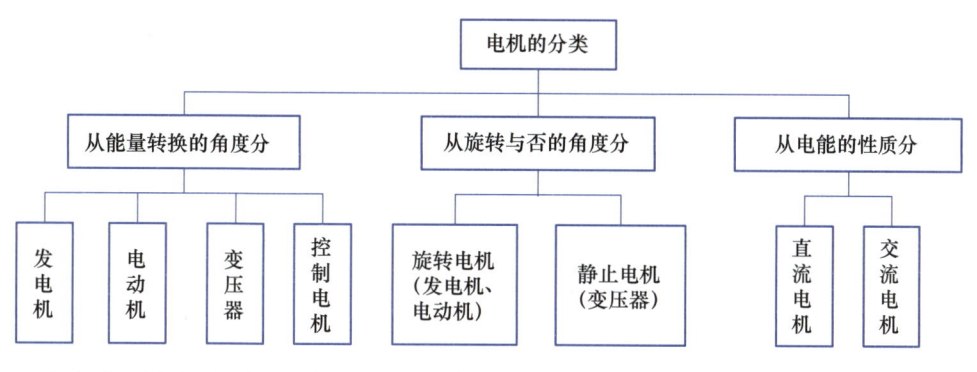

```
                        电机的分类
        ┌───────────────────┼───────────────────┐
   从能量转换的角度分      从旋转与否的角度分      从电能的性质分
   ┌────┬────┬────┐        ┌─────┴─────┐         ┌────┴────┐
   发   电   变   控        旋转电机     静止电机    直流     交流
   电   动   压   制        （发电机、  （变压器）   电机     电机
   机   机   器   电         电动机）
              机
```

本书主要介绍电动机，可以从以下诸多方面对电动机进行分类。

1. 按工作电源分类

根据电动机工作电源的不同，可分为直流电动机和交流电动机。

2. 按结构及工作原理分类

交流电动机按结构及工作原理可分为异步电动机和同步电动机。同步电动机还可分为永磁同步电动机、磁阻同步电动机和磁滞同步电动机。异步电动机可分为感应电动机和交流换向器电动机。感应电动机又分为三相异步电动机、单相异步电动机和罩极异步电动机。交流换向器电动机又分为单相串励电动机、交直流两用电动机和推斥电动机。

直流电动机按结构及工作原理可分为无刷直流电动机和有刷直流电动机。有刷直流电动机可分为永磁直流电动机和电磁直流电动机。永磁直流电动机又分为稀土永磁直流电动机、铁氧体永磁直流电动机和铝镍钴永磁直流电动机。电磁直流电动机又分为串励直流电动机、并励直流电动机、他励直流电动机和复励直流电动机。

3. 按起动与运行方式分类

电动机按起动与运行方式可分为电容起动式电动机、电容运转式电动机、电容起动运转式电动机和分相式电动机。

4. 按用途分类

电动机按用途可分为驱动用电动机和控制用电动机。驱动用电动机又分为电动工具（包括钻孔、抛光、磨光、开槽、切割、扩孔等工具）用电动机、家电（包括洗衣机、电风扇、电冰箱、空调器、录音机、录像机、影碟机、吸尘器、照相机、电吹风、电动剃须刀等）用电动机及其他通用小型机械设备（包括各种小型机床、小型机械、医疗器械、电子仪器等）用电动机。控制用电动机又分为步进电动机和伺服电动机等。

5. 按转子的结构分类

电动机按转子的结构可分为笼型异步电动机和绕线转子异步电动机。

6. 按运转速度分类

电动机按运转速度可分为高速电动机、低速电动机、恒速电动机和调速电动机。低速电动机又分为齿轮减速电动机、电磁减速电动机、力矩电动机和爪极同步电动机等。调速电动机除可分为有级恒速电动机、无级恒速电动机、有级变速电动机和无级变速电动机外，还可分为电磁调速电动机、直流调速电动机、PWM 变频调速电动机和开关磁阻调速电动机。

（三）电机的应用

现代各种机械都广泛应用电动机来拖动。异步电动机是所有电动机中应用最广泛的一种。异步电动机具有结构简单、工作可靠、价格低廉、维护方便、效率较高等优点，它的缺点是功率因数较低，调速性能不如直流电动机。一般的机床、起重机、传送带、鼓风机、水泵以及各种农副产品的加工等都普遍使用三相异步电动机，如图 0-2 所示。各种家用电器、医疗器械和许多小型机械则使用单相异步电动机，而在一些有特殊要求的场合则使用特种异步电动机。

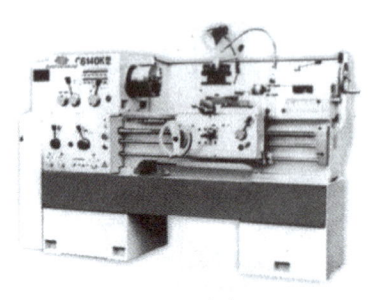

(a) 普通车床

(b) 摇臂钻床

(c) 自动生产线

(d) 万能铣床

图 0-2 三相异步电动机在机床中的应用

直流电机的用途与励磁方式有密切关系，下面按照不同的励磁方式说明直流电动机和发电机的各种用途，分别见表 0-1 和表 0-2。

表 0-1 直流电动机的用途

励磁方式	他励	并励	串励	复励
用途	用于起动转矩较大的恒速负载和要求调速的传动系统，如离心泵、风机、金属切削机床、纺织印染、造纸和印刷机械等		用于要求很大的起动转矩，转速允许有较大变化的负载，如起货机、起锚机、电车、电力传动车等	用于要求起动转矩较大，转速变化不大的负载，如空气压缩机、冶金辅助传动机械等

由于直流电动机具有良好的起动和调速性能，常应用于对起动和调速有较高要求的场合，如大型可逆式轧钢机、矿井卷扬机、宾馆高速电梯、龙门刨床、电力机车、内燃机车、城市电车、高速列车、电动自行车、造纸和印刷机械、船舶机械、大型精密机床和

大型起重机等生产机械中,图 0-3 所示直流电动机的应用实例。

表 0-2 直流发电机的用途

励磁方式	他励	并励	串励	复励
用途	用于交流电动机-直流发电机-直流电动机系统中,实现直流电动机的恒转矩调速	充电、电镀、电解、冶炼等用直流电源	用于升压机等	作为直流电源,如用柴油机拖动的独立电源等

(a) 电动剃须刀

(b) 电动自行车

(c) 造纸机

(d) 高速列车

图 0-3 直流电动机的应用实例

二、电气控制技术

应用电动机拖动生产机械,称为电力拖动。利用电器实现对电动机和生产设备的控制和保护,称为电气控制。电气控制技术就是以各类电动机拖动的传动装置与系统为对象,实现生产过程自动化的控制技术。

电气控制技术应用范围广泛,在日常生活、工矿企业等各个领域都有应用。如电冰箱的自动恒温控制、机床设备的控制、生产自动线的控制等。现在电气工程及其自动化的触角已伸向各行各业,小到一个开关的设计,大到航天飞机的研究,都有它的身影。

(一) 电气控制技术发展历史

随着科学技术的不断发展、生产工艺的不断改进,特别是计算机技术的应用,新型控制策略的不断涌现,不断改变着电气控制技术的面貌。

在控制方法上,从手动控制发展到自动控制;在控制功能上,从简单控制发展到智能化控制；在操作上，从笨重发展到信息化处理；在控制原理上，从单一的有触点硬接线继电器—接触器控制系统发展到以微处理器或微计算机为中心的网络化自动控制系统。

现代电气控制技术综合应用了计算机技术、微电子技术、检测技术、自动控制技术、智能技术、通信技术、网络技术等先进的科学技术成果。

继电器—接触器控制系统至今仍是许多生产机械设备广泛采用的基本电气控制形式，也是学习更先进电气控制系统的基础。它主要由继电器、接触器、按钮和行程开关等组成，由于其控制方式是断续的，故又称为断续控制系统。它具有控制简单、方便实用、价格低廉、易于维护、抗干扰能力强等优点。但由于其接线方式固定，灵活性差，难以适应复杂和程序可变的控制对象的需要，且工作频率低，触点易损坏，可靠性差。

以软件手段实现各种控制功能、以微处理器为核心的可编程控制器（PLC），是20世纪60年代诞生并开始发展起来的一种工业控制装置。可编程控制器是以硬接线的继电器—接触器控制为基础，逐步发展为既有逻辑控制、计时、计数，又有运算、数据处理、模拟量调节、联网通信等功能的控制装置。它可以通过数字量或者模拟量的输入、输出满足各种类型机械控制的需要。可编程控制器及有关外部设备，均按既易于与工业控制系统联成一个整体，又易于扩充其功能的原则设计。可编程控制器已成为生产机械设备中开关量控制的主要电气控制装置。它具有通用性强、可靠性高、能适应恶劣的工业环境，指令系统简单，编程简便易学、易于掌握，体积小、维修工作少、现场连接安装方便等一系列优点，正逐步取代传统的继电器—接触器控制系统，广泛应用于冶金、采矿、建材、机械制造、石油、化工、汽车、电力、造纸、纺织、装卸、环保等各个行业的控制中。

在自动化领域，可编程控制器（PLC）与CAD/CAM和工业机器人并称为现代工业自动化的三大支柱，其应用日益广泛。

（二）低压电器概述

1. 低压电器的定义

低压电器是指用于交流额定电压1 200 V及以下、直流额定电压1 500 V及以下的电路中，起通断、保护、控制或调节作用的电器产品。我国工业控制电路中最常用的三相交流电压等级为380 V，只有在特定行业环境下才用其他电压等级，如煤矿井下的电钻电压等级为127 V，运输机电压等级为660 V，采煤机电压等级为1 140 V等。

2. 低压电器的分类

（1）按用途分类

① 控制电器：用于各种控制电路和控制系统的电器，如接触器、控制器和起动器等。

② 主令电器：用于自动控制系统中发送控制指令的电器，如按钮、主令开关和行程开关等。

③ 保护电器：用于保护电路及用电设备的电器，如熔断器、热继电器和避雷器等。

④ 配电电器：用于电能输送和分配的电器，如断路器和刀开关等。

⑤ 执行电器：用于完成某种动作或传动功能的电器，如电磁铁和电磁离合器等。

（2）按工作原理分类

① 电磁式电器：依据电磁感应原理来工作的电器，如交直流接触器和各种电磁式继电器等。

② 非电量控制电器：电器的工作是靠外力或某种非电物理量的变化而动作的电器，如刀开关、速度继电器、压力继电器和温度继电器等。

（3）按操作方式分类

① 手动电器：刀开关、按钮和转换开关等。

② 自动电器：低压断路器、接触器和继电器等。

三、本课程的特点及学习方法

"电机与电气控制技术"是把"电机学"和"电气控制技术基础"两门课程有机结合而成的一门课程。

电机是以电磁感应或电磁力定律为基本工作原理进行电能的传递或机电能量转换的机械装置。

电能易于转换、传输、分配和控制，是现代能源的主要形式。发电机把机械能转化为电能。而电能的生产集中在火力、水力、核能和风力发电厂进行。

为了减少输电中的能量损失，远距离输电均采用高电压形式：电厂发出的电能经变压器升压，然后经高压输电线路送达目的地后，再经变压器降压供给用户。

电能转换为机械能主要由电动机完成。电动机拖动生产机械运转的方式称为电力拖动或机电传动系统，简单的机电传动系统如图 0-4 所示。

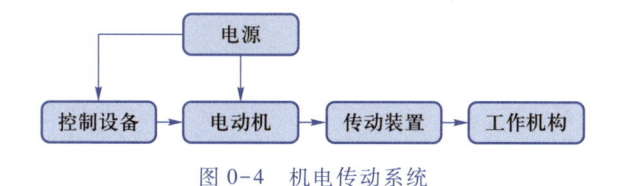

图 0-4　机电传动系统

在电气自动化技术、机电一体化技术、工业机器人技术等专业中，"电气控制技术"是一门十分重要的专业基础课，它在整个专业教学计划中起着承前启后的作用，它是运用"机械基础""电工基础"等基础课程的理论来分析研究各类电机内部的电磁物理过程和电气控制过程，从而得出各类电机的一般规律、机械特性及其控制规律；是"可编程控制器应用""电力拖动自动控制系统""电力电子技术"等后续课程的重要基础。它主要研究电机拖动系统的基本理论问题，分析研究直流电动机、变压器、异步电动机等的结构、原理、基本电磁关系和运行特性；并初步联系生产实际，从生产机械工作的要求出发，重点介绍交直流拖动系统的电气控制线路的原理、故障排除方法等，为学习自动控制系统等后续专业课打下坚实的基础。因此，本课程既具有较强的基础性，又带有专业性。

为了学好本课程，需要注意以下几点：

① 了解机电传动控制系统的组成和机电传动的基本规律；

拓展阅读

电气工程师的职业素养

② 掌握常用电动机、常用电器及其基本电路的工作原理、主要特性,了解其应用与选用;

③ 掌握继电器-接触器控制系统的工作原理,学会应用它们来实现生产过程的自动控制;

④ 掌握常用的电动机控制系统的原理、特点及应用;

⑤ 掌握分析电动机控制系统的基本方法。

项目一
直流电动机的拆装、维修与电力拖动

电动机按电源种类的不同可分为交流电动机和直流电动机。和交流电动机相比，直流电动机具有如下特点：调速范围广，调速平滑、方便；过载能力强，能承受频繁的冲击负载；可实现频繁的无级快速起动、制动和反转；能满足生产过程自动化系统各种不同的特殊运行要求。直流发电机则具有提供无脉动的电力、输出电压，便于精确地调节和控制等特点。但直流电动机也有它显著的缺点：一是制造工艺复杂，消耗有色金属较多，生产成本高；二是直流电动机在运行时由于电刷与换向器之间易产生火花，因而运行可靠性较差，维护较困难。因此，直流电动机在一些领域中已被交流变频调速系统所取代，但是目前直流电动机的应用仍有较大的占比。

本项目主要了解直流电动机的结构、工作原理及各部分的主要作用，学会直流电动机拆装与维修的基本技能。

知识目标
1. 了解直流电动机的结构、工作原理；
2. 了解直流电动机的起动、正反转、调速和制动的方法和特点；
3. 熟悉直流电动机的铭牌数据，了解固有机械特性和人为机械特性的特点。

能力目标
1. 会使用拆装工具，按拆装工艺对小型直流电动机进行拆装；
2. 能进行直流电动机的起动、正反转和调速操作；
3. 会根据故障现象，分析判定直流电动机的故障原因并进行简单维修。

素养目标
1. 具备基本职业素质，遵守作息时间和安全操作规程；

2. 了解电机发展趋势,增强民族责任感,树立正确的职业理想。

任务一　直流电动机的拆装

由于电流换向的需要,直流电动机存在换向器、电刷装置等零部件,与交流电动机相比,其结构较复杂,运行维护工作量大,需要经常拆装。本任务主要为熟悉直流电动机的结构,学会拆装直流电动机。

一、任务目标

① 能掌握小型直流电动机的结构。
② 能掌握小型直流电动机的拆装工艺。
③ 能正确使用各种拆装工具,完成直流电动机的拆装。

二、任务引导

(一) 直流电动机的结构

直流电动机由定子与转子(电枢)两大部分组成,定子部分包括机座、主磁极、换向极、端盖、电刷装置等部件,转子部分包括电枢铁心、电枢绕组、换向器、转轴、风扇等部件。直流电动机的基本结构如图1-1所示。小型直流电动机的结构分解图如图1-2所示。

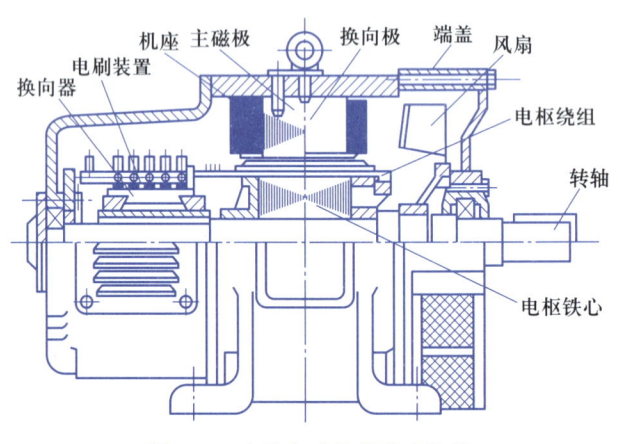

图1-1　直流电动机的基本结构

下面介绍直流电动机主要零部件的结构及作用。
1. 定子部分
① 主磁极。主磁极的作用是产生气隙磁场,由主磁极铁心和主磁极绕组(励磁绕组)构成,如图1-3所示。主磁极铁心一般由1.0~1.5mm厚的低碳钢板冲片叠压而

成,包括极身和极靴两部分。极靴为圆弧形,以使磁极下气隙磁通较均匀。极身上面套励磁绕组(由绝缘铜线绕制而成),绕组中通入直流电流。整个主磁极用螺钉固定在机座上。直流电动机的主磁极总是成对的,相邻主磁极的极性按 N 极和 S 极交替排列。

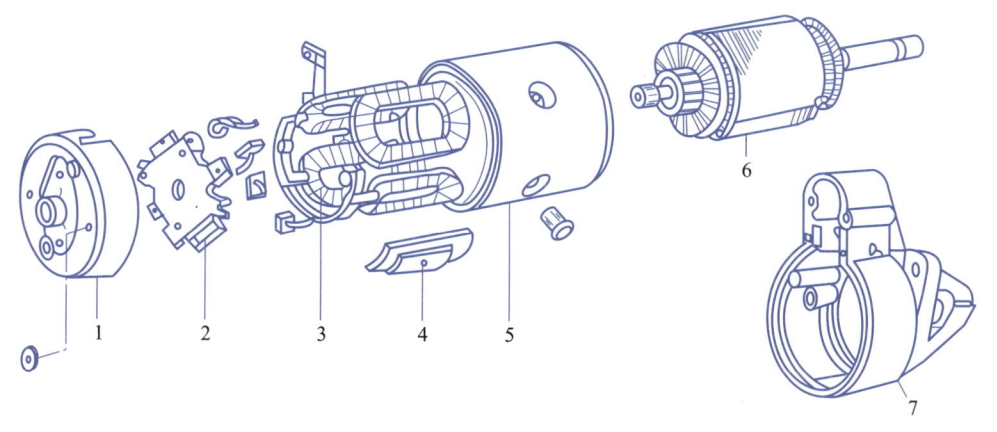

图 1-2　小型直流电动机的结构分解图

1—端盖　2—电刷和刷架　3—励磁绕组　4—主磁极铁心　5—机壳　6—电枢　7—后端

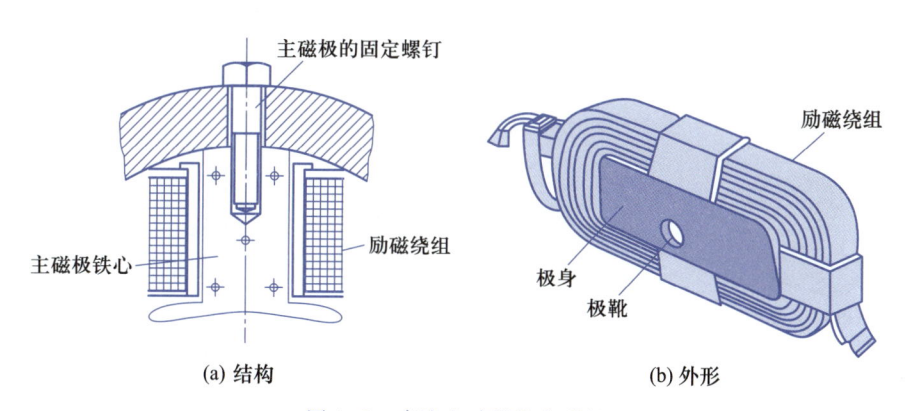

(a) 结构　　　　(b) 外形

图 1-3　直流电动机的主磁极

提示
电动机有两极、四极、六极电动机等,但不可能有三极、五极、七极电动机等。

② 换向极。换向极用来改善换向,由铁心和套在铁心上的绕组构成,如图 1-4 所示。换向极铁心一般用整块钢制成,如换向要求较高,则用 1.0~1.5 mm 厚的钢板叠压而成,其绕组中流过的是电枢电流。换向极装在相邻两主磁极之间,用螺钉固定在机座上。

③ 机座。机座既可以固定主磁极、换向极、端盖等,又是电动机磁路的一部分(称为磁轭)。机座一般用铸钢或厚钢板焊接而成,具有良好的导磁性能和机械强度。

④ 电刷装置。电刷与换向器配合可以把转动的电枢绕组电路和外电路相连接,并把电枢绕组中的交流电转变成电刷两端的直流电。电刷装置由电刷、刷握、刷杆、弹簧压板和座圈构成,如图 1-5 所示。电刷是用碳和石墨等做成的导电块,电刷装在刷握的刷盒内,用弹簧压板把它紧压在换向器表面。电刷装置的个数一般等于主磁极的个数。

提示
换向极安装在相邻两个主磁极之间,主要用来减小换向过程中产生的火花。

图片
1-2 电刷

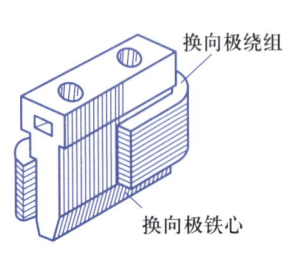

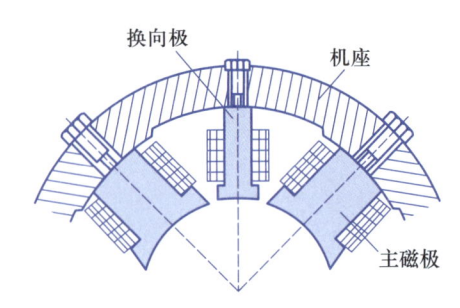

(a) 换向极　　　(b) 安装在机座里的换向极　　　(c) 换向极安装示意图

图 1-4　直流电动机的换向极

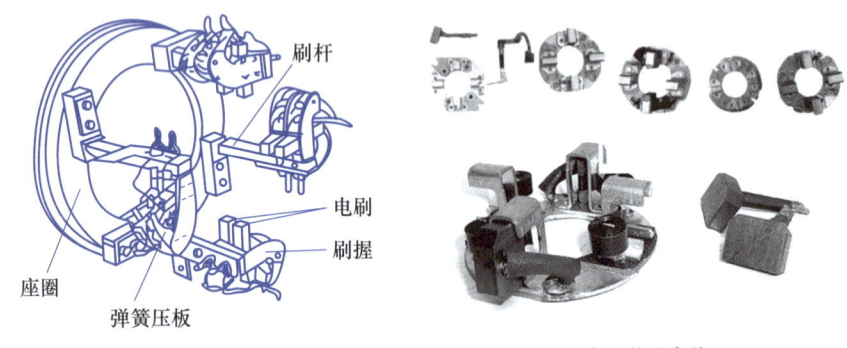

(a) 电刷装置示意图　　　(b) 电刷装置实物

图 1-5　直流电动机的电刷装置

2. 转子部分

转子又称为电枢。转子部分的主要作用是实现机电能量的转换。转子部分包括电枢铁心、电枢绕组、换向器、转轴、轴承、风扇等，下面主要介绍电枢铁心、电枢绕组和换向器。

① 电枢铁心。电枢铁心是电动机磁路的一部分，其外圆周开槽，用来嵌放电枢绕组。电枢铁心一般用 0.5 mm 厚、两边涂有绝缘漆的硅钢片叠压而成，如图 1-6 所示。电枢铁心固定在转轴或转子支架上。铁心较长时，为加强冷却，可把电枢铁心沿轴向分成数段，段与段之间留有通风孔。

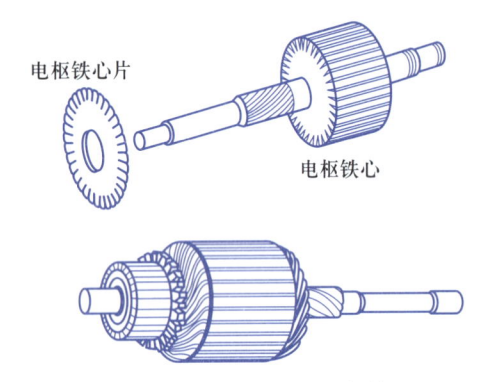

图 1-6　直流电动机的电枢铁心

提示
电枢铁心是电动机磁路的一部分。

图片
1-3　电枢绕组

② 电枢绕组。电枢绕组是将用绝缘铜线绕制的线圈按一定规律嵌放到电枢铁心槽中，并与换向器进行连接，如图 1-7 所示。线圈与铁心之间以及线圈的上下层之间均要妥善绝缘，用槽楔压紧，再用玻璃丝带或钢丝扎紧。电枢绕组是电动机的核心部件，电动机工作时在其中产生感应电动势和电磁转矩，实现机电能量的转换。

③ 换向器。如图 1-8(a) 所示，换向器是由许多带有燕尾槽的楔形铜片组成的一个圆筒，铜片之间用云母片绝缘，用套筒、云母环和螺帽紧固成一个整体，换向片和套筒之间要妥善绝缘。电枢绕组中每个线圈上的两个端头接在不同换向片上。金属套筒式换向器如图 1-8(b) 所示。小型直流电动机的换向器是用塑料件紧固的。换向器的作用是与电刷一起，起转换电动势和电流的作用。

(a) 还未与换向器连接的电枢绕组　　　　(b) 与换向器连接好的电枢绕组

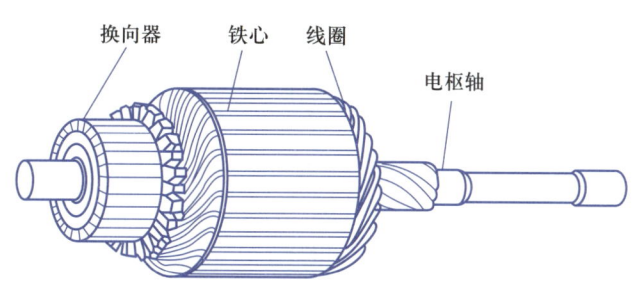

图 1-7　直流电动机的电枢绕组

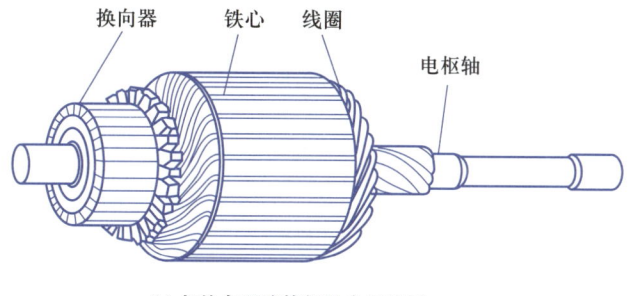

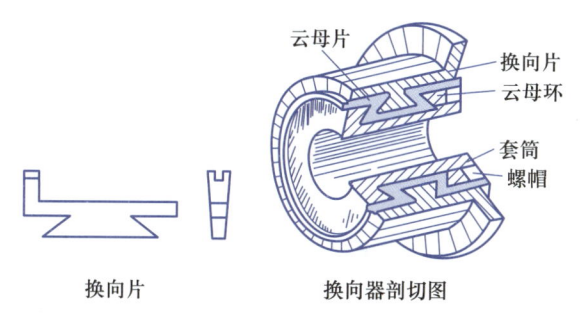

(a) 换向器的结构　　　　(b) 金属套筒式换向器

图 1-8　直流电动机的换向器

3. 气隙

定子与转子之间有空隙,称为气隙。在小容量电动机中,气隙为 0.5~3 mm。气隙数值虽小,但磁阻很大,是电动机磁路中的主要组成部分。气隙的大小对电动机的运行性能有很大影响。

(二) 直流电动机的工作原理

所有电机都是依据两条基本原理制造的:一条是导线切割磁力线产生感应电动势,即电磁感应的原理;另一条是载流导体在磁场中受电磁力的作用,即电磁力定律。前者是发电机的基本原理,后者是电动机的基本原理。因此,从结构上来看,任何电机都包括磁路部分和电路部分,从原理上都体现着电和磁的相互作用。直流电动机的物理模型如图 1-9 所示,以此研究直流电动机的工作原理。

把电刷 A、B 接到直流电源上,假定电流从电刷 A 流入线圈,沿 a→b→c→d 方向,从电刷 B 流出。由电磁力定律可知,载流的线圈将受到电磁力的推动,其方向按左手定则确定,ab 边受力向左,cd 边受力向右,形成转矩,结果使电枢逆时针方向转动,如图 1-10(a)所示;当电枢转过 180°时,电流仍从电刷 A 流入线圈,沿 d→c→b→a 方向,从电刷 B 流出,如图 1-10(b)所示。与图 1-10(a)相比,图 1-10(b)中通过线圈的电流方向改变了,但两个线圈受电磁力作用的方向却没有改变,即电动机只向一个方向旋转。若要改变其转向,必须改变电源的极性,使电流从电刷 B 流入,从电刷 A 流出才行。

(a) 各组成部分

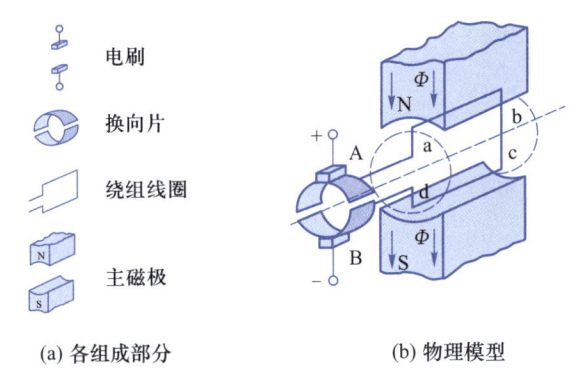

(b) 物理模型

图1-9 直流电动机的物理模型

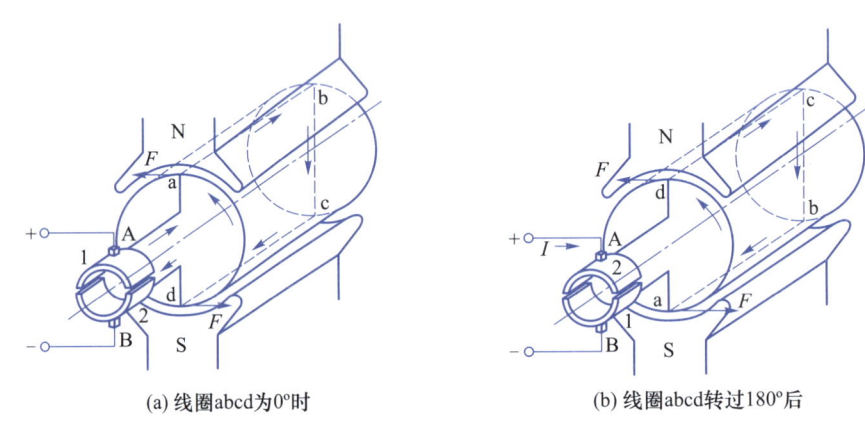

(a) 线圈abcd为0°时

(b) 线圈abcd转过180°后

图1-10 直流电动机的原理

从以上分析可知，一个线圈边从一个磁极范围经过中性面到相邻的异性磁极范围时，电动机线圈中的电流方向改变一次，而电枢的转动方向却始终不变，通过电刷与外电路连接的电动势、电流方向也不变。这就是换向器的作用。

因此，直流电动机运行时可以得出以下几点结论：

① 直流电动机外施电压、电流是直流电，但电枢线圈内的电流是交流电。直流电动机换向器将外部的直流电转变成了内部交替变化的电流。

② 线圈中的感应电动势与电流方向相反。

③ 电动机产生的电磁转矩 T_{em} 与转子转向相同，是驱动性质的转矩。

（三）直流电动机的铭牌数据

直流电动机的机座上有一块铭牌，上面标有电动机的型号、规格和有关技术数据，要正确使用电动机，就必须看懂铭牌，如图1-11所示。

1. 直流电动机型号的表示方法

型号的第一部分用大写的拼音表示产品代号，第二部分用阿拉伯数字表示设计序号，第三部分用阿拉伯数字表示机座代号，第四部分用阿拉伯数字表示电枢铁心长度代号。

例如，型号 Z2-92，字母和数字表示的含义依次如下。

Z：表示一般用途直流电动机；

2:表示设计序号,第二次改型设计;
9:表示机座代号;
2:表示电枢铁心长度代号。

(a) 铭牌固定在机座外　　(b) 直流电动机铭牌示例

图 1-11　直流电动机的铭牌

2. 直流电动机的额定值

额定值是电机制造厂对电机正常运行时有关的电量或机械量所规定的数据。额定值是选用电机的依据。直流电机的额定值如下。

① 额定功率:电机在额定情况下允许输出的功率。对于发电机,是指输出的电功率;对于电动机,是指轴上所输出的机械功率,单位一般都为 W 或 kW。

② 额定电压:在额定情况下,电刷两端输出或输入的电压,单位为 V。

③ 额定电流:在额定情况下,电机流出或流入的电流,单位为 A。

直流发电机额定功率、电压、电流三者的关系为

$$P_N = U_N \times I_N \tag{1-1}$$

直流电动机额定功率、电压、电流三者的关系为

$$P_N = U_N \times I_N \times \eta_N \tag{1-2}$$

式中,η_N 为额定效率。

④ 额定转速:在额定功率、额定电压、额定电流条件下电机的转速,单位为 r/min。

⑤ 额定励磁电压:在额定情况下,励磁绕组所加的电压,单位为 V。

⑥ 额定励磁电流:在额定情况下,通过励磁绕组的电流,单位为 A。

若电动机运行时,各物理量与额定值都一样,则称为额定状态。电动机在实际运行时,由于负载的变化,往往不是总在额定状态下运行。电动机在接近额定状态下运行,才是合理的。

[例 1-1]　一台直流电动机的额定数据为 $P_N = 13$ kW,$U_N = 220$ V,$n_N = 1\,500$ r/min,$\eta_N = 87.6\%$,求额定输入功率、额定电流。

解:已知额定输出功率 $P_N = 13$ kW,额定效率 $\eta_N = 87.6\%$,可得额定输入功率为

$$P_{1N} = \frac{P_N}{\eta_N} = \frac{13}{0.876} \text{kW} = 14.84 \text{ kW}$$

额定电流为

$$I_N = \frac{P_N}{U_N \eta_N} = \frac{13}{220 \times 0.876} \text{kA} = 67.46 \text{ A}$$

提示
直流电动机的额定功率也是在输出端定义的。

提示
电动机实际运行时,应尽可能在接近额定状态下运行。

3. 直流电动机的分类

直流电动机的分类方式很多，可以按照励磁方式进行分类，还可以分别按转速、电流、电压、防护形式、安装结构形式和通风冷却方式等特征来分类。下面仅介绍直流电动机按照励磁方式进行分类。

直流电动机按励磁方式的不同，可分为他励和自励两大类。而自励电动机，按励磁绕组与电枢绕组的连接方式的不同，又可分为并励、串励和复励三种，如图 1-12 所示。

① 他励直流电动机。励磁绕组与电枢绕组无电路上的联系，励磁电流由一个独立的直流电源提供，与电枢电流无关，如图 1-12(a)所示。

② 并励直流电动机。励磁绕组与电枢绕组并联，如图 1-12(b)所示。对发电机而言，励磁电流由发电机自身提供；对电动机而言，励磁绕组与电枢绕组并接于同一外加电源。

③ 串励直流电动机。励磁绕组与电枢绕组串联，如图 1-12(c)所示。对发电机而言，励磁电流由发电机自身提供；对电动机而言，励磁绕组与电枢绕组串接于同一外加电源。

④ 复励直流电动机。励磁绕组的一部分与电枢绕组并联，另一部分与电枢绕组串联，如图 1-12(d)所示。

> **提示**
> 励磁方式是电动机产生磁场的方式。

> **实验文本**
> 1-1 直流电动机电枢回路串电阻调速

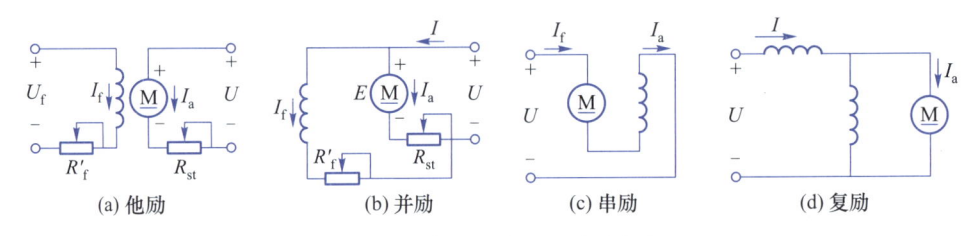

图 1-12 直流电动机的励磁方式
(a) 他励　(b) 并励　(c) 串励　(d) 复励

三、任务实施

1. 拆卸电动机用到的主要工具

拉码是机械维修中经常使用的工具，主要由旋柄、螺旋杆和拉爪构成，有两爪和三爪之分。其主要尺寸为拉爪长度、拉爪间距、螺旋杆长度，以适应不同直径及不同轴向安装深度的轴承的要求。使用时，将螺旋杆顶尖定位于轴端顶尖孔，调整拉爪位置，使拉爪挂钩于轴承外环，旋转旋柄，使拉爪带动轴承沿轴向向外移动拆除。

2. 拆卸前的准备

① 备齐常用电工工具及拉码等拆卸工具。
② 查阅并记录被拆电动机的型号、外形和主要技术参数。
③ 在刷架处、端盖与机座配合处等做好标记，以便于装配。

3. 拆卸步骤

① 拆除电动机的所有外部接线，并做好标记。
② 拆卸带轮或联轴器。
③ 拆除换向器端的端盖螺栓和轴承盖螺栓，并取下轴承外盖。

④ 打开端盖的通风窗，从刷握中取出电刷，再拆下接到刷杆上的连接线。

⑤ 拆卸换向器端的端盖，取出刷架。

⑥ 用厚纸或布包好换向器，以保持换向器清洁且不被碰伤。

⑦ 拆除轴伸端的端盖螺栓，把电枢与端盖从定子内小心地取出或吊出，并放在木架上，以免擦伤电枢绕组。

⑧ 拆除轴伸端的轴承盖螺栓，取下轴承外盖及端盖。如轴承已损坏或需清洗，还应拆卸轴承，如轴承无损坏则不必拆卸。

4. 主要零部件的拆卸方法和工艺要求

（1）轴承的拆卸

直流电动机使用的轴承有滚动轴承和滑动轴承两种，小型电动机中广泛使用滚动轴承。下面介绍滚动轴承的拆卸。

① 拉码法。如图 1-13 所示，这种方法简单、实用，专用工具的尺寸可随轴承直径任意调节，只要转动旋柄，轴承就被拉出。操作时应注意以下几点：

a. 拉爪的拉钩应钩住轴承的内圈，不能钩在外圈上，因为拉外圈达不到拆卸目的，还可能损坏轴承。

b. 拉轴承时一定要用木块或其他东西使得拉爪与地面的高度适当，使拉爪螺旋杆对准轴承的中心孔，不要歪斜，扳转要慢，用力要均匀。

c. 要防止拉爪的拉钩滑脱，如果滑脱会造成轴承的外圈或其他机件损坏。

② 铜棒敲击法。如图 1-14 所示，用端部呈楔形的铜棒以倾斜方向顶着轴承内圈，然后用锤子敲打铜棒，把轴承敲出。敲击时，应沿着轴承内圈四周相对两侧轮流均匀敲击，不可只敲一边，不可用力过猛。

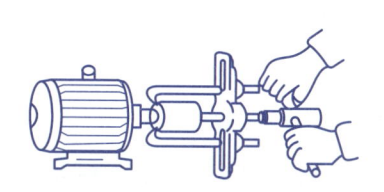

图 1-13　拉码法　　　　图 1-14　铜棒敲击法

③ 圆筒拆卸法。如图 1-15 所示，在轴承的内圈下面用两块厚铁板夹住转轴，并用能容纳转子的圆筒支住，在转轴上端垫上厚木板或铜板，敲打取下轴承。

④ 加热拆卸。如装配过紧或轴承氧化而不易拆卸时，可将轴承内圈加热，使其膨胀而松脱。加热前，使用湿布包好转轴，防止热量扩散，用 100℃ 左右的机械油浇在轴承内圈上，趁热用上述方法拆卸。

（2）端盖的拆卸

先拆下换向器端的轴承盖螺栓，取下轴承外盖；接着拆下换向器

图 1-15　圆筒拆卸法

端的端盖螺栓,拆卸换向器端的端盖。拆卸时要在端盖边缘处垫以木楔,用锤子沿端盖的边缘均匀地敲击,逐渐使端盖止口脱离机座及轴承外圈,并取出刷架;拆除轴伸端的轴承盖螺栓,取下轴承外盖及端盖。拆卸时在端盖与机座的接缝处要做好标记,两个端盖的记号应有所区别。

(3) 转子的取出

在抽出转子前,用厚纸或布包好换向器,以保持换向器清洁及不被碰伤。

直流电动机的装配过程可按拆卸的相反顺序进行,但对需要进行修理的直流电动机,在拆卸前要先用观察法和仪表法进行整机检查,然后再拆卸电动机,查明故障原因,进行相应修理。

四、技能考核

1. 考核任务

每两位学生为一组,在规定时间内将 1 台直流电动机拆卸并装配起来(绕组不拆)。

2. 考核要求及评分标准

(1) 设备、器材及工具(见表 1-1)

表 1-1　直流电动机拆装所有器材一览表

设备、器材	小型直流电动机实物组件一套
工具	扳手、木(橡皮)槌、撬棍、螺丝刀(标准名称为螺钉旋具)等电工工具一套,厚木板、钢管、钢条油盆各一个,拉码一只,零件箱一个,棉花、润滑油适量

(2) 操作程序

按拆卸步骤依次拆卸直流电动机,并将电动机的原始数据和拆卸情况记入表 1-2 中。

表 1-2　直流电动机拆装情况记录表

步骤	内容	具体情况
1	拆卸前的准备	电工工具: 电工仪表: 其他工具: 电机铭牌: 联轴器或带轮与轴台的距离:　　　mm 出轴方向: 电源引线位置:
2	拆卸顺序	1.　　2.　　3.　　4. 5.　　6.　　7.　　8.

续表

步骤	内容	具体情况
3	拆卸轴承	1. 使用工具： 2. 方法：
4	拆卸端盖	1. 使用工具： 2. 工艺要点： 3. 注意事项：
5	拆卸绕组	1. 使用工具： 2. 工艺要点： 3. 注意事项：

（3）考核内容及评分标准（见表1-3）

表1-3 直流电动机拆装考核内容及评分标准一览表

序号	考核内容	配分	评分标准
1	电工工具的使用	10	螺丝刀、扳手、橡皮槌、拉码等电工工具不会使用或用法错误，每项扣2分
2	拆卸	40	1. 步骤不对，每次扣5分 2. 方法不对，每次扣5分 3. 损坏零部件，每个扣10分 4. 没有清槽、整理，扣5分
3	装配	40	1. 步骤不对，每次扣5分 2. 方法不对，每次扣5分 3. 损坏零部件，每个扣10分 4. 线圈接错，每处扣5分 5. 螺钉松动，每处扣2分 6. 导线绝缘损坏，每处扣10分
4	安全文明生产	10	遵守国家或企业有关安全规定，每违反一项规定扣2分，严重违规者停止操作

提示
$U = I_a(R_a + R_{Pa}) + E_a$
$E_a = C_e \Phi n$
$T = C_T \Phi I_a$

五、拓展知识

他励直流电动机的机械特性

在直流电力拖动中，以他励和并励电动机应用较普遍，下面以他励电动机为例介绍直流电动机的机械特性，因为并励电动机在电枢电压一定时，与他励电动机没有本质的区别，只要注意电枢电流I_a和额定电流I_N的区别就可以了。额定工作时，他励直流电动机的电枢电流I_a就等于额定电流I_N，而并励电动机的电枢电流I_a等于额定电流

I_N 减去额定励磁电流 I_{fN}。

在分析直流电动机运行时,常要研究电动机的转速与电磁转矩之间的关系,把这种关系用方程表示出来对分析问题比较方便。

下面介绍他励直流电动机的机械特性。

他励直流电动机电气原理如图 1-16 所示。当电源电压 $U=U_N$,励磁电流 $I_f=I_{fN}$,即主磁通 $\Phi=\Phi_N$,以及电枢电路不串电阻($R_{Pa}=0$),即电枢电路电阻为 R_a 时,电动机的转速与电磁转矩的关系为 $n=f(T)$,称为电动机的固有机械特性。若在 U、Φ、R_a 三个参数中任意改变其中的一个,所得的机械特性,就称为人为机械特性。

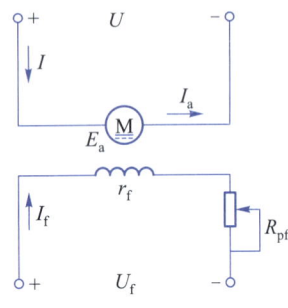

图 1-16 他励直流电动机电气原理

1. 固有机械特性

经推导,可以得出固有机械特性方程为

$$n=\frac{U_N}{C_e\Phi_N}-\frac{R_a}{C_eC_T\Phi_N^2}T \tag{1-3}$$

式中,n 为电动机的转速;U_N 为额定电压;Φ_N 为额定磁通;T 为电动机的电磁转矩;R_a 为电动机电枢回路的电阻;C_e 为电动机的电势常数;C_T 为电动机的转矩常数。

式(1-3)中,如果电磁转矩 T 为零,转速大小就是 $U_N/(C_e\Phi_N)$,没有电磁转矩而电动机在转动,显然这是不可能的,所以把它称为理想空载转速,用 n_0 表示。电动机实际空载转速 n_0' 是指电动机轴端没有带机械负载,只存在空载转矩 T_0 时的转速。对应的功率称为空载功率 P_0,其意义是电动机克服轴承摩擦力及风扇阻力等所需的功率。

如果用 n_0 表示 $U_N/(C_e\Phi_N)$,用 β 表示常数 $R_a/(C_eC_T\Phi_N^2)$,则式(1-3)可写为

$$n=n_0-\beta T \tag{1-4}$$

式中,$\beta=R_a/(C_eC_T\Phi_N^2)$ 为固有机械特性的斜率。

显然,式(1-4)在坐标系中是一条直线。机械特性曲线在第一象限,是一条斜率为 β 的下倾直线,如图 1-17 中的直线 1 所示。可见,他励(并励)直流电动机的转速随负载增大而有所降低。

由于电动机电枢回路不串电阻($R_{Pa}=0$),所以其斜率 β 值较小,额定转速降 $\Delta n_N=\beta T_N$ 较小,属硬特性。如果电枢回路串入不同的电阻($R_{Pa}\neq 0$),则直线斜率 β 增大。

2. 人为机械特性

人为地改变电动机的电枢电压 U、励磁磁通 Φ 或电枢回路电阻 R,则可得到以下三种不同的人为机械特性。

(1) 改变电枢回路电阻时的人为机械特性

保持电动机电枢电压 $U=U_N$,磁通 $\Phi=\Phi_N$,只在电枢回路电阻 R_{Pa} 不等于 0 时的人为机械特性方程为

$$n=\frac{U_N}{C_e\Phi_N}-\frac{R_a+R_{Pa}}{C_eC_T\Phi_N^2}T \tag{1-5}$$

由式(1-5)可以看出,改变电枢回路电阻 R_{Pa} 时,理想空载转速 n_0 不变,而转速降 Δn 改变。R_{Pa} 越大,Δn 越大,特性越软。因此,改变电枢回路电阻 R_{Pa} 时的人为机械特性是通过理想空载点的一束射线,如图 1-17 中的直线 2、3 所示。

（2）改变电枢电压时的人为机械特性

电枢不串电阻，磁通 $\Phi = \Phi_N$，只改变电枢电压的人为机械特性方程为

$$n = \frac{U}{C_e \Phi_N} - \frac{R_a}{C_e C_T \Phi_N^2} T \qquad (1-6)$$

由式（1-6）可知，当改变电枢电压时，理想空载转速 n_0 与 U 成正比，而转速降 Δn 不变。因此，改变电枢电压时的人为机械特性是与固有机械特性平行的一组直线，如图 1-18 所示。

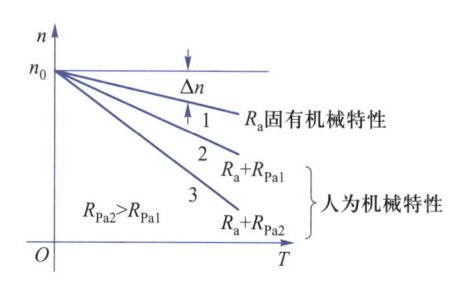

图 1-17　固有机械特性与改变电枢
回路电阻时的人为机械特性

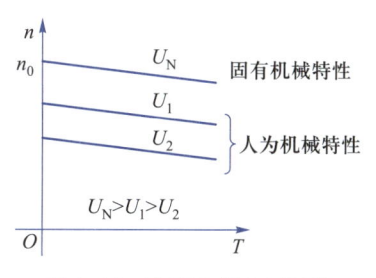

图 1-18　改变电枢电压时的
人为机械特性

对于已经制造好的电动机，额定电压是定值。受绕组绝缘及换向器片间电压的限制，电动机不能过电压运转，所以只能降低电枢电压 U，因此改变电枢电压的人为机械特性全在固有机械特性的下方。

（3）减弱电动机磁通时的人为机械特性

电枢不串电阻（$R_{Pa} = 0$），电压 $U = U_N$，只改变电动机磁通的人为机械特性方程为

$$n = \frac{U_N}{C_e \Phi} - \frac{R_a}{C_e C_T \Phi^2} T \qquad (1-7)$$

由式（1-7）可知，减弱磁通 Φ 时，理想空载转速 n_0 升高，转速降 Δn 增大，而且 n_0 与 Φ 成反比，Δn 与 Φ^2 成反比，所以机械特性变软，如图 1-19 所示。

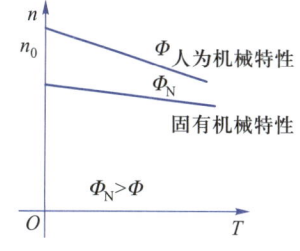

图 1-19　减弱电动机磁通时的人为机械特性

在设计电动机时，为节省磁性材料，减小电动机体积，已使磁路接近饱和，所以只能减弱磁通。因此，改变磁通的人为机械特性都在固有机械特性的上方。

六、练习题

1. 直流电动机中为何要用电刷和换向器？它们有何作用？
2. 直流电动机主要由定子和转子两大部分组成，其中转子部分主要由哪几部分构成？各部分的作用分别是什么？
3. 直流电动机的换向装置由哪些部件构成？它们在电动机中起什么作用？
4. 如果将电枢绕组装在定子上，磁极装在转子上，则换向器和电刷应怎样放置，才能使直流电动机运行？
5. 直流电动机按励磁方式可以分为哪几类？试画图说明。

6. 画出他励、并励直流电动机励磁方式原理图并标出各物理量极性(或方向)。

7. 说明直流电动机的拆装步骤及拆装中的注意事项。

8. 说明滚动轴承的拆装方法及清洗方法。如何检查滚动轴承的品质？

9. 什么是直流电动机的固有机械特性？

10. 直流电动机的人为机械特性有哪几类？分别有什么特点？

11. 一台四极直流发电机，额定功率 P_N 为 55 kW，额定电压 U_N 为 220 V，额定转速 n_N 为 1 500 r/min，额定效率 η_N 为 0.9。试求额定状态下它的输入功率 P_1 和额定电流 I_N。

12. 一台直流电动机的额定数据为：额定功率 P_N 为 17 kW，额定电压 U_N 为 220 V，额定转速 n_N 为 1 500 r/min，额定效率 η_N 为 0.83。求它的额定电流 I_N 及额定负载时的输入功率 P_1。

任务二 直流电动机起动、反转和调速的操作

凡是由电动机拖动生产机械，完成一定工艺要求的系统都称为电力拖动系统。被电动机拖动的对象，即生产机械则称为负载。电力拖动系统一般由控制设备、电动机、传动机构、生产机械和电源五部分构成。对于电力拖动系统，通常研究其四大问题，即起动、反转、调速和制动。

一、任务目标

① 能进行直流电动机起动的操作。
② 能进行直流电动机反转的操作。
③ 能进行直流电动机调速的操作。
④ 掌握直流电动机制动的方法。

二、任务引导

(一) 直流电动机的起动

电动机接入电源后转速从零逐渐上升到稳定转速的过程称为起动过程，简称为起动。

他励电动机稳定运行时，其电枢电流为

$$I_a = \frac{U_N - E_a}{R_a} \tag{1-8}$$

因为电枢电阻很小，所以电源电压 U_N 与反电动势 E_a 接近。

在电动机起动的瞬间，$n=0$，所以 $E_a = C_e \Phi_N n = 0$，这时的电枢电流（即直接起动时的电枢电流）为

$$I_{st} = \frac{U_N}{R_a} \quad (1-9)$$

由于 R_a 很小,直接加额定电压起动,起动电流很大,可达额定电流的 10~20 倍。这样大的起动电流,会使电动机的换向恶化,产生严重的火花。又由于电磁转矩与电流成正比,所以它的起动转矩非常大,会产生机械冲击,损坏传动机构。另外,大电流还会使电网的电压波动,将影响同一电网上其他用电设备的正常运行。

这种直接加额定电压起动的方法称为直接起动。除了个别容量极小的电动机可以采用直接起动以外,一般直流电动机不允许直接起动。

直流电动机起动的基本要求是:有足够的起动转矩,一般为额定转矩的 1.5~2.5 倍,以便快速起动,缩短起动时间;起动电流不能过大,要在一定的范围内,一般规定起动电流不应超过额定电流的 1.5~2.5 倍;起动设备安全、可靠、经济。

除极小容量的直流电动机可直接起动外,由式(1-9)可知,他励直流电动机的起动方法有电枢回路串电阻起动和减压起动两种。

1. 电枢回路串电阻起动

起动时,电枢回路串接的可变电阻称为起动电阻,用 R_{st} 表示。电动机加额定电压,这时的起动电流为

$$I_{st} = \frac{U_N}{R_{st}+R_a} \quad (1-10)$$

$$R_{st} = \frac{U_N}{I_{st}} - R_a \quad (1-11)$$

式中,R_{st} 的数值要使 I_{st} 不大于允许值。

由起动电流产生的起动转矩使电动机开始旋转并加速,随着转速的升高,电枢反电动势增大,电枢电流减小,转速上升速度慢下来。为缩短起动时间,保证起动过程中电枢电流不变,随着转速的升高应把 R_{st} 平滑地减小,直到稳定运行时全部切除。但是实际上随着转速升高,平滑切除 R_{st} 是难以做到的,一般是把起动电阻分为若干段而逐段加以切除。如图 1-20(a)所示,图中 $R_1 = R_a + R_{st1}$,$R_2 = R_a + R_{st1} + R_{st2}$,以此类推。

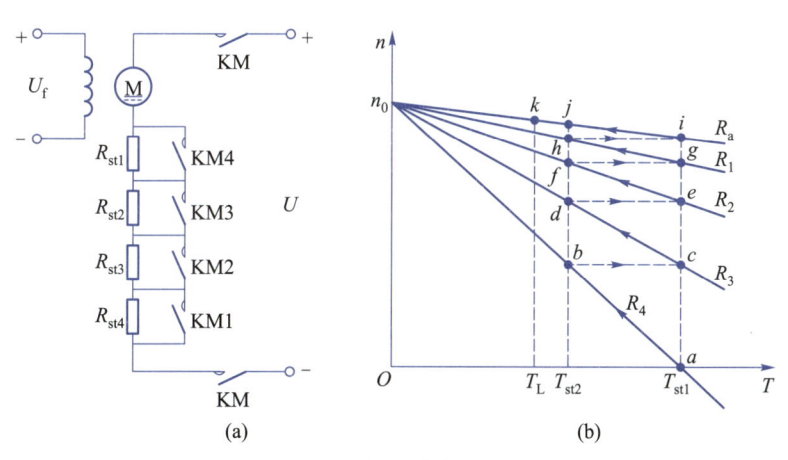

图 1-20 电枢回路串电阻起动

现在分析一下起动过程。首先电动机加上额定励磁电流，触点 KM 接通，KM1～KM4 断开，电枢回路串 $R_a+R_{st1}+R_{st2}+R_{st3}+R_{st4}$ 电阻起动，起动电流为

$$I_{sta}=\frac{U_N}{R_a+R_{st1}+R_{st2}+R_{st3}+R_{st4}}$$

产生起动转矩 T_{st}，$T_{st}>T_L$，电动机开始旋转。随着转速上升，电磁转矩下降（如图 1-20 (b) 中起动特性 $a→b$ 所示），加速度逐步减小。为了得到较大的加速度，到达 b 点时，触点 KM1 接通，将 R_{st4} 切除，电枢总电阻变为 $R_a+R_{st1}+R_{st2}+R_{st3}$。由于机械惯性，切换瞬间电动机的转速不变，电枢反电动势也不变，电枢电流增大，电磁转矩增大，如电阻设计合适，可使这时的电流等于 I_{st}，电磁转矩等于 T_{st1}，如图 1-20(b) 中特性 $b→c$ 所示，电动机又获得较大的加速度，从 c 点加速到 d 点。到达 d 点时，触点 KM2 接通，切除 R_{st3}，由于机械惯性，运行点由 d 点到固有特性 e 点，电流又一次回升到 I_{st}，电磁转矩又到了 T_{st1}，电动机加速，依次切除 R_{st2}、R_{st1}，直到固有机械特性 k 点，$T=T_L$，稳定运转时 $n=n_N$。

电枢回路串电阻起动，设备简单、初始投资较小，但在起动过程中能量消耗较多，常用于中小容量起动不频繁的电动机。

[例 1-2] 已知一台他励直流电动机，$U_N=220$ V，$I_N=90.9$ A，$R_a=0.15$ Ω，$\eta_N=88.5\%$，试计算：

① 直流电动机的额定功率；② 直接起动时起动电流是额定电流的多少倍？③ 若限制起动电流为额定电流的 1.5 倍，电枢回路应串入多大的电阻？

解：① 根据直流电动机额定功率与电压、电流的关系计算额定功率：

$$P_N=U_N\cdot I_N\cdot \eta_N=220\text{ V}\times 90.9\text{ A}\times 0.872=17\,438\text{ W}=17.44\text{ kW}$$

② 先计算直接起动时的起动电流：

$$I_{st}=\frac{U_N}{R_a}=\frac{220\text{ V}}{0.15\text{ Ω}}=1\,466.67\text{ A}$$

直接起动时的起动电流是额定电流的倍数是：$K=\dfrac{I_{st}}{I_N}=\dfrac{1\,466.67\text{ A}}{90.9\text{ A}}=16.13$

③ 若限制起动电流为额定电流的 1.5 倍，设电枢回路中串入的电阻为 R_{st}，根据题意：$I_{st1}=\dfrac{U_N}{R_a+R_{st}}=1.5I_N$，计算 R_{st} 为

$$R_{st}=\frac{U_N}{1.5I_N}-R_a=\frac{220\text{ V}}{1.5\times 90.9\text{ A}}-0.15\text{ Ω}=1.46\text{ Ω}$$

2. 减压起动

减压起动在电动机有可调直流电源时才能采用。起动时，先把电源电压降低，以限制起动电流。由式 (1-9) 可见，起动电流将与电源电压的降低成正比地减小。电动机起动后，随转速的上升提高电源电压，使电枢电流维持适合的数值，电磁转矩维持一定数值，电动机按需要的加速度升速，直到达到额定转速。

减压起动过程的起动电流小，起动时能量消耗小，由于电压连续可调，电动机可以平滑升速。但减压起动需要专用电源，设备投资较大。其常用于大容量频繁起动的电动机。

必须注意,直流电动机起动和运行时,励磁电路一定要接通,不能断开,起动时要通过额定励磁电流;否则,由于磁路仅有很小的剩磁,可能出现事故。

(二) 直流电动机的反转

在电力拖动系统中,电动机大部分时间运行在电动状态,要改变电动机的转向,就要改变拖动转矩的方向。而在电动状态下,电磁转矩是拖动转矩,又因电磁转矩正比于 ΦI_a 的乘积,所以改变电动机转向的方法有以下两种,如图1-21所示。

① 在励磁电流方向不变即磁场方向不变时,将电枢电压反接,从而改变电枢电流和电磁转矩的方向,使电动机反转。

② 在电枢电压的极性不变时,改变励磁电流方向,即改变了磁场方向,可使电磁转矩方向改变,从而实现反转。

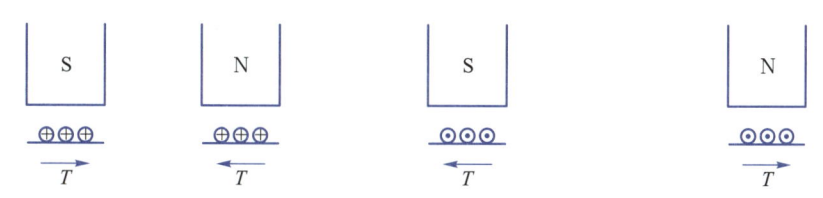

(a) 未改变前　(b) 仅改变磁场方向　(c) 仅改变电枢电流方向　(d) 磁场方向和电枢电流方向同时改变

图1-21　直流电动机反转示意图

从图1-21(d)可以看出,如果同时改变磁场方向和电枢电流方向,电动机仍然维持原来的转向不变。

(三) 直流电动机的调速

为了提高生产效率和保证产品质量,需要人为地对电动机的转速进行控制。所谓调速就是人为地改变电气参数,使电动机的工作点由一条机械特性曲线转移到另一条机械特性曲线上,从而在同一负载下得到不同的转速。它与电动机在负载变化时引起的转速变化是两个不同的概念。负载变化引起转速变化是自动进行的,电动机工作点总是在同一条机械特性曲线上变动的,而不是根据生产需要人为地控制电气参数而控制转速的变化。

直流电动机具有极可贵的调速性能,可在宽广范围内平滑而经济地调速,特别适用于调速要求较高的电力拖动系统。根据他励直流电动机的一般机械特性方程

$$n = \frac{U}{C_e \Phi} - \frac{R_a + R_P}{C_e C_T \Phi^2} T$$

可知,当负载不变时($T=T_L$),只要改变电枢电压 U、电枢回路串入的电阻 R_P、每极磁通 Φ 三个量中的任一个,都能改变电动机转速,因此,他励直流电动机可以有三种调速方法。

1. 电枢串电阻调速

他励直流电动机拖动负载运行时,保持电源电压 U 及磁通 Φ 为额定值,改变电枢回路所串的电阻值,电动机就运行于不同的转速,如图1-22所示,图中负载是恒转矩

提示

$T = C_T \Phi I_a$,只要改变电磁转矩 T 的方向(正负),就能改变电动机的旋转方向。

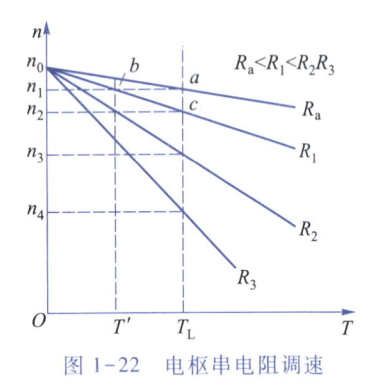

图 1-22 电枢串电阻调速

负载。设电动机原来工作点在固有特性上的 a 点,此时 $T=T_L$,转速为 n_1 稳定运行。当电枢回路串电阻 R_{P1} 时,电枢回路总电阻 $R_1=R_a+R_{P1}$,这时转速还未来得及改变,电枢电动势 E_a 也未改变,电动机工作点由 a 点沿水平方向,跃变到电枢回路总电阻为 R_1 的人为机械特性上的 b 点,对应的电枢电流 I_a 减小,电磁转矩减小为 T'。因为 $T'<T_L$,电动机减速,随着 n 下降,E_a 减小,电枢电流和电磁转矩增大,直到 $n=n_2$ 时电磁转矩 $T=T_L$,电动机以较低的转速 n_2 稳定运行,电动机工作点由 b 点过渡到 c 点,调速的过渡过程结束。电枢回路串入电阻值不同,所得到的稳定转速也不同。

无论何种调速方式,一般电动机稳定运行的最大电枢电流为额定值。由于电枢串电阻调速时磁通不变,电动机的最大允许输出转矩是额定值,所以称为恒转矩调速方式,显然,恒转矩调速方式适用于带恒转矩负载。

电枢串电阻调速的特点是:只能从额定转速往下调;转速越低,机械特性越软,负载波动时转速稳定性差;电枢所串电阻流过的电流大,电能损耗大;转速越低,损耗越大,调速的经济性差;调速范围小,电动机空载时几乎无调速作用;使用设备简单,初次投资小。因此,这种调速方式只适用于调速性能要求不高、电动机容量不大的中小型直流电动机。

拓展阅读
电机调速与爱岗敬业

2. 降低电枢电压调速

降低电枢电压调速需要有连续可调的直流电源给电枢供电。由于工作电压不能大于额定电压,因此电枢电压只能从额定电压往下调。如前所述,降低电压的人为机械特性低于且平行于固有机械特性。

他励直流电动机拖动负载运行时,电枢回路不串电阻,保持磁通为额定值(他励电动机应保持励磁电压为额定值;并励电动机在降低电源电压的同时必须减小励磁回路的电阻,保持励磁电流为额定值),改变电源电压,电动机就运行于不同的转速,如图 1-23 所示。若电动机原来稳定运行在固有特性上的 a 点,转速为 n_1,当电源电压由额定值 U_N 降到 U_1 时,由于机械惯性,转速还来不及变化,电动机工作点由 a 点平移到对应电压为 U_1 的人为机械特性上的 b 点,由于转速未变,反电动势 E_a 也未变,因此 I_a 减小,电磁转矩减小,转速下降。随着转速的下降,反电动势减小,I_a 和 T 随着 n 的下降而增大,直至 T 等于 T_L 时电动机稳定运行于工作点 c,此时的转速 n_2 已比 n_1 低。在负载一定时,电枢电压越低,转速越低。

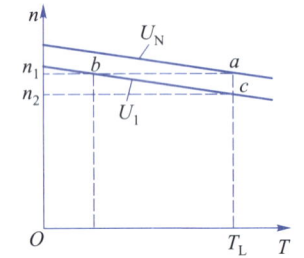

图 1-23 降低电枢电压调速

调速时励磁磁通不变,若稳定运行时电枢电流为额定值,则电磁转矩也为额定值。由于调速时电动机输出转矩不变,属恒转矩调速方式,适用于带恒转矩负载。

降低电枢电压调速的特点是:只能从额定转速往下调;机械特性较硬,由于 Δn 不变,机械特性硬度也不变,稳定性好;调速范围大,最高转速与最低转速之比可达 6~10;当电枢电压可连续调时,转速也可调,可实现无级调速;调速过程中耗能少;需要专用的调压电源,初次投资大。由于降压调速性能好,故常用于调速要求较高的场合和中大容量电动机调速。这种调速方式适用于电动机带恒转矩负载。

3. 弱磁调速

保持电源电压为额定值,电枢回路不串电阻,调节励磁回路所串电阻 R'_F,改变励磁电流 I_f,以改变磁通。由

$$n = \frac{U_N}{C_e \Phi} - \frac{R_a}{C_e C_T \Phi^2} T$$

可知,将磁通 Φ 减小时,理想空载转速升高,转速降 Δn 也增大;但后者与 Φ^2 成反比,所以磁通越小,机械特性曲线也越陡,不过仍具有一定硬度,如图 1-24 所示。

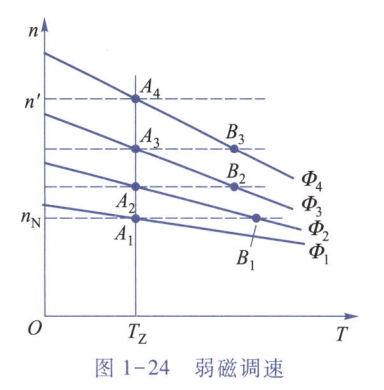

图 1-24 弱磁调速

由于电动机在额定状态运行时磁路已接近饱和,所以通常只能减小磁通($\Phi < \Phi_N$),将转速往上调,故称弱磁调速。

电动机运行时若拖动的是不太大的恒转矩负载,调速前,电动机工作在固有特性的 A_1 点,这时电动机磁通 $\Phi_1 = \Phi_N$,转速为 n_N,相应的电枢电流为额定电流。当磁通由 Φ_1 减小到 Φ_2 时,转速还来不及变化,电动机的工作点沿水平方向转移到对应于 Φ_2 的人为机械特性上的 B_1 点,这时电枢电动势随磁通的减小而减小。因 R_a 很小,又有 $I_a = \frac{U - E_a}{R_a}$,可见,$E_a$ 的减小将引起 I_a 急剧增加。一般情况下,I_a 增加的相对数量比磁通减小的相对数量要大,所以 $T = C_T \Phi I_a$ 在磁通减小的瞬间是增大的,从而使电动机转速升高;转速升高使电枢电动势 E_a 回升,而电磁转矩 T 等于负载转矩 T_L 时,电动机稳定工作于 A_2 点,新的转速高于原来 A_1 点的额定转速。

弱磁调速稳定运行时,若 I_a 为额定值,由于 Φ 减小,电磁转矩 T 也减小,但转速升高,所以 $P = T\omega$ 为近似的恒功率调速方式,适用于带恒功率负载,如用于机床切削工件时的调速,进行粗加工时,切削量大,用低速;进行精加工时,切削量小,用高速。

弱磁调速的特点是:调速平滑,可实现无级调速;调速经济,控制方便;机械特性较硬,稳定性好;调速范围小,最高转速一般为 $1.2n_N$,特殊设计的电动机,最高转速可达 $(3\sim4)n_N$。由于弱磁调速的范围小,所以很少单独使用,一般都与降压调速相配合,以扩大调速范围。也就是说,在电动机额定转速以下,采用降压调速;在电动机额定转速以上,采用弱磁调速。

三、任务实施

1. 按图接线

接线可参考图 1-25 或图 1-26。图中,R_f 为励磁变阻器,R_p 为电枢变阻器。接线完成后,同组成员应相互检查,再经指导老师检查无误后,方可进行后续操作。

2. 操作步骤

① 直流电动机起动前应将励磁变阻器 R_f 置于阻值最小位置,以限制电动机起动后的转速及获得较大的起动转矩;电枢变阻器 R_p 置于阻值最大位置,以限制电动机的起动电流。

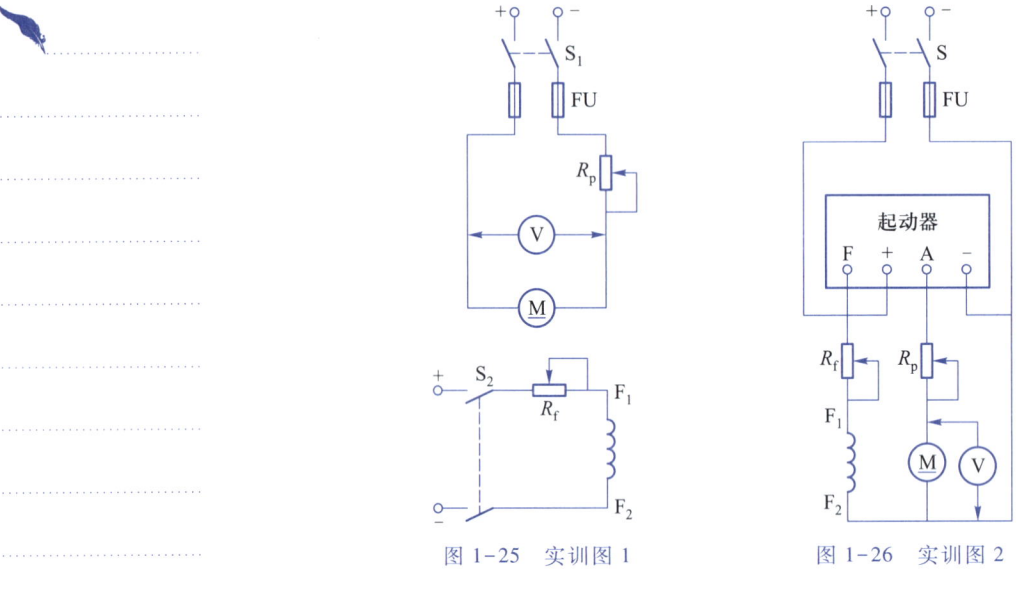

图 1-25　实训图 1　　　　　图 1-26　实训图 2

② 先接通励磁电源,再接通电枢电源,缓慢减小电枢变阻器 R_p 的阻值,直至起动变阻器的阻值为零,直流电动机起动完毕,记下直流电动机的转向。

③ 用转速表正确测量直流电动机的转速。适当调节励磁变阻器 R_f 的大小,观察电动机的转速变化情况,但应注意电动机的转速不能太高。

④ 逐渐增大电枢变阻器 R_p 的阻值,观察电动机的转速变化情况。

⑤ 先断开电枢电源,再断开励磁电源,待电动机完全停车后,分别改变直流电动机励磁绕组和电枢绕组的接法,再起动电动机,观察电动机的转向变化。

四、技能考核

1. 考核任务

每 3~4 位学生为一组,完成以上实训。

2. 考核要求及评分标准

(1) 实训设备(见表 1-4)

表 1-4　实训所用设备一览表

序号	名称	数量
1	直流电动机(0.8 kW)	1 台
2	起动器(与电动机配套)	1 个
3	励磁变阻器 R_f(1 kΩ/0.5 A)	1 件
4	电枢变阻器 R_p(92 Ω/6 A)	1 件
5	转速表	1 个
6	直流电压表(300 V)	1 块

（2）考核内容及评分标准（见表1-5）

表1-5　考核内容及评分标准

序号	考核内容	配分	评分标准
1	直流电动机的起动	20分	线路连接正确（10分） 试验操作正确（10分）
2	直流电动机的反转	20分	试验操作正确（10分） 正确得出结论（10分）
3	直流电动机的调速	40分	试验操作正确（10分） 数据记录精确（10分） 正确分析数据得出结论（20分）
4	实训报告	20分	实训报告完整、清晰、图表正确（20分）

五、拓展知识

在电力拖动系统中，为了满足生产机械的技术要求或者为了安全，往往需要电动机尽快停转或由高速运行迅速变为低速运行，为此，需要对电动机进行制动。

制动的方式很多，最简单的方法是用机械抱闸，靠摩擦力对电动机进行制动，这种制动方式称为机械制动。使电动机的电磁转矩方向与旋转方向相反而进行的制动方式称为电气制动。

下面讨论电气制动。电气制动有三种方法：能耗制动、反接制动和回馈制动。三种制动方法的共同点是：在保留原来磁场大小和方向不变的情况下，使电动机电磁转矩方向与旋转方向相反，使电动机产生制动转矩。

（一）能耗制动

电动机原先处于电动运行状态（电磁转矩的方向与旋转方向相同），如图1-27(a)所示。制动时，保持励磁电流不变，即励磁磁通不变，把电枢两端从电源立即切换到电阻 R_b 上，此电阻称为制动电阻。由于生产机械和电动机的惯性，电动机将继续按原来的方向旋转。因为磁通方向不变，产生的感应电动势也不变。此时电动机变为发电机运行，电枢电流的方向及其产生的电磁转矩的方向发生改变，使电磁转矩的方向与旋转方向相反，如图1-27(b)所示，成为制动转矩。当电动机带反抗性恒转矩负载时，可使电动机迅速停转；当电动机带位能性恒转矩负载时，如要迅速停车，必须在转速接近零时用机械抱闸将电动机转轴抱住，否则电动机将反转，最后进入能耗制动运行。

将 $U=0$、电枢回路串电阻 R_b 代入电动机机械特性方程式可得

$$n = -\frac{R_a + R_b}{C_e C_T \Phi_N^2} T \qquad (1-12)$$

可见，能耗制动时的机械特性是一条过原点的直线，它是与电枢回路串电阻 R_b 的人为机械特性平行的一条直线。

(a) 电动运行状态　　　　(b) 制动运行状态

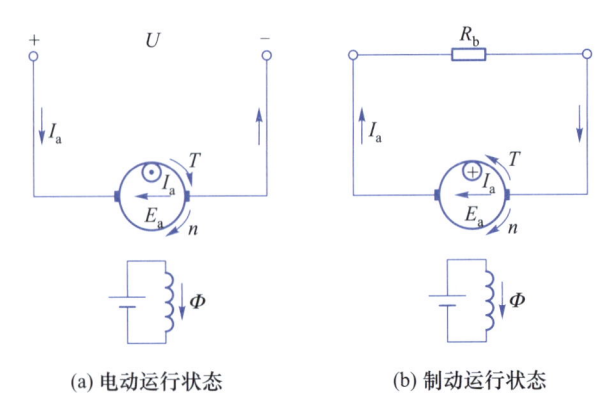

图 1-27　直流电动机的能耗制动原理图

能耗制动过程的物理意义是电动机由生产机械和自身的惯性作用拖动发电，把生产机械和电动机储存的动能转换为电能，再消耗在电枢回路的电阻 R_a 和 R_b 上，所以称为能耗制动。

制动电阻越小，制动时电枢电流越大，产生的制动转矩也越大，制动作用越强。为了避免制动转矩和电枢电流过大给传动系统和电动机带来不利影响，通常选择 R_b 使最大制动电流不超过电动机额定电流的 2~2.5 倍。

(二) 反接制动

反接制动分为改变电枢电压极性的电枢反接制动和电枢回路串大电阻的倒拉反接制动两种。下面主要介绍电枢反接制动。当电动机在电动运行状态下以转速 n 稳定运行时，维持励磁电流不变，即磁场不变，突然改变外加电枢电压的极性，即电枢电压由正变负，如图 1-28 所示，与电枢电动势 E_a 同向，此时电枢电流为

$$I_a = \frac{-U_N - E_a}{R_a} = -\frac{U_N + E_a}{R_a} \tag{1-13}$$

与原来方向相反，数值很大，产生一个很大的电磁制动转矩，使电动机很快停转。

电枢反接制动时电枢电流很大，会使电源电压波动，并产生强烈的制动作用。因此，在电枢反接制动时电枢电路中应串入电阻 R_b，电阻的大小选择应使电枢反接制动时的电枢电流不超过额定电流的 2~2.5 倍，即

$$R_b \geqslant \frac{U_N + E_{aN}}{(2 \sim 2.5) I_N} - R_a \tag{1-14}$$

制动时电动机变为发电运行状态，电源供给的能量与生产机械和电动机所具有的动能全部消耗在电枢回路的电阻上。

若制动的目的是为了停车，而不是反转，电动机转速接近于零时必须立即断开电源，否则转速过零后往往又会反向起动。

(三) 回馈制动

回馈制动又称为再生发电制动，电动机在运行过程中，由于某种客观原因，使实际转速 n 高于电动机的理想空载转速 n_0，如电车下坡、起重机下放重物等情况，位能转换

所得的动能使电动机加速,电动机就处于发电运行状态,并对电动机起制动作用,如图 1-29 所示。$n>n_0$ 时,电动机的感应电动势 $E_a>U_N$,电枢电流 $I_a = \dfrac{U_N - E_a}{R_a} = -\dfrac{E_a - U_N}{R_a}$。电流的方向与原来相反了,磁场没有变,电磁转矩随电枢电流反向而反向,成为制动转矩。此时电动机处于发电运行状态,把位能转变为电能,并回馈到电网,所以称为回馈制动。回馈制动一般不串电阻,因为若串电阻,电动机转速会升得很高,实际运行不允许;还因为不串电阻时,没有电阻上的能量损耗,可使尽可能多的电能回馈电网。

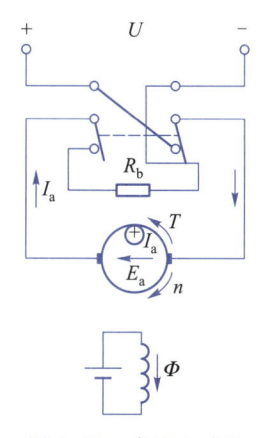

图 1-28　直流电动机电枢反接制动原理图

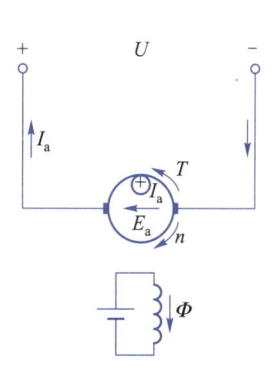

图 1-29　直流电动机回馈制动原理图

六、练习题

1. 直流电动机为什么不能直接起动？如果直接起动会引起什么后果？
2. 如果不切除直流电动机起动时电枢回路的外串电阻,对电动机运行有何影响？
3. 如何考虑直流电动机的最大起动电流(或最大起动转矩)？选得过大或过小对起动有何影响？
4. 直流电动机的起动方法有几种？
5. 如何改变他励直流电动机的旋转方向？
6. 直流电动机的调速方法有哪几种？各有什么特点？
7. 直流电动机电气制动的方法有哪几种？应该怎么实施？
8. 一台他励直流电动机,$P_N = 10 \text{ kW}$,$U_N = 220 \text{ V}$,$I_N = 53.8 \text{ A}$,$n_N = 1\,500 \text{ r/min}$,电枢电阻 $R_a = 0.13 \text{ Ω}$,试计算:(1)直接起动时最初的起动电流;(2)若限制起动电流不过 100 A,采用电枢串电阻起动时应串入的最小起动电阻值。
9. 已知一台他励直流电动机,$U_N = 220 \text{ V}$,$I_N = 207.5 \text{ A}$,$R_a = 0.067 \text{ Ω}$,试计算:(1)直接起动的起动电流是额定电流的多少倍？(2)如限制起动电流为 1.5 倍的 I_N,电枢回路应串入多大的电阻？
10. 一台他励直流电动机的铭牌数据为 $P_N = 10 \text{ kW}$,$U_N = 220 \text{ V}$,$I_N = 53.4 \text{ A}$,$n_N = 1\,500 \text{ r/min}$,$R_a = 0.4 \text{ Ω}$。试求出下列几种情况下的机械特性方程式,并在同一坐标上

画出机械特性曲线:(1) 固有机械特性;(2) 电枢回路串入 1.6 Ω 的电阻;(3) 电源电压降至原来的一半;(4) 磁通减少 30%。

任务三　直流电动机的维修

直流电动机在使用时,由于其结构复杂,运行可靠性比交流电动机差,若使用时间长或使用方法不当,有时会产生这样那样的故障,需要进行维修。

一、任务目标

① 能进行直流电动机定子绕组的检修。
② 能进行直流电动机电枢绕组的检修。
③ 能进行直流电动机换向器的检修。
④ 能进行直流电动机电刷的选择和更换。
⑤ 能进行直流电动机轴承的维护保养。

二、任务引导

(一) 直流电动机绕组的主要故障及修理

直流电动机的绕组分为定子绕组和电枢绕组。定子绕组包括励磁绕组、换向极绕组和补偿绕组。直流电动机运行时定子绕组发生的故障主要有绕组过热、匝间短路、接地、绝缘电阻下降等;电枢绕组发生的故障主要有短路、断路和接地。

1. 定子绕组的故障及修理

（1）励磁绕组过热

励磁绕组过热现象较为明显,通常绕组绝缘层和表面覆盖漆会变色,有绝缘溶剂挥发和焦化气味,绝缘层因老化而绝缘电阻值降低,甚至接地。严重时,绝缘层在高温中能冒烟,完全炭化。

造成励磁绕组过热的主要原因如下:
① 励磁绕组通风散热条件严重恶化。
② 某些电动机长时间过励磁。
检查方法:用外观检查或兆欧表(标准术语称为绝缘电阻表)检查即可确定。

（2）励磁绕组匝间短路

当直流电动机的励磁绕组匝间出现短路故障时,会有如下情形:虽然励磁电压不变,但励磁电流增加;保持励磁电流不变时,电动机出现转矩降低、空载转速升高等现象;励磁绕组局部发热;部分刷架换向火花加大或产生单边磁拉力,严重时使电动机产生振动。

造成励磁绕组匝间短路的原因如下:

① 制造商存在缺陷。如"S"弯处过渡绝缘未处理好,层间绝缘被铜毛刺挤破,经过一段时间的运行,问题逐步显现。

② 电动机在运行维护和修理过程中受到碰撞,使得导线绝缘层受到损伤而形成匝间短路。

检查方法:常用交流电压降法检查励磁绕组匝间短路。

把工频交流电通过调压器加到励磁绕组两端,然后用交流电压表分别测量每个磁极励磁绕组上的交流电压降(见图1-30),如各磁极上交流电压相等,则表示绕组无短路现象;如某一磁极的交流电压降比其余磁极都小,则说明这个磁极上的励磁绕组存在匝间短路,通电时间稍长时,这个绕组将明显发热。

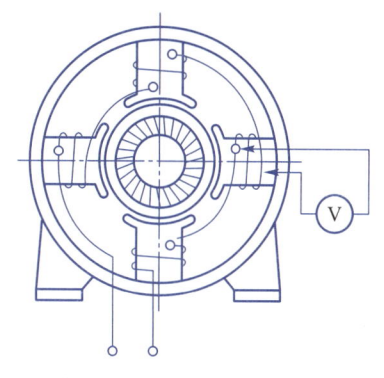

图1-30 交流电压降法检查励磁绕组匝间短路

(3) 定子绕组接地

当定子绕组出现接地故障时,会引起接地保护动作和报警,如果两点接地,还会使得绕组局部烧毁。

造成定子绕组接地的原因如下:

① 线圈、铁心或补偿绕组槽口存在毛刺,使得绕组击穿。

② 绕组固定不好,在电动机负载运行时绕组发生移位,经常往复移动使得绝缘层磨损而接地。

检查方法:定子绕组接地的检查应按照与电枢串联绕组(串励绕组、换向极绕组、补偿绕组)回路和励磁回路分别进行检查。

先用兆欧表(标准术语称为绝缘电阻表)测量,后用万用表核对,以区别绕组是绝缘受潮还是绕组确实接地。具体分为以下几种情况:

① 绝缘电阻为零,但用万用表测量时还有指示,说明绕组绝缘没有击穿,采用清扫吹风办法,有可能使绝缘电阻上升。

② 绝缘电阻为零,改用万用表测量也为零,说明绕组已接地,可将绕组连接线拆开,分别测量每个磁极绕组的绝缘电阻,可发现某个磁极绕组接地,其余完好。重点烘干处理这个接地故障的磁极绕组。查出故障绕组后,如果无法判明短路点的位置,可用220 V交流检验灯检查,一般短路点会发生放电、电火花或烟雾,根据这些现象来确定短路点。

③ 所有磁极绕组的绝缘电阻均为零,虽然拆开连接线,但测量结果表明绝缘电阻普遍低。处理方法是绕组经清扫后,绝缘材质如果没有老化,可采用中性洗涤剂进行清洗,清洗后烘干处理。

2. 电枢绕组的故障及修理

(1) 电枢绕组短路

当电枢绕组由于短路故障而烧毁时,可通过观察找到故障点,也可将6~12 V的直流电源接到换向器两侧,用毫伏表测量各相邻两个换向片的电压值,以足够的电流通入电枢,使毫伏表的读数约在全读数的3/4处,从1、2片开始,逐片测量。毫伏表的读数应有规律,如果出现读数很小或接近于零的情况,表明接在这两个换向片上的线圈一定有短路故障存在,若读数为零,多为换向器片间短路,如图1-31所示。

绕组短路的原因往往是绝缘层损坏,使同槽线圈匝间短路或上下层间短路。若电动机使用不久，绝缘并未老化，当一个或两个线圈有短路时，可以切断短路线圈，在两个换向片上接以跨接线，继续使用。若短路线圈过多，则应重绕。

（2）电枢绕组断路

电枢绕组断路的原因多数是换向片与导线接头片焊接不良，或个别线圈内部导线断线，这时的现象是在运行中电刷下发生不正常的火花。检查方法如图 1-32 所示，将毫伏表跨接在换向片上（直流电源的接法同前），有断路的绕组所接换向片被毫伏表跨接时，将有读数指示，且指针剧烈跳动（要防止损坏表头），但毫伏表跨接在完好的绕组所接换向片上时，将无读数指示。对于较大的直流电动机，可将直流电源接在相邻的两个换向片上。但应注意，测试时，必须保证先接通电源，再接毫伏表，电源未与换向片接通时，毫伏表不能与电源线相接，否则可能因电压过高损坏毫伏表。

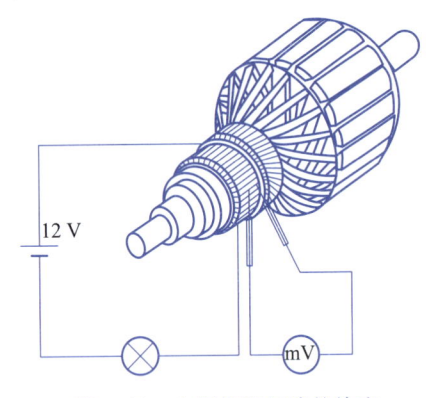

图 1-31　电枢绕组短路的检查

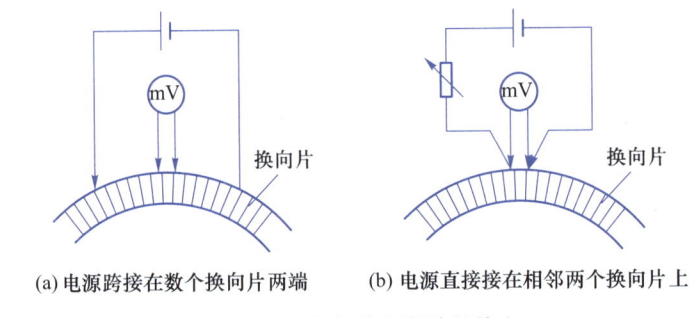

(a) 电源跨接在数个换向片两端　(b) 电源直接接在相邻两个换向片上

图 1-32　电枢绕组断路的检查

紧急处理方法为：在叠绕组中，将有断路的绕组所接的两个相邻换向片用跨接线连起来；在波绕组中，也可以用跨接线将有断路的绕组所接的两个换向片连起来，但这两个换向片相隔一个极距，而不是相邻的两个换向片。

（3）电枢绕组接地

造成电枢绕组接地的原因多为槽绝缘及绕组元件绝缘层损坏，导体与硅钢片碰接。也有换向器接地的情况，但并不多见。

检查方法：将电枢取出放在支架上，将电源线的一根串接一个灯泡接在换向片上，另一根接在轴上，如图 1-33 所示。若灯泡发亮，则说明此线圈接地。具体是哪一槽的线圈接地，可使用毫伏表测量，即将毫伏表一端接轴，另一端与换向片依次接触，若线圈完好，则指针摆动，当与接地线圈所连接的换向片接触时，指针不动。要判明是线圈接地还是换向器接地，需进一步检查，将接地线圈的接线头从换向片上脱焊下来，分别测量进行确定。

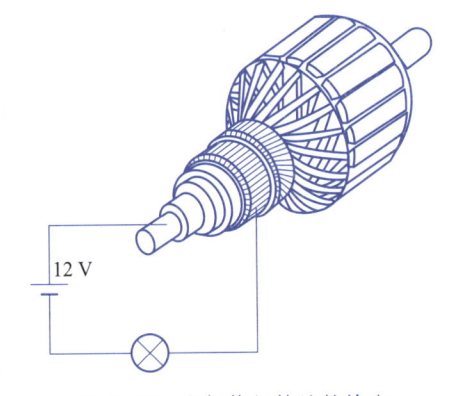

图 1-33　电枢绕组接地的检查

（二）直流电动机换向器的故障及修理

1. 片间短路

当用毫伏表找出电枢绕组短路处后，为了确定短路故障是发生在绕组内还是换向片之间，应先将与换向片相连的绕组线头脱焊开，然后用万用表检验换向片片间是否短路，如果发现片间表面短路或有火花灼烧伤痕，修理时只要刮掉片间短路的金属屑、电刷粉末、腐蚀性物质及尘污等，直到用万用表检验无短路为止，再用云母粉末或者小块云母加上胶水填补孔洞使其干燥。若上述方法不能消除片间短路，那么应拆开换向器，检查其内表面。

2. 接地

换向器接地经常发生在前面的云母环上，这个环有一部分露在外面，由于灰尘、油污和其他碎屑堆积在上面，很容易造成漏电接地故障。发生接地故障时，这部分的云母片大都已经烧毁，故障查找比较容易，再用万用表进一步确定故障点。修理时，把换向器上的紧固螺帽松开，取下前面的端环，把因接地而烧毁的云母片刮去，换上同样尺寸和厚薄的新云母片，装好即可。

3. 换向片凹凸不平

该故障主要是由于装配不良或过分受热所致，使换向片松弛，电刷下产生火花，并发出"咔咔"的声音。修理时，可松开端环，将凹凸的换向片校平或加工车圆。

4. 云母片凸出

换向片的磨损速度通常比云母片快，就形成云母片凸出。修理时，可把凸出的云母片刮削到比换向片约低 1 mm，但刮削要平整。

工程案例
电吹风用小型直流电动机起动困难

三、任务实施

1. 直流电动机定子绕组故障的查找

① 设备器材及工具：兆欧表、试灯、电压表。
② 工艺制定：完成接地故障点的查找。
③ 工艺步骤：
a. 兆欧表检查法。
b. 试灯检查法。
c. 电压降法。
d. 冒烟法。

2. 直流电动机电枢绕组短路、断路与接地故障的查找

① 设备器材及工具：毫伏表、电流表、兆欧表、直流电源。
② 工艺制定：完成故障的确定。
③ 工艺步骤：
a. 短路检查。
b. 断路检查。
c. 接地检查。

3. 换向器故障的查找

① 设备器材及工具：毫伏表、电流表、兆欧表、直流电源。
② 工艺制定：完成故障的确定。
③ 工艺步骤：
a. 片间短路检查。
b. 接地故障检查。
c. 换向片凹凸不平修理。
d. 云母片凸出修理。

四、技能考核

1. 直流电动机定子绕组故障的查找

（1）考核任务

能分别用上述四种方法查找直流电动机定子绕组故障。

（2）考核内容及评分标准（见表 1-6）

表 1-6　考核内容及评分标准

考核内容	配分	评分标准	得分
兆欧表检查法	25 分	不错判、漏判，错判、漏判一处扣 10 分，扣完为止	
试灯检查法	25 分	不错判、漏判，错判、漏判一处扣 10 分，扣完为止	
电压降法	25 分	不错判、漏判，错判、漏判一处扣 10 分，扣完为止	
冒烟法	25 分	不错判、漏判，错判、漏判一处扣 10 分，扣完为止	

2. 直流电动机电枢绕组短路、断路与接地故障的查找

（1）考核任务

能查找直流电动机电枢绕组短路、断路和接地故障。

（2）考核内容及评分标准（见表 1-7）

表 1-7　考核内容及评分标准

考核内容	配分	评分标准	得分
短路检查	40 分	不错判、漏判，错判、漏判一处扣 10 分，扣完为止	
断路检查	30 分	不错判、漏判，错判、漏判一处扣 10 分，扣完为止	
接地检查	30 分	不错判、漏判，错判、漏判一处扣 10 分，扣完为止	

3. 换向器故障的查找

（1）考核任务

能查找换向器的故障，进行常见故障的维修。

（2）考核内容及评分标准（见表 1-8）

表 1-8 考核内容及评分标准

考核内容	配分	评分标准	得分
片间短路检查	30 分	不错判、漏判,错判、漏判一处扣 10 分,扣完为止	
接地故障检查	30 分	不错判、漏判,错判、漏判一处扣 10 分,扣完为止	
换向片修理	40 分	正确修复换向片表面,修复后换向片与电刷磨合及负载下火花正常	

五、练习题

1. 电枢绕组的局部短路或断路的应急措施是怎样的?
2. 简述换向器片间短路及换向器接地故障的修理方法。
3. 说明更换电刷的注意事项。如何测量和调节电刷对换向片的压力?
4. 为什么直流电机能发出直流电?如果没有换向器,直流电机能不能发出直流电流?
5. 并励直流电动机在运行中,若励磁绕组断线,将会出现什么情况?

思考与练习

一、填空题

1. 直流电机具有_____性,既可作_____运行,又可作_____运行。作发电机运行时,将_____变成_____输出;作电动机运行时,则将_____变成_____输出。
2. 直流电动机根据励磁方式的不同可分为_____电动机、_____电动机、_____电动机和_____电动机。
3. 直流电动机的换向极安装在_____,其作用是_____。
4. 并励直流电动机电源反接时,I_a 的方向_____,转速方向_____。
5. 直流电机由_____和_____两部分组成。直流电动机的工作原理是_____,直流发电机的工作原理是_____。
6. 直流电动机定子绕组常见故障有_____、_____、_____、_____。
7. 直流电动机电枢绕组常见故障有_____、_____、_____、_____。
8. 直流电动机换向器常见故障有_____、_____、_____、_____。
9. 直流电动机的起动方法有_____、_____、_____。
10. 直流电动机的调速方法有_____、_____、_____。

二、判断题

1. 一台直流发电机,若把电枢固定,而电刷与磁极同时旋转,则在电刷两端仍能得到直流电压。(   )
2. 一台串励直流电动机,若改变电源极性,则电动机转向也改变。(   )
3. 在直流电动机中,换向极的作用是改变换向,所以只要装置换向极都能起到改变换向的作

用。（ ）

4. 直流电动机的额定功率既表示输入功率也表示输出功率。（ ）
5. 他励直流电动机的励磁和负载转矩不变时，降低电源电压，电动机的转速将上升。（ ）
6. 起动他励直流电动机要先加励磁电压，再接通电枢电源。（ ）
7. 改变他励直流电动机的转向，可以同时改变电枢绕组方向和励磁绕组方向。（ ）
8. 直流电动机的人为机械特性都比固有机械特性软。（ ）
9. 直流电动机弱磁调速时，磁通减少，转速增大。（ ）
10. 直流电动机串多级电阻起动。在起动过程中，每切除一级起动电阻，电枢电流都将发生突变。（ ）

三、选择题

1. 直流发电机主磁极磁通产生感应电动势存在于（ ）中。
   A. 电枢绕组　　　　　　　　　　　B. 励磁绕组
   C. 电枢绕组和励磁绕组　　　　　　D. 以上选项都不对

2. 直流发电机电刷在几何中线上，如果磁路不饱和，这时电枢反应是（ ）。
   A. 去磁　　　　　　　　　　　　　B. 助磁
   C. 不去磁也不助磁　　　　　　　　D. 以上选项都不对

3. 直流电机 $U=240\text{ V}$，$E_a=220\text{ V}$，则此电机的状态为（ ）。
   A. 电动机状态　　　　　　　　　　B. 发电机状态
   C. 不能确定　　　　　　　　　　　D. 以上选项都不对

4. 在直流电动机中，电动势的方向与电枢电流方向____；在直流发电机中，电动势的方向与电枢电流的方向____。（ ）
   A. 相同，相同　　　　　　　　　　B. 相同，相反
   C. 相反，相同　　　　　　　　　　D. 相反，相反

5. 在直流电动机中，电枢的作用是（ ）。
   A. 将交流电变为直流电　　　　　　B. 实现直流电能和机械能之间的转换
   C. 在气隙中产生主磁通　　　　　　D. 将直流电流变为交流电流

6. 他励直流电动机的人为机械特性与固有机械特性相比，其理想空载转速和斜率均发生了变化，那么这条人为机械特性一定（ ）。
   A. 串电阻的人为机械特性　　　　　B. 降压的人为机械特性
   C. 弱磁的人为机械特性　　　　　　D. 不能确定

7. 直流电动机采用降低电源电压的方法起动，其目的是（ ）。
   A. 使起动平稳　　　　　　　　　　B. 减小起动电流
   C. 减小起动转矩　　　　　　　　　D. 不能确定

8. 一台直流电动机拖动一台他励直流发电机，当电动机的外电压、励磁电流不变时，增加发电机的负载，则电动机的电枢电流和转速 n 将（ ）。
   A. 电枢电流增大，n 降低　　　　　B. 电枢电流减少，n 升高
   C. 电枢电流减少，n 降低　　　　　D. 以上选项都不对

9. 一台他励直流电动机在保持转矩不变时，如果电源电压 U 降为一半，忽略电枢反应和磁路

饱和的影响，此时电动机的转速（　　）。
　　A. 不变　　　　　　　　　　　　B. 降低到原来转速的 0.5 倍
　　C. 下降　　　　　　　　　　　　D. 无法判定
　10. 直流电动机的额定功率是指（　　）。
　　A. 转轴上吸收的机械功率　　　　B. 转轴上输出的机械功率
　　C. 电枢端口吸收的电功率　　　　D. 电枢端口输出的电功率

项目二
三相异步电动机的拆装与电气检查

图片
2-1 三相异步电动机的图片

交流电动机分为异步电动机和同步电动机两种,其中异步电动机具有结构简单、工作可靠、价格低廉、维护方便、效率较高等优点,其缺点是功率因数较低,调速性能不如直流电动机。三相异步电动机是所有电动机中应用最广泛的一种。一般的机床、起重机、传送带、鼓风机、水泵以及各种农副产品的加工设备等都普遍使用三相异步电动机,各种家用电器、医疗器械和许多小型机械则使用单相异步电动机,而在一些有特殊要求的场合则使用特种异步电动机。

Y 系列小型三相异步电动机采用 B 级绝缘材料和 D22、D23 硅钢片制成,是 20 世纪 80 年代取代 JO_2 系列的更新换代产品。与 J_2、JO_2 系列相比较,Y 系列具有效率高、节能、起动转矩大、振动小、噪声低、运行可靠等优点。由该系列又派生出各种特殊系列,如具有电磁调速的 YCT 系列,能变极调速的 YD 系列,具有高起动转矩的 YQ 系列等。

知识目标

1. 了解三相异步电动机的结构、工作原理;
2. 了解三相异步电动机的起动、正反转、调速和制动的方法和特点;
3. 熟悉三相异步电动机的铭牌数据,了解固有机械特性和人为机械特性的特点;
4. 熟悉三相异步电动机机械特性实用表达式的求取方法。

能力目标

1. 会使用拆装工具,进行三相异步电动机的拆装;
2. 能进行三相异步电动机的起动、正反转和调速操作;
3. 会根据故障现象,分析判定三相异步电动机的故障原因并进行简单维修。

> **素养目标**

1. 进一步增强职业素质,做事规范,认真负责,一丝不苟,养成严谨细致的工作作风;
2. 具有互相帮助、相互配合、团队协作和勇于创新的精神。

任务一 三相异步电动机的拆装

三相异步电动机一旦发生故障,就需要进行拆卸,故障排除后,又需要进行装配。本任务主要学习三相异步电动机的结构和工作原理,并掌握拆装三相异步电动机的技能。

一、任务目标

① 能熟练掌握三相异步电动机的结构和工作原理。
② 能熟练掌握三相异步电动机的拆装顺序、拆装工艺。
③ 能正确使用各种拆装工具,完成三相异步电动机的拆装。

二、任务引导

(一) 三相异步电动机的结构

三相异步电动机的种类很多,从不同的角度看,可以有不同的分类方式。例如,按转子绕组的结构方式分,可分为笼型异步电动机和绕线转子异步电动机两类;按机壳的防护形式分,可分为防护式、封闭式和开启式。此外,还可按电动机的容量、耐压等级、冷却方式等进行分类。不论三相异步电动机的分类方式如何,其基本结构是相同的,都由定子和转子两大部分构成。当然,在定子和转子之间还有气隙存在。

三相异步电动机的常见外形和结构如图 2-1 所示。

(a) 电动机整机外形　　(b) 铁心和绕组示意图　　(c) 三相绕组及接线盒

图 2-1 三相异步电动机的常见外形和结构

三相异步电动机的结构分解如图 2-2 所示。

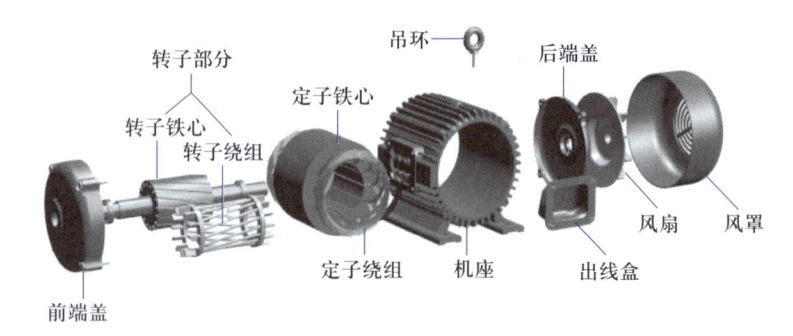

图 2-2 三相异步电动机的结构分解

下面介绍三相异步电动机主要零部件的结构及作用。

1. 定子

三相异步电动机的定子主要包含定子铁心、定子绕组和机座。定子部分的作用主要是通电产生旋转磁场,实现机电能量转换。

（1）定子铁心

定子铁心是电动机磁路的一部分,定子的铁心槽需放置定子绕组。为了导磁性能良好和减少交变磁场在铁心中的损耗,定子铁心一般采用 0.5 mm 厚的硅钢片叠压而成。定子铁心片如图 2-3(a)所示;定子铁心片压装成定子铁心,如图 2-3(b)所示,定子叠片内圆冲有槽,以嵌放定子绕组;定子铁心压装在机座内,如图 2-3(c)所示。

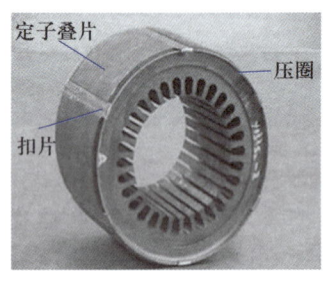

(a) 定子铁心片　　　　(b) 定子铁心　　　　(c) 定子铁心压装在机座内

图 2-3 三相异步电动机的定子铁心

（2）定子绕组

定子绕组的主要作用是通过电流产生旋转磁场以实现机电能量转换。定子绕组经常使用一股或几股高强度绝缘漆包线绕成不同形式的线圈,如图 2-4(a)所示;线圈嵌放在定子铁心槽内,按一定规律连成三相对称绕组 AX、BY、CZ 或者 U_1U_2、V_1V_2、W_1W_2,如图 2-4(b)所示;绕组连好以后,还必须进行端部整形,如图 2-4(c)所示,形状成喇叭状;定子绕组嵌放在机座内,如图 2-4(d)所示。

电动机的接线盒如图 2-5(a)所示,三相绕组在接线盒内通常有六个接线端子,三个首端 A、B、C 或 U_1、V_1、W_1,三个尾端 X、Y、Z 或 U_2、V_2、W_2。三相绕组可以连成星形(Y)联结,如图 2-5(b)所示;或者连成三角形(△)联结,如图 2-5(c)所示。

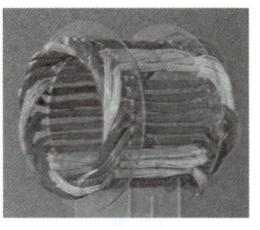

(a) 漆包线绕成的线圈　　(b) 定子三相绕组　　(c) 绕组端部的形状　　(d) 带绕组的机座

图 2-4　三相异步电动机的定子绕组

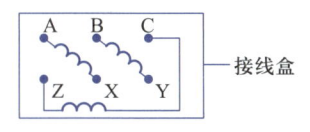

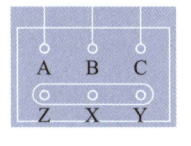

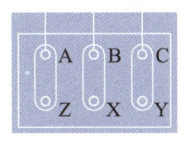

(a) 接线盒　　(b) 绕组的星形联结　(c) 绕组的三角形联结

图 2-5　三相异步电动机的二次接线

（3）机座

机座是电动机机械结构的组成部分,如图 2-6 所示。其主要作用是固定和支撑定子铁心,还有固定端盖。在中小型电动机中,端盖兼有轴承座的作用,机座还起到支撑电动机转动部分的作用,故机座要有足够的机械强度和刚度。中小型电动机一般采用铸铁机座,而大容量的异步电动机则采用钢板焊接机座。对于封闭式中小型异步电动机,其机座表面有散热筋片以增加散热面积,使紧贴在机座内壁上的定子铁心中的定子铁耗和铜耗产生的热量通过机座表面快速散发到周围空气中,不使电动机过热。对于大型的异步电动机,机座内壁与定子铁心之间会隔开一定距离,作为冷却空气的通道,因而不需要散热筋片。

> **提示**
> 机座主要起固定和支撑的作用。

(a) 无铁心的机座　　(b) 带铁心的机座

图 2-6　三相异步电动机的机座

2. 转子

转子由转子铁心、转子绕组、转轴和风扇等组成。

（1）转子铁心

转子铁心是电动机磁路的一部分,由转子铁心冲片叠成,通常为圆柱形。转子铁心冲片由 0.5 mm 厚的内圆硅钢片制成,如图 2-7(a)所示,以减少铁心损耗;转子铁心冲片外圆周上冲压有许多均匀分布的槽,以嵌放转子绕组。转子铁心固定在转轴上,如图 2-7(b)、(c)所示。转子铁心与定子铁心之间有微小的空气隙,它们共同组成电动机的磁路。

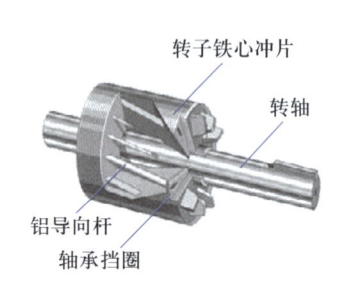

(a) 转子铁心冲片　　　　　(b) 转轴　　　　　(c) 带铁心的转子

图 2-7　三相异步电动机的转子铁心

> **提示**
> 转子绕组自成闭合回路。

（2）转子绕组

转子绕组是电动机的电路部分,有笼型和绕线式两种结构,如图 2-8 所示。

(a) 笼型电动机　　　　　(b) 绕线式电动机

图 2-8　三相异步电动机的转子绕组形式

> **图片**
> 2-2 铜条焊接笼型转子

笼型转子绕组是由嵌在转子铁心槽内的若干铜条组成的,两端分别焊接在两个短接的端环上。如果去掉铁心,转子绕组的外形就像一个鼠笼,故称为笼型转子。目前中小型笼型电动机大都在转子铁心槽中浇铸铝液,铸成笼型绕组,并在端环上铸出许多叶片,作为冷却的风扇。笼型转子的结构如图 2-9 所示。

(a) 笼型转子　　　　　(b) 转子铁心　　　　　(c) 鼠笼导条

图 2-9　笼型转子的结构

绕线式转子的绕组与定子绕组相似,在转子铁心槽内嵌放对称的三相绕组,成星形联结。三相绕组的三个尾端连接在一起,三个首端分别接到装在转轴上的三个铜制集电环上,通过电刷与外电路的可变电阻器相连接,用于起动或调速,如图 2-10 所示。

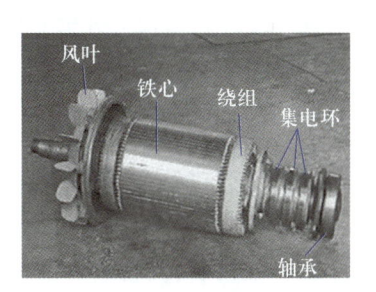

(a) 三相绕组　　　　(b) 集电环　　　　(c) 绕线式转子

图 2-10　绕线式转子的结构

三相绕线式异步电动机由于结构复杂,价格较高,一般只用于对起动和调速有较高要求的场合,如立式车床、起重机等。

3. 气隙

三相异步电动机的定子与转子之间的气隙比同容量的直流电动机的气隙要小得多,一般仅为 0.2~1.5 mm。气隙的大小对三相异步电动机的性能影响极大。气隙大,则磁阻大,由电网提供的励磁电流(滞后的无功电流)大,使电动机运行时的功率因数降低,但如果气隙过小,将使装配困难,运行不可靠。另外,高次谐波磁场增强,会使附加损耗以及起动性能变差。

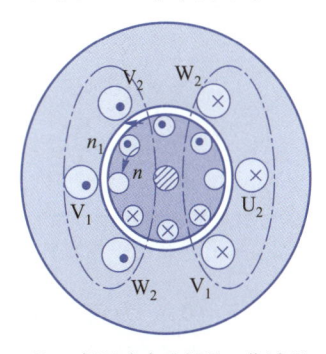

(二) 三相异步电动机的工作原理

三相异步电动机的工作原理是基于定子旋转磁场(定子绕组内三相电流所产生的合成磁场)和转子电流(转子绕组内的电流)的相互作用。

1. 转动原理

图 2-11 是三相异步电动机转子转动的示意图。若用手摇动手柄,使磁场以转速 n 顺时针方向旋转,则旋转磁场切割转子铜条,在铜条中产生感应电动势(用右手定则判定),从而产生感应电流。电流与磁场相互作用产生电磁力 F(用左手定则判定),由电磁力产生电磁转矩 T,若 T 大于所带的机械负载,转子便会转动,而且转子转动的方向与磁场方向相同。三相异步电动机转子转动的原理如图 2-11(a) 所示。

(a) 三相异步电动机转子转动原理　　　　(b) 三相异步电动机的工作过程

图 2-11　三相异步电动机转子转动的示意图

微课
2-2　三相异步电动机的工作原理

动画
2-3　三相异步电动机的工作原理

PPT
2-2　三相异步电动机的工作原理

实验文本
2-1　三相异步电动机的空载运行

三相异步电动机的工作过程(见图 2-11(b))大致可以分为以下三步。

① 电生磁：三相对称绕组通入三相电流，产生以一定速度旋转的磁场，磁场的速度通常用 n_1 来表示。

② 磁生电：转子铜条切割磁力线产生感应电动势、感应电流。

③ 产生电磁力、形成电磁转矩：载流导体在磁场中受到电磁力的作用，形成电磁转矩，拖动电动机转子旋转，旋转速度通常用 n 来表示。

可是在三相异步电动机中并没有看到具体的磁极，那么旋转的磁场从何而来呢？转子又是如何旋转的呢？

下面来研究一下三相异步电动机的旋转磁场。

2. 旋转磁场

(1) 旋转磁场的产生

三相异步电动机的定子铁心中放有三相对称绕组 U_1U_2、V_1V_2、W_1W_2，如图 2-12 所示。图中 U_1、V_1、W_1 和 U_2、V_2、W_2 分别表示各相绕组的首端与末端。为了分析的方便，假设每相绕组只有一个线圈，分别嵌放在定子内圆周的铁心槽中。

那么，什么样的绕组称为三相对称绕组呢？所谓三相对称绕组，是指三相绕组的几何尺寸、匝数、连接规律等相同，三相绕组的首端(或末端)在空间应相差 120° 电角度。

> **提示**
> 三相对称绕组的其中一个条件：首端或末端在空间相差 120° 电角度。

现在假设三相对称定子绕组连接成星形联结，如图 2-12 所示。当定子绕组接通三相电源时，便在绕组中产生三相对称电流。定子绕组中，电流的正方向规定为自各相绕组的首端至其末端，并取流过 U 相绕组的电流 i_U 作为参考正弦量，即 i_U 的初相位为零，则各相电流的瞬时值可表示为(相序为 U—V—W)

$$i_U = I_m \sin \omega t$$
$$i_V = I_m \sin(\omega t - 120°)$$
$$i_W = I_m \sin(\omega t - 240°)$$

电流的参考方向如图 2-12 所示，三相电流的波形如图 2-13 所示。在电流的正半周，其值为正，表示实际方向与参考方向相同；在电流的负半周，其值为负，表示实际方向与参考方向相反。下面分析不同时间的合成磁场。

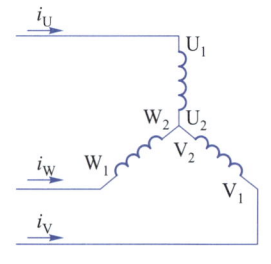

图 2-12　星形联结的三相对称绕组　　图 2-13　三相电流的波形

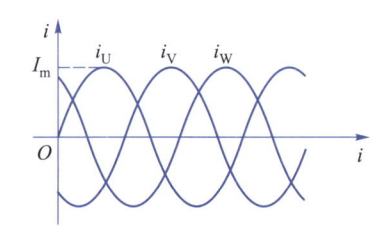

当 $\omega t = 0$ 时，$i_U = 0$，i_V 为负，表示电流实际方向与正方向相反，即电流从 V_2 端流到 V_1 端；i_W 为正，表示电流实际方向与正方向一致，即电流从 W_1 端流到 W_2 端。

按右手螺旋法则确定三相电流产生的合成磁场，如图 2-14(a) 中的箭头所示。

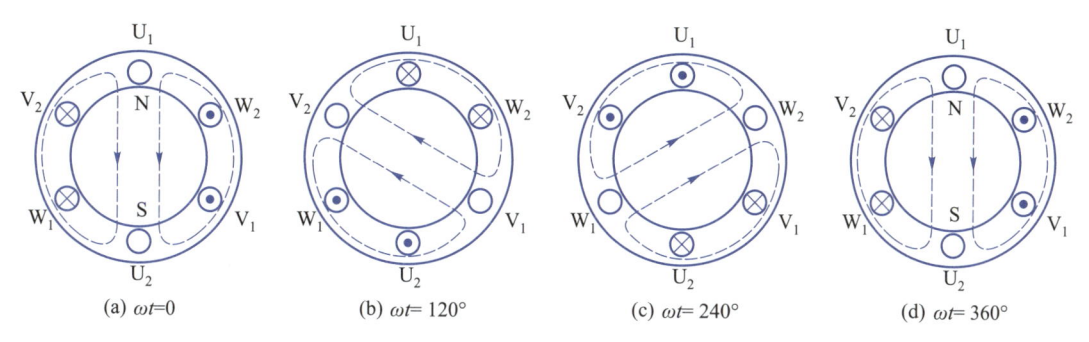

(a) ωt=0　　(b) ωt=120°　　(c) ωt=240°　　(d) ωt=360°

图 2-14　三相电流产生旋转磁场（p=1）

当 ωt=120°时，i_U 为正，i_V=0，i_W 为负。此时的合成磁场如图 2-14(b) 所示，合成磁场已从 t=0 瞬间所在位置顺时针方向旋转了 120°。

当 ωt=240°时，i_U 为负，即电流从 U_2 端流到 U_1 端；i_V 为正，即电流从 V_1 端流到 V_2 端；i_W=0。此时的合成磁场如图 2-14(c) 所示，合成磁场已从 t=0 瞬间所在位置顺时针方向旋转了 240°。

当 ωt=360°时，i_U=0，i_V 为负，i_W 为正。此时的合成磁场如图 2-14(d) 所示，合成磁场已从 t=0 瞬间所在位置顺时针方向旋转了 360°。

按以上分析可以证明，当三相电流随时间不断变化时，合成磁场在空间也不断旋转，这样就产生了旋转磁场。

（2）旋转磁场的转向

从图 2-14 和图 2-15 可见，U 相绕组内的电流超前于 V 相绕组内的电流 120°，而 V 相绕组内的电流又超前于 W 相绕组内的电流 120°。同时，图 2-16(a) 所示旋转磁场的转向也是 U—V—W，即顺时针方向旋转。所以，旋转磁场的转向与三相电流的相序一致。

如果将定子绕组接至电源的三根导线中的任意两根导线对调，如将 V、W 两根导线对调。如图 2-15(b) 所示，则 V 相与 W 相绕组中电流的相位就对调，此时 U 相绕组内的电流超前于 W 相绕组内的电流 120°，因此，旋转磁场的转向也将变为 U—W—V，即逆时针方向旋转，与对调前的转向相反，如图 2-16(b) 所示。

> 提示
> 改变电流的相序可以改变旋转磁场的转向。

(a) 相序改变前　　(b) 相序改变后

图 2-15　改变电流相序示意图

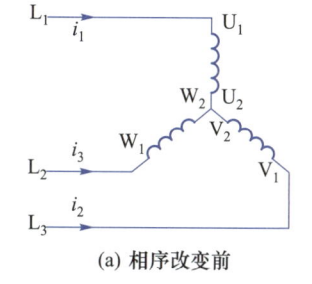

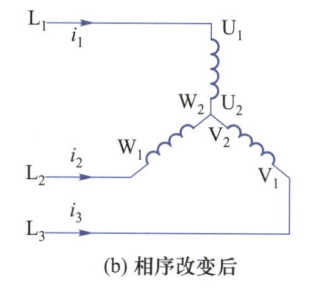

(a) 相序改变前的转向　　(b) 相序改变后的转向

图 2-16　改变旋转磁场方向示意图

由此可见，要改变旋转磁场的转向（亦即改变电动机的旋转方向），只要把定子绕组接到电源的三根导线中的任意两根对调即可。

（3）旋转磁场的极数与转速

以上讨论的旋转磁场只有一对磁极，即 p=1（p 表示电动机的磁极对数）。从上述

> 提示
> 电角度=p×机械角度。

分析可以看出,电流变化一个周期(变化 360°电角度),旋转磁场在空间也旋转了一圈(转了 360°机械角度)。若电流的频率为 f_1,旋转磁场每分钟将旋转 $60f_1$ 圈,以 n_1 表示,即 $n_1=60f_1$。

如果把定子铁心的槽数增加一倍,制成三相绕组,每相绕组由两个部分串联组成,再将这三相绕组接到对称三相电源,使其通过对称三相电流,便产生具有两对磁极的旋转磁场。此情况下电流变化半个周期(180°电角度),旋转磁场在空间只转过了 90°机械角度,即 1/4 圈。电流变化一个周期,旋转磁场在空间只转了 1/2 圈。

由此可知,当旋转磁场具有两对磁极,即 $p=2$ 时,其转速仅为一对磁极时的一半,即每分钟 $60f_1/2$ 转。以此类推,当有 p 对磁极时,其转速为

$$n_1=\frac{60f_1}{p} \tag{2-1}$$

所以,旋转磁场的转速(即同步转速)n_1 与电流的频率成正比而与磁极对数成反比,因为标准工业频率(即电流频率)为 50 Hz,因此,对应于不同的磁极对数时,其同步转速见表 2-1。

表 2-1 不同磁极对数对应的同步转速

p	1	2	3	4	5	6
n_1/(r/min)	3 000	1 500	1 000	750	600	500

实际上,旋转磁场不仅可以由三相交流电获得,任何两相以上的多相交流电流过相应的多相绕组都能产生旋转磁场。

3. 三相异步电动机的由来和转差率

(1) 三相异步电动机的由来

前面已经介绍了两个转速,一个是电动机转子的转速 n,一个是磁场的旋转速度 n_1,那么这两个速度会不会相等呢?

回答是不可能相等的。因为一旦转子的转速和旋转磁场的转速相同,两者便无相对运动,转子也就不能产生感应电动势和感应电流,也就没有电磁转矩了。只有当两者转速有差异时,才能产生电磁转矩,驱使转子转动。可见,转子转速 n 总是略小于旋转磁场的转速 n_1,正是由于这个原因,这种电动机被称为异步电动机。

(2) 转差率

旋转磁场的转速 n_1 与转子转速 n 的差称为转差或转差速度,用 Δn 表示,即 $\Delta n = n_1 - n$。转差与同步转速的比值称为异步电动机的转差率,用字母 s 表示,则有

$$s=\frac{n_1-n}{n_1}=\frac{\Delta n}{n_1} \tag{2-2}$$

三相异步电动机是通过转差率来影响电量的变化,以实现能量的转换和平衡的,因此,转差率是分析三相异步电动机运行特性的一个重要参数。转差率 s 常用百分数来表示。电动机起动瞬时,$n=0$,$s=1$;随着 n 的上升,s 不断下降。由于三相异步电动机转子的转速是随着负载而变化的,所以转差率 s 也是随之而变化的。在额定负载情况下,$s=0.03\sim0.06$,这时 $n=(0.94\sim0.97)n_1$,与同步转速十分接近。若 $n=n_1$,$s=0$,为

理想空载情况。所以三相异步电动机的工作范围是 0<s<1。

[例 2-1] 一台三相六极异步电动机,额定频率 50 Hz,额定转速 n_N = 950 r/min,试计算额定转差率 s_N。

解:
$$n_1 = \frac{60f_1}{p} = \frac{60 \times 50}{3} \text{ r/min} = 1\ 000 \text{ r/min}$$

$$s_N = \frac{n_1 - n_N}{n_1} = \frac{1\ 000 - 950}{1\ 000} = 0.05$$

[例 2-2] 已知一台三相异步电动机的电源频率为 50 Hz,额定转速为 960 r/min,试问它是几极电动机?求同步转速。

解:由 $n_1 = \frac{60f}{p}$ 可得

当 p = 1 时: $n_1 = \frac{60f}{p} = \frac{60 \times 50}{1} \text{ r/min} = 3\ 000 \text{ r/min}$

当 p = 2 时: $n_1 = \frac{60f}{p} = \frac{60 \times 50}{2} \text{ r/min} = 1\ 500 \text{ r/min}$

当 p = 3 时: $n_1 = \frac{60f}{p} = \frac{60 \times 50}{3} \text{ r/min} = 1\ 000 \text{ r/min} \approx 960 \text{ r/min}$

因此 p = 3 符合题意,此时 n_1 = 1 000 r/min

(三) 三相异步电动机的铭牌数据

三相异步电动机的机座上都有一块铭牌,上面标有电动机的型号、规格和有关技术数据,如图 2-17 所示,要正确使用电动机,就必须看懂铭牌。

```
          三相异步电动机
型 号 Y132S-6    功 率 3 kW    频 率 50 Hz
电 压 380 V      电 流 7.2 A    联 结 Y
转 速 960 r/min  功率因数 0.76  绝缘等级 B
```

图 2-17 三相异步电动机的铭牌

Y132S-6 型电动机铭牌上的数据见表 2-2。三相异步电动机的主要技术数据如下。

表 2-2 三相异步电动机的铭牌数据

三相异步电动机							
型号	Y132S-6	功率	3 kW	电压	380 V		
电流	7.2 A	频率	50 Hz	转速	960 r/min		
接法	Y	工作方式		外壳防护等级			
产品编号	××××××	重量		绝缘等级	B 级		
××电机厂	×年×月						

（1）型号

型号是电动机类型、规格的代号。国产异步电动机的型号由汉语拼音以及国际通用符号和阿拉伯数字组成。如型号 Y132S-6 中各部分的含义如下。

Y：三相笼型异步电动机。

132：机座中心高 132 mm。

S：机座长度代号（S 表示短机座，M 表示中机座，L 表示长机座）。

6：磁极数是 6，磁极对数 $p=3$。

（2）接法

接法是指电动机在额定电压下，三相定子绕组的连接方式，有 Y（星形）联结和 △（三角形）联结。一般功率在 3 kW 及以下的电动机为 Y 联结，4 kW 及以上的电动机为 △ 联结。

（3）额定频率 f_N(Hz)

额定频率是指电动机定子绕组所加交流电源的频率，我国工业用交流电源的标准频率为 50 Hz。

（4）额定电压 U_N(V)

额定电压是指电动机正常运行时加到定子绕组上的线电压。

> 提示
> 三相异步电动机的额定电压、额定电流都是以"线值"而不是"相值"来定义的。

（5）额定电流 I_N(A)

额定电流是指电动机正常运行时定子绕组线电流的有效值。

（6）额定功率 P_N(kW) 和额定效率 η_N

额定功率也称额定容量，是指电动机在额定电压、额定频率、额定负载下运行时，电动机轴上输出的机械功率。

> 提示
> 额定功率是在电动机的输出端来定义的。

额定效率是指输出机械功率与输入电功率的比值。

额定功率与额定电压、额定电流、额定效率存在以下关系，即

$$P_N = \sqrt{3}\, U_N I_N \cos\varphi\, \eta_N \tag{2-3}$$

（7）额定转速 n_N(r/min)

额定转速是指在额定频率、额定电压和额定输出功率下，电动机每分钟的转数。

> 动画
> 2-4 电动机绕组的线电压与相电压

（8）容许温升和绝缘等级

电动机运行时，其温度高出环境温度的容许值称为容许温升。环境温度为 40℃、容许温升为 65℃ 的电动机的最高容许温度为 105℃。

绝缘等级是指电动机定子绕组所用绝缘材料允许的最高温度等级，有 A、E、B、F、H、C 六级。目前一般电动机采用较多的是 E 级和 B 级。

容许温升的高低与电动机所采用的绝缘材料的绝缘等级有关。常用绝缘材料的绝缘等级及对应的最高容许温度见表 2-3。

表 2-3 绝缘等级及对应的最高容许温度

绝缘等级	A	E	B	F	H	C
最高容许温度/℃	105	120	130	155	180	>180

（9）功率因数 $\cos\varphi$

三相异步电动机的功率因数较低，在额定运行时为 0.7~0.9，空载时只有 0.2~

0.3,因此,应正确选择电动机的容量,以防止"大马拉小车"的现象出现,并力求缩短空载运行时间。

（10）工作方式

异步电动机常用的工作方式有以下三种：

① 连续工作方式。可按铭牌上规定的额定功率长期连续使用,而温升不会超过容许值,可用代号 S1 表示。

② 短时工作方式。每次只允许在规定时间内按额定功率运行,如果运行时间超过规定时间,则会使电动机过热而损坏,可用代号 S2 表示。

③ 断续工作方式。电动机以间歇方式运行。如起重机械的拖动多为此种方式,用代号 S3 表示。

[例 2-3]　一台三相异步电动机 $P_N = 10 \text{ kW}$, $U_N = 380 \text{ V}$, $\cos \varphi_N = 0.86$, $\eta_N = 0.88$,试计算电动机的额定电流 I_N。

解：
$$I_N = \frac{P_N}{\sqrt{3} U_N \cos \varphi_N \eta_N} = \frac{10 \times 10^3}{\sqrt{3} \times 380 \times 0.86 \times 0.88} \text{A} = 20.1 \text{ A}$$

三、任务实施

1. 设备、器材及工具（见表 2-4）

表 2-4　拆装设备、器材及工具一览表

设备、器材	三相异步电动机、兆欧表、槽楔、覆膜绝缘纸
工具	一字、十字螺钉旋具,钳子,轴承拉杆,电工刀

2. 操作程序

① 根据三相异步电动机内部结构拆解,并将电器元件分类。

② 检查各电器元件是否完好,绝缘层情况是否良好。

③ 观察拆卸下的各部件,并进行分类,对各个电器元件进行观察识别并记录结果（各个电器元件的材质、结构、外形特点及绝缘层完好度）。

④ 重新组装三相异步电动机,并能将定子绕组接成星形联结和三角形联结两种接法。

⑤ 检查三相异步电动机的绝缘性能。

四、技能考核

1. 考核任务

学生两人一组完成三相异步电动机的拆卸、电器元件分类、电器元件清理和安装。

2. 考核要求及评分标准

（1）考核要求

① 电动机的拆卸顺序正确。

② 电动机的拆卸方法正确。
③ 能发现各电器元件的破损之处。
④ 能正确合理安装三相异步电动机。
⑤ 能正确使用工具检测三相异步电动机绝缘层。

（2）考核内容及评分标准（见表2-5）

表2-5 考核内容及评分标准

序号	考核内容	配分	评分标准
1	拆卸电动机	30分	拆卸顺序正确，顺序错扣10分 拆卸方法正确，无暴力拆解现象，每出现一处元件损伤扣2分
2	识别、归类各电器元件	10分	能识别各电器元件，每出现一处电器元件归类错误扣1分
3	电器元件完整度检查	10分	能发现电器元件的破损之处并能指出其可能造成的危害，每出现一处未检查出的错误扣1分
4	电动机安装	30分	能按顺序安装电动机，每出现一处顺序错误、操作不当扣2分 能正确对整机绝缘进行检测，接线错误每处扣1分，检测项目不正确每一项扣5分
5	电动机端子接线	20分	能将端子接成星形联结，10分 能将端子接成三角形联结，10分

五、拓展知识

电磁转矩 T 是驱动电动机转子运转的主要动力，是电动机的主要物理量，而机械特性则是分析电动机运行特性的主要依据。

（一）三相异步电动机的电磁转矩

三相异步电动机的电磁转矩表达式很多，有物理表达式、参数表达式、实用表达式。

（1）物理表达式

$$T = C_T \Phi_1 I_2' \cos \psi_2 \qquad (2-4)$$

通过式（2-4）可得出，三相异步电动机的电磁转矩与气隙每极磁通、转子电流的有功分量成正比。

[例2-4] 为何在农村的用电高峰期间，作为动力设备的三相异步电动机易烧毁？

解：电动机的烧毁是指绕组过电流严重，绕组的绝缘层过热而损坏，造成绕组短路等事故。由于用电高峰期间，水泵、脱粒机等农用机械用量大，用电量增加很多，电网电流增大,线路电压降增大,使电源电压下降过多,这样势必影响到农用电动机,使其主磁通大为下降。在同样的负载转矩下,由式(2-4)可知,转子电流将大为增加,尽管主磁通下降,空载电流会下降,但它下降的程度远比转子电流增加的程度小,根据电流形式的磁通势平衡方程式,定子电流也将大大增加,使电动机长时间工作在过载状态,就会发生"烧机"现象。

(2) 参数表达式

$$T=\frac{m_1pU_1^2\frac{r_2'}{s}}{2\pi f_1\left[\left(r_1+\frac{r_2'}{s}\right)^2+(x_1+x_2')^2\right]} \quad (2-5)$$

式(2-5)反映了三相异步电动机的电磁转矩 T 与电源相电压 U_1、频率 f_1、电动机的参数(r_1、r_2'、x_1、x_2'、p 及 m_1)及转差率 s 的关系,该式称为参数表达式。显然,当电源参数及电动机的参数不变时,电磁转矩仅与转差率 s 有关。

参数表达式可用于精确计算和分析电动机参数对三相异步电动机运行性能的影响。

(3) 实用表达式

在实际中,用式(2-5)进行计算比较麻烦,而且在电动机手册和产品目录中往往只给出额定功率、额定转速、过载能力等,而不给出电动机的内部参数。因此需要将式(2-5)进行简化(推导从略),得出电磁转矩的实用表达式为

$$T=\frac{2T_m}{\frac{s_m}{s}+\frac{s}{s_m}} \quad (2-6)$$

式中,T_m 表示电动机能达到的最大转矩;s_m 表示电动机取得最大转矩时对应的转差率。

> **提示**
> 三相异步电动机电磁转矩的实用表达式用于工程计算。

(二) 三相异步电动机的机械特性

在实际应用中,需要了解三相异步电动机在电源电压一定时转速 n 与电磁转矩 T 的关系。把 $n=f(T)$ 关系曲线或转换后的 $T=f(s)$ 关系曲线称为三相异步电动机的机械特性曲线,如图 2-18 所示。用它来分析电动机的运行情况更为方便。

在机械特性曲线上值得注意的是两个区和四个特殊点。

在 n-T 曲线中,以最大转矩 T_m 为界,分为两个区,上部为稳定区,下部为不稳定区。当电动机工作在稳定区内某一点时,电磁转矩与负载转矩相平衡而保持匀速转动。如负载转矩变化,电磁转矩将自动适应随之变化达到新的平衡而稳定运行。当电动机工作在不稳定区时,则电磁转矩将不能自动适应负载转矩的变化,因而不能稳定运行。

四个特殊点是:同步点、额定转矩点、最大转矩点(又称为临界点)和起动转矩点。

(1) 同步点

同步点对应于图 2-18(a)、(b) 中的 A 点。此时电动机的转速是同步转速,电磁转矩为 0,因此是电动机的理想工作状态。

> **动画**
> 2-5 三相异步电动机的机械特性

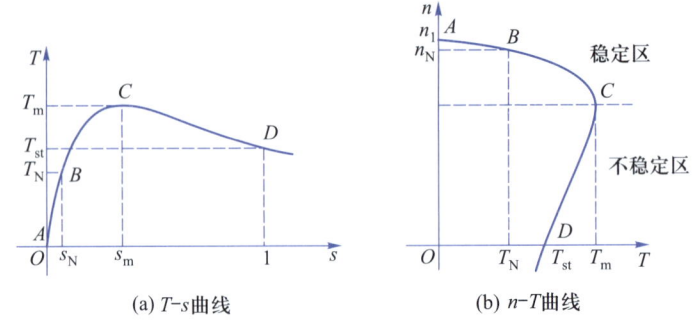

图 2-18 三相异步电动机的机械特性曲线

(a) T-s 曲线　　(b) n-T 曲线

（2）额定转矩点

额定转矩点对应于图 2-18(a)、(b) 中的 B 点。电动机在额定电压下，带上额定负载，以额定转速运行，输出额定功率时的电磁转矩称为额定转矩。在忽略空载转矩的情况下，额定转矩就等于额定输出转矩，用 T_N 表示，即

$$T_N = 9\,550\frac{P_N}{n_N} \tag{2-7}$$

式中，T_N 为三相异步电动机的额定转矩，单位为 N·m；P_N 为三相异步电动机的额定功率，单位为 kW；n_N 为三相异步电动机的额定转速，单位为 r/min。

（3）最大转矩点

最大转矩点对应于图 2-18(a)、(b) 中的 C 点。转矩的最大值称为最大转矩，它是稳定区与不稳定区的分界点，因此又称为临界点。电动机正常运行时，最大负载转矩不可超过最大转矩，否则电动机将带不动负载，转速会越来越低，发生所谓的"闷车"现象，此时电动机电流会升高到电动机额定电流的 4~7 倍，使电动机过热，甚至烧坏。为此将额定转矩 T_N 选得比最大转矩 T_m 低，使电动机能有短时过载运行的能力。通常用最大转矩 T_m 与额定转矩 T_N 的比值 λ_m 来表示过载能力，即 $\lambda_m = T_m/T_N$。一般三相异步电动机的过载能力 $\lambda_m = 1.8~2.2$。

理论分析和实际测试都可以证明，最大转矩 T_m 和临界转差率 s_m 具有以下特点：

① T_m 与 U_1^2 成正比，s_m 与 U_1 无关。电源电压的变化对电动机的工作影响很大。

② T_m 与 f_1^2 成反比。电动机变频时要注意对电磁转矩的影响。

③ T_m 与 R_2 无关，s_m 与 R_2 成正比。改变转子电阻可以改变转差率和转速。

当已知铭牌数据 P_N、n_N、λ_m，就可以通过以下步骤求取电动机电磁转矩的实用表达式和固有机械特性 T-s 曲线上的 A、B、C、D 四个特殊点的坐标，依据这四个特殊点就可以绘制出固有机械特性 T-s 曲线。

① 由公式 $T_N = 9\,550\dfrac{P_N}{n_N}$，计算额定电磁转矩 T_N。

② 由公式 $T_m = \lambda_m \cdot T_N$，计算最大电磁转矩 T_m。

③ 根据额定转速，参考[例 2-2]计算同步转速 n_1。

④ 由公式 $s_N = \dfrac{n_1 - n_N}{n_1}$，计算额定转差率 s_N。由公式 $s_m = s_N(\lambda_m + \sqrt{\lambda_m^2 - 1})$，计算临界

提示

电动机的铭牌上有额定功率、额定转速，但没有额定转矩，为什么？

转差率 s_m。

⑤ 代入式(2-6)得到固有机械特性 T-s 的实用表达式。

$$T = \frac{2T_m}{\dfrac{s}{s_m} + \dfrac{s_m}{s}}$$

起动时,$s=1$,代入已经求取的 T-s 实用表达式中,计算起动电磁转矩 T_{st},此时固有机械特性 T-s 曲线上的四个特殊点坐标如下:同步点 $A(0,0)$,额定工作点 $B(s_N, T_N)$,临界点 $C(s_m, T_m)$,起动点 $D(1, T_{st})$,根据 A、B、C、D 的坐标,可以绘制固有机械特性 T-s 曲线。

[例 2-5] 一台三相异步电动机的额定数据为 $P_N = 7.5$ kW,$f_N = 50$ Hz,$n_N = 1\,440$ r/min,$\lambda_m = 2.2$,$S_N = 0.04$,求:① 临界转差率 T_m、s_m;② 机械特性实用表达式。

解:①
$$T_N = 9\,550\frac{P_N}{n_N} = 9\,550 \times \frac{7.5}{1\,440}\text{N}\cdot\text{m} = 49.74\text{ N}\cdot\text{m}$$

$$T_m = \lambda_m \times T_N = 2.2 \times 49.74\text{ N}\cdot\text{m} = 109.43\text{ N}\cdot\text{m}$$

$$s_m = s_N(\lambda_m + \sqrt{\lambda_m^2 - 1}) = 0.04 \times (2.2 + \sqrt{2.2^2 - 1}) = 0.166\,4$$

②
$$T = \frac{2T_m}{\dfrac{s_m}{s} + \dfrac{s}{s_m}} = \frac{2 \times 109.43}{\dfrac{0.166\,4}{s} + \dfrac{s}{0.166\,4}} = \frac{218.86}{\dfrac{0.166\,4}{s} + \dfrac{s}{0.166\,4}}$$

(4) 起动转矩点

起动转矩点对应于图 2-18(a)、(b)中的 D 点。电动机在接通电源起动的最初瞬间,$n=0$,$s=1$ 时的转矩称为起动转矩,用 T_{st} 表示。起动时,要求 T_{st} 大于负载转矩 T_L,此时电动机的工作点就会沿着 $n=f(T)$ 曲线上升,电磁转矩增大,转速 n 越来越高,很快越过最大转矩 T_m,然后随着 n 的增高,T 又逐渐减小,直到 $T=T_L$ 时,电动机以某一转速稳定运行。可见,只要 $T_{st} > T_L$,电动机一经起动,便迅速进入稳定区运行。

当 $T_{st} < T_L$ 时,电动机无法起动,出现堵转现象,电动机的电流达到最大,造成电动机过热。此时应立即切断电源,减轻负载或排除故障后再重新起动。

三相异步电动机的起动能力常用起动转矩与额定转矩的比值 $\lambda_{st} = T_{st}/T_N$ 来表示。一般三相笼型电动机的 $\lambda_{st} = 1.3 \sim 2.2$。

[例 2-6] 一台三相异步电动机,接入频率为 50 Hz 的电源中,其额定功率为 7.5 kW,绕组为 Y/△联结,额定电压为 380 V/220 V,功率因数 $\cos\varphi_N = 0.86$,额定效率 $\eta_N = 0.88$,额定转速为 1 440 r/min,试求:① 接成 Y 联结及 △ 联结时的额定电流。② 同步转速及磁极对数。③ 带额定负载时的转差率。

解:① 根据题意,在电源额定电压为 380 V 时,三相定子绕组接成 Y 联结。在电源额定电压为 220 V 时,三相定子绕组接成 △ 联结。根据三相异步电动机额定功率与额定电压、额定电流之间的关系可计算出额定电流。

当三相定子绕组接成 Y 联结时,根据三相异步电动机额定功率与额定电压、额定电流之间的关系可计算出额定电流:

$$I_{NY} = \frac{P_N}{\sqrt{3}\,U_N \cos\varphi_N \eta_N} = \frac{7\,500}{\sqrt{3} \times 380 \times 0.86 \times 0.88}\text{A} = 15.06\text{ A}$$

当三相定子绕组接成△联结时，额定电流计算如下：

$$I_{N\triangle} = \frac{P_N}{\sqrt{3}\, U_N \cos\varphi_N \eta_N} = \frac{7\,500}{\sqrt{3} \times 220 \times 0.86 \times 0.88}\text{A} = 26.01\text{ A}$$

② 根据额定转速，参考[例2-2]计算同步转速 n_1：

当 $p=1$ 时： $n_1 = \dfrac{60f}{p} = \dfrac{60 \times 50}{1} \text{r/min} = 3\,000 \text{ r/min}$

当 $p=2$ 时： $n_1 = \dfrac{60f}{p} = \dfrac{60 \times 50}{2} \text{r/min} = 1\,500 \text{ r/min} \approx 1\,440 \text{ r/min}$

因此 $p=2$ 符合题意，此时 $n_1 = 1\,500 \text{ r/min}$。

③ 由公式 $s_N = \dfrac{n_1 - n_N}{n_1}$，计算额定转差率 s_N 为

$$s_N = \frac{1\,500 - 1\,440}{1\,500} = 0.04$$

[例2-7]　一台三相绕线式异步电动机，$P_N = 10\text{ kW}$，$n_N = 1\,440\text{ r/min}$，$\lambda_m = 2$，$f_m = 50\text{ Hz}$，试计算：① 最大转矩 T_m 和临界转差率 s_m；② 机械特性的实用表达式；③ 计算 A、B、C、D 的坐标，绘制固有机械特性 T-s 曲线。

解：① 由公式 $T_N = 9\,550 \dfrac{P_N}{n_N}$，计算额定电磁转矩 T_N：

$$T_N = 9\,550 \times \frac{10}{1\,440}\text{N}\cdot\text{m} = 66.32\text{ N}\cdot\text{m}$$

由公式 $T_m = \lambda_m \cdot T_N$，计算最大电磁转矩 T_m：

$$T_m = 2 \times 66.32\text{ N}\cdot\text{m} = 132.64\text{ N}\cdot\text{m}$$

根据额定转速，参考[例2-6]计算出同步转速 n_1 为 $1\,500\text{ r/min}$。

由公式 $s_N = \dfrac{n_1 - n_N}{n_1}$，计算额定转差率 s_N

$$s_N = \frac{1\,500 - 1\,440}{1\,500} = 0.04$$

由公式 $s_m = s_N(\lambda_m + \sqrt{\lambda_m^2 - 1})$，计算临界转差率 s_m：

$$s_m = 0.04 \times (2 + \sqrt{4-1}) = 0.15$$

② 代入式(2-6)得到固有机械特性 T-s 的实用表达式。

$$T = \frac{2T_m}{\dfrac{s}{s_m} + \dfrac{s_m}{s}} = \frac{2 \times 132.64}{\dfrac{s}{0.15} + \dfrac{0.15}{s}} = \frac{265.28}{\dfrac{s}{0.15} + \dfrac{0.15}{s}}$$

机械特性的实用表达式为

$$T = \frac{265.28}{\dfrac{s}{0.15} + \dfrac{0.15}{s}}$$

③ 机械特性 T-s 曲线上的四个特殊点 A、B、C、D 分别是：同步点 $A(0,0)$，额定工作点 $B(s_N, T_N)$，临界点 $C(s_m, T_m)$，起动点 $D(1, T_{st})$。

根据计算结果,可以确定 A、B、C 的坐标分别是 $A(0,0)$、$B(0.04,66.32)$、$C(0.15,132.64)$。

起动点 $D(1,T_{st})$ 要计算 T_{st},把 $s=1$ 代入机械特性 T-s 实用表达式中

$$T_{st}=\frac{265.28}{\frac{1}{0.15}+\frac{0.15}{1}}\text{N·m}=38.92\text{ N·m}$$

可得起动点 $D(1,38.92)$。

根据 A、B、C、D 的坐标,可以绘制固有机械特性 T-s 曲线,如图 2-19 所示。

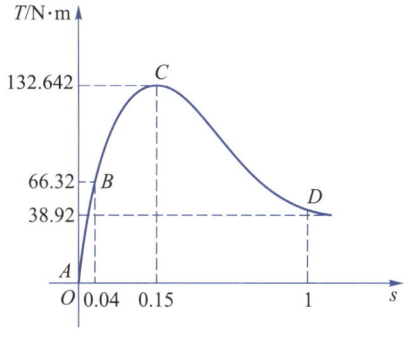

图 2-19 例 2-7 图

(三) 固有机械特性与人为机械特性

图 2-18 所示的曲线是在额定电压、额定频率、转子绕组短接情况下的机械特性,称为固有机械特性。如果降低电压,改变频率或转子电路中串入附加电阻,就会使机械特性曲线的形状发生变化。这种改变了电动机参数后的机械特性称为人为机械特性。不同的人为机械特性提供了多种起动方法和调速方法,为灵活使用电动机提供了方便。

人为机械特性很多,具体有:

① 降低定子端电压的人为机械特性。
② 改变转子回路电阻的人为机械特性。
③ 改变定子、转子回路电抗的人为机械特性。
④ 改变极数的人为机械特性。
⑤ 改变输入频率的人为机械特性等。

下面重点研究降低定子端电压的人为机械特性和改变转子回路电阻的人为机械特性。

1. 降低定子端电压的人为机械特性

三相异步电动机的同步转速 n_1 与电压无关,而最大转矩与电压的二次方成正比,因此,降压的人为机械特性如图 2-20 所示。重点来观察一下四个特殊点的变化情况。

① 很明显,人为机械特性的同步点与固有机械特性的同步点重合。
② T_m 与 U_1^2 成正比,s_m 与 U_1 无关。电源电压的降低将造成最大转矩的下降。
③ 负载转矩一定时,电压越低,额定工作点的转速也越低,所以降低电压也能调节转速。降压调速的优点是电压调节方便,对于通风机型负载,调速范围较大。因此,目前大多数的电风扇都采用串电抗器或双向晶闸管降压调速。缺点是对于常见的恒转矩负载,调速范围很小,实用价值不大。
④ T_{st} 与 U_1^2 成正比,电压的下降同样造成了起动转矩的下降,不适合重载起动。

2. 改变转子回路电阻的人为机械特性

转子回路串接电阻针对的是绕线式异步电动机,笼型异步电动机由于工艺的限制不能在转子回路串接电阻。

绕线式异步电动机工作时,如果在转子回路中串接电阻,改变电阻的大小,就得到

提示
降低电压,电动机的转矩随电压的平方而下降。

视频
2-3 改变转子回路电阻的人为机械特性曲线

提示
转子回路串接电阻仅适用于绕线式异步电动机。

了区别于固有机械特性的人为机械特性。绕线式异步电动机转子回路串接电阻的人为机械特性如图 2-21 所示。

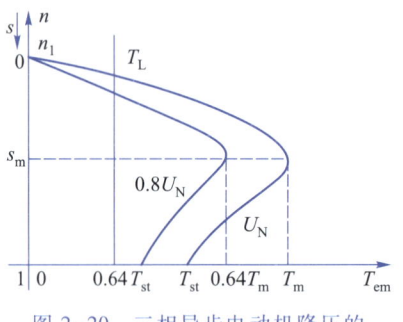

图 2-20 三相异步电动机降压的人为机械特性

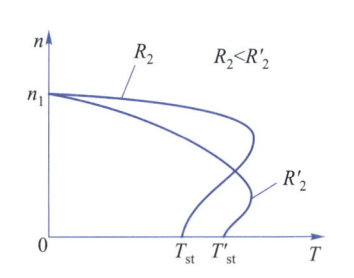

图 2-21 绕线式异步电动机转子回路串接电阻的人为机械特性

同样来观察四个特殊点的变化情况。

① 人为机械特性的同步点与固有机械特性的同步点重合。

② 转子回路电阻的增加没有改变最大转矩 T_m 的大小，但最大转矩点对应的转速下降了，临界转差率 s_m 增加了。

③ 负载转矩一定时，转子回路电阻的增加使机械特性变软，额定工作点下移，转速下降，转子回路串接的电阻越大，则转速越低。

因此转子回路串接电阻能进行调速。其优缺点是：设备简单，成本低，但低速时机械特性软，转速不稳定，电能浪费多，电动机效率低，轻载时调速效果差。主要用于恒转矩负载如起重运输设备中。

转子回路串接电阻调速存在的问题，可以通过使用晶闸管串级调速系统来得到解决。原来在转子电阻中消耗的电能，先整流为直流电，再逆变为交流电送回电源。一方面节能，另一方面还能提高机械特性的硬度。

④ 转子回路串接电阻后，起动点的变化分两种情况。

当人为机械特性的临界点落在第一象限，即 $s_m<1$ 时，T_{st} 随电阻的增大而增大；当人为机械特性的临界点落在第四象限，即 $s_m>1$ 时，T_{st} 随电阻的增大而减小。

六、练习题

1. 简述三相异步电动机的工作原理。

2. 三相异步电动机正常运行时，如果转子突然被卡住而不能转动，试问这时电动机的电流有何改变？对电动机有何影响？

3. 三相异步电动机的旋转磁场是如何产生的？

4. 三相异步电动机旋转磁场的转速由什么决定？工频下两极、四极、六极、八极、十极的三相异步电动机的同步转速为多少？

5. 试述三相异步电动机的转动原理，并解释"异步"的意义。

6. 旋转磁场的转向由什么决定？如何改变旋转磁场的方向？

7. 当三相异步电动机转子电路开路时,电动机能否转动? 为什么?

8. 何谓三相异步电动机的转差率? 额定转差率一般是多少? 起动瞬间的转差率是多少?

9. 当三相异步电动机的机械负载增加时,为什么定子电流会随转子电流的增加而增加?

10. 三相异步电动机的电磁转矩与电源电压大小有何关系? 若电源电压下降20%,电动机的最大转矩和起动转矩将变为多少?

11. 对于三相绕线式异步电动机,转子串接合适电阻起动,为什么既能减小起动电流,又能增大起动转矩? 串接电阻是否越大越好?

任务二　三相异步电动机的电气检查

三相异步电动机在整机装配完毕后,通常需要对电动机进行检查。检查内容包含机械检查和电气检查。机械检查较简单,通常包含:观察外观是否完整,除接线盒之外有无裸露线圈及线头;慢慢转动转子,看转子能否顺畅转动,如不能,需检查轴承和端盖是否安装过紧等。电气检查项目较多,本任务主要介绍电气检查的方法。

一、任务目标

① 能测量三相异步电动机的直流电阻值。
② 会检测三相异步电动机的绝缘性能。
③ 能进行三相异步电动机耐压和短路试验。
④ 能进行三相异步电动机的空载试验,会计算励磁参数。

二、任务引导及实施

(一) 直流电阻的测定

测定直流电阻的目的是检验定子绕组在装配过程中是否造成线头断裂、松动、绝缘不良等现象。具体方法是测三相绕组的直流电阻是否平衡,要求误差不超过平均值的4%。根据电动机功率大小,绕组的直流电阻可分为高电阻(10 Ω 以上)和低电阻。高电阻用万用表测量;低电阻用精度较高的电桥测量,应测量三次,取其平均值。

(二) 绝缘性能的检测

绝缘性能的检测(见图 2-22)包含两个方面:一是相间绝缘;二是对地绝缘。两个绝缘性能的检测都需要用到兆欧表。

在测量相间绝缘性能时,将兆欧表的两个接线柱分别连接到三相绕组中的任意两相上(取一个接线头即可),然后摇动摇把进行测量。如三相之间两两不导通,则相间绝缘良好。

在测量对地绝缘性能时,将兆欧表的一个接线柱连接到三相绕组中的任意一相的一个线头上,另一个接线柱连接到机座,然后摇动摇把进行测量。如三相与机座之间绝缘电阻都比较高,则对地绝缘良好。

检测完毕没有故障后,将三相绕组接为星形联结,通电试车,观察电动机运行状况。

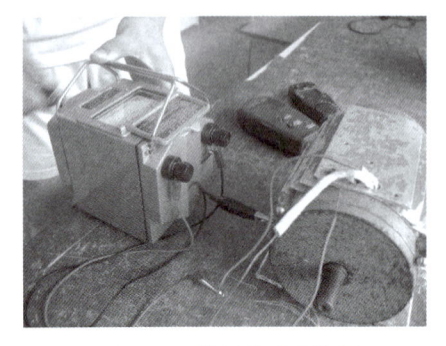

图 2-22 使用兆欧表检测电动机的绝缘性能

(三) 耐压试验

耐压试验的目的是检验电动机的绝缘和嵌线质量。其方法是:在绕组与机座及各相绕组之间施加 500 V 的交流电压,历时 1 min 而无击穿现象则为合格。试验时必须注意安全,防止触电事故发生。

(四) 短路试验

在定子绕组两端通过调压器加 70~95 V 短路电压,此时,定子电流达到额定值为合格。试验要求在转子不转的情况下进行。电压通过调压器从零逐渐增大到规定值。

如果定子电流达到额定值,而短路电压过高,表示匝数过多、漏抗太大;反之,表示匝数太少、漏抗太小。

(五) 空载试验

在定子绕组上施加额定电压,使电动机不带负载运行,如图 2-23 所示。

三相异步电动机的空载试验方法如下:

① 按空载试验线路(见图 2-23)接线。

② 将调压器的输出电压调至零位,合开关 S。

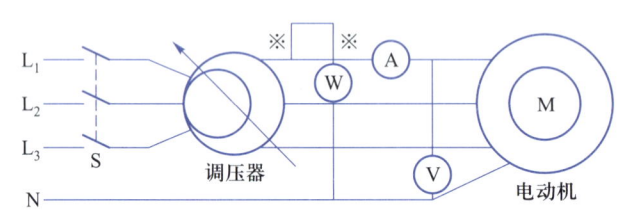

图 2-23 三相异步电动机空载试验线路图

③ 逐渐升高调压器的输出电压,同时观察电动机的转向是否与机座上所标方向一致,起动三相异步电动机,并在电动机的额定电压下空载运行数分钟,待机械摩擦稳定后再进行试验。

需要注意的是,为保护电流表,在起动电动机前应先将电流表短接,起动完毕,再接入电流表。

④ 将电动机的外施电压由 $1.2U_N$ 逐渐降低,直到定子电流开始回升为止,每次记录空载电压 U_0、空载电流 I_0、空载损耗 P_0 于表 2-6 中。

注意:在 U_N 附近多测几点;功率表的读数表示电动机一相的损耗,三相异步电动机空载损耗应该乘以 3。

表 2-6 空载试验数据

U_0/V							
I_0/A							
P_0/W							

⑤ 试验数据处理。

a. 由空载试验数据作空载特性曲线 $I_0=f(U_0)$、$P_0=f(U_0)$，如图 2-24 所示。

b. 励磁参数的计算

• 求励磁电抗 x_m：

$$x_m = \frac{U_{0\Phi}}{I_{0\Phi}}$$

式中，$U_{0\Phi}$、$I_{0\Phi}$ 分别为 $U_0=U_{0N}$ 时的空载相电压、相电流。

• 求励磁电阻 r_m。先确定铁耗。作 $P_0'=f(U_0^2)$ 曲线，如图 2-25 所示，延长曲线交纵轴于 A 点，A 点的纵坐标即为机械损耗 P_{mec}，过 A 点画平行于横轴的直线，即可得相应于不同电压值的铁耗 P_{Fe}，有

$$P_{Fe} = P_0 - 3I_{0\Phi}^2 r_1 - P_{mec}$$

式中，P_0 为三相异步电动机的空载损耗；r_1 为三相异步电动机定子每相绕组 75℃时的直流电阻，其值由实验室给出。由上式可得

$$r_m = \frac{P_{Fe}}{3I_{0\Phi}^2}$$

式中，P_{Fe} 为 $U=U_{0N}$ 时的铁耗；I_0 为 $U=U_{0N}$ 时的空载相电流。

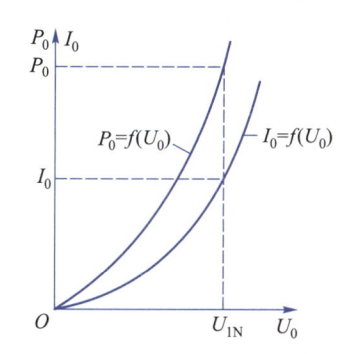

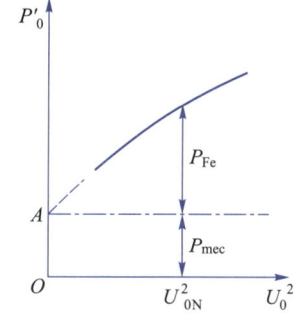

图 2-24 三相异步电动机空载特性曲线　　图 2-25 铁耗、机械损耗分离示意图

三、技能考核

1. 考核任务

学生两人一组在 90 min 内完成三相异步电动机性能测试，记录试验数据，计算相关参数。

2. 考核要求及评分标准

（1）设备、器材及工具（见表2-7）

表2-7 所用设备、器材及工具

设备、器材	三相异步电动机、兆欧表、万用表、调压器
工具	一字、十字螺钉旋具

（2）操作程序

① 检测三相异步电动机的绝缘性能（使用故障电动机）。

② 进行三相异步电动机的空载试验（使用试验机组）。

（3）技术要求

① 正确检查三相异步电动机线路，能根据测量现象判断故障并修复。

② 能正确检测三相异步电动机的绝缘性能，能找到故障原因并修复。

③ 正确完成三相异步电动机的空载试验，准确记录数据。

（4）考核内容及评分标准（见表2-8）

表2-8 考核内容及评分标准

序号	考核内容	配分	评分标准
1	检查三相异步电动机线路	30分	能判断故障现象（10分），未判断出的故障每处扣3分 能根据现象判断故障原因，能修复故障（20分），判断、修复故障错误每处扣2分
2	检测三相异步电动机的绝缘性能	30分	能判断故障现象（10分），未判断出的一处扣3分 能根据现象判断故障原因，能修复故障（20分），判断、修复故障错误每处扣2分
3	三相异步电动机的空载试验	40分	线路连接正确（10分） 试验操作正确（10分） 数据记录精确（10分） 正确分析数据得出结论（10分）

四、拓展知识

三相异步电动机使用过程中一旦发生故障，有可能造成三相绕组六个端子（见图2-26）首尾端无法识别，若连线不正确将使电动机无法正常工作，因此在安装接线盒之前，需要先判断三相异步电动机首尾端（或称为同极性端）。

具体做法如下：

第一步，先用万用表电阻挡分别找出三相绕组同一相的两个出线端，并相应做好标记；

第二步，判别首尾端，具体方法有三种：直流法、交流法和剩磁法。

1. 直流法

给各相绕组假设编号为 U_1、U_2、V_1、V_2 和 W_1、W_2。按图2-27(a)进行接线，观察

万用表指针摆动情况。合上开关瞬间若指针正偏,则电池正极的线头与万用表负极(黑表棒)所接的线头同为首端或尾端;若指针反偏,则电池正极的线头与万用表正极(红表棒)所接的线头同为首端或尾端;再将电池和开关接另一相的两个线头,进行测试,就可正确判别各相的首尾端。

2. 交流法

给各相绕组假设编号为 U_1、U_2、V_1、V_2 和 W_1、W_2,按图 2-27(b)进行接线。接通电源,若灯灭,则表示两个绕组相连接的线头同为首端或尾端;若灯亮,则表示不同为首端或尾端。

3. 剩磁法

假设三相异步电动机存在剩磁,给各相绕组假设编号为 U_1、U_2、V_1、V_2 和 W_1、W_2,按图 2-27(c)进行接线。转动电动机转子,若万用表指针不动,则说明首尾端假设编号是正确的;若万用表指针摆动,则说明其中一相首尾端假设编号不对,应逐相对调重测,直至正确为止(注意:若万用表指针不动,还得证明电动机存在剩磁,具体方法是改变接线,使线头编号反接,转动转子后若指针仍不动,则说明没有剩磁,若指针摆动,则说明有剩磁)。

图 2-26 三相异步电动机的绕组端子

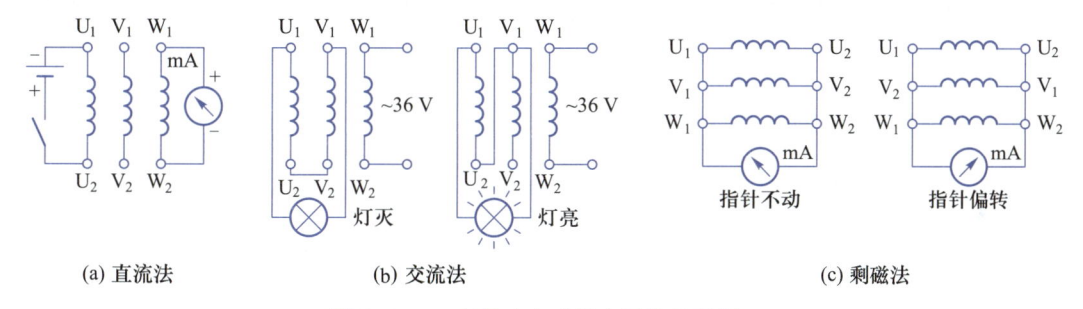

(a) 直流法　　(b) 交流法　　(c) 剩磁法

图 2-27 三相异步电动机定子绕组判别

五、练习题

1. 简述三相异步电动机的工作原理。
2. 简述电动机型号 Y112S-2 的含义。
3. 说明三相异步电动机名称中,"异步"的含义。
4. 三相异步电动机转子的转速 n 能不能达到旋转磁场的同步速度 n_1?为什么?
5. 三相绕线式异步电动机与笼型异步电动机在结构上主要有什么区别?
6. 三相异步电动机定子、转子之间的气隙是大好还是小好?为什么?
7. 三相异步电动机的转向主要取决于什么?说明如何实现三相异步电动机的反转。
8. 一台三相异步电动机若将转子卡住不动,在定子绕组上加额定电压,此时电动机的定子和转子绕组中的电流及电动机的温度将如何变化?为什么?
9. 何谓三相异步电动机的固有机械特性和人为机械特性?

10. 一台三相六极异步电动机由频率为 50 Hz 的电源供电,其额定转差率为 s_N = 0.05,求该电动机的额定转速。

11. 一台三相异步电动机,额定功率 P_N 为 4 kW,额定电压 U_N 为 380 V,功率因数 $\cos\varphi_N$ 为 0.88,额定效率 η_N 为 0.87,求三相异步电动机的额定电流。

12. 两台三相异步电动机的电源频率为 50 Hz,额定转速分别为 1 430 r/min 和 2 900 r/min,试问它们是几极电动机?额定转差率分别是多少?

13. 一台三相异步电动机,其额定功率为 4.5 kW,绕组为 Y/△ 联结,额定电压为 380 V/220 V,额定转速为 1 450 r/min,试求:(1) 接成 Y 联结及 △ 联结时的额定电流;(2) 同步转速及定子磁极对数;(3) 带额定负载时的转差率。

14. 一台三相异步电动机 P_N = 30 kW,U_N = 380 V,$\cos\varphi$ = 0.86,η = 0.91,试计算电动机的输入功率 P_1 和额定电流 I_N。

15. 某三相异步电动机的铭牌数据是:P_N = 2.8 kW,△/Y 联结,U_N = 220/380 V,I_N = 10.9/6.3 A,n_N = 1 370 r/min,f = 50 Hz,$\cos\varphi$ = 0.84。试计算:(1) 额定效率 η;(2) 额定转矩 T_N;(3) 额定转差率 s_N;(4) 电动机的极数 $2p$。

思考与练习

一、填空题

1. 三相异步电动机的定子由_____、_____、_____三部分组成。
2. 某四极 50 Hz 的三相异步电动机,其三相定子磁场的速度为_____,若额定转差率为 0.04,则额定速度为_____。
3. 三相异步电动机按转子绕组的结构可以分为_____、_____两大类。
4. 三相旋转磁场的转速与_____成正比,与_____成反比。
5. 三相异步电动机转差率范围是_____。

二、判断题

1. 三相异步电动机的转子绕组必须是闭合短路的。(   )
2. 三相异步电动机工作时转子的转速总是小于同步转速。(   )
3. 三相异步电动机的功率因数总是滞后的。(   )
4. 所有的三相异步电动机都可以采用 Y 联结。(   )
5. 运行中的三相异步电动机一相断线后,会因失去转矩而渐渐停下来。(   )
6. 在三相绕线式异步电动机转子回路中所串电阻越大,其起动转矩越大。(   )
7. 三相异步电动机可在转子回路开路后继续运行。(   )
8. 电源电压的改变不仅会引起三相异步电动机最大电磁转矩的改变,还会引起临界转差率的改变。(   )
9. 三相异步电动机的固有机械特性曲线只有一条,而人为机械特性曲线有无数条。(   )
10. 三相绕线式异步电动机可应用于拖动重载和频繁起动的生产机械。(   )

三、选择题

1. 三相绕线式异步电动机,定子绕组通入三相交流电流,旋转磁场正转,转子绕组开路,此时电动机会(   )。

A. 正向旋转　　　　B. 反向旋转　　　　C. 不会旋转　　　　D. 以上选项都不对

2. 一台三相异步电动机，其∞>s>1，此时电动机运行状态是(　　)。

A. 发电机　　　　B. 电动机　　　　C. 电磁制动　　　　D. 以上选项都不对

3. 改变三相异步电动机转子旋转方向的方法是(　　)。

A. 改变三相异步电动机的接线方式　　　　B. 改变定子绕组电流相序

C. 改变电源电压　　　　D. 改变电源频率

4. 一台三相四极异步电动机，当电源频率为50 Hz时，它的旋转磁场的速度应为(　　)。

A. 750 r/min　　　　B. 1 000 r/min　　　　C. 1 500 r/min　　　　D. 3 000 r/min

5. 三相异步电动机空载时气隙磁通的大小主要取决于(　　)。

A. 电源电压　　　　B. 气隙大小

C. 定子、转子铁心材质　　　　D. 定子绕组的漏阻抗

6. U_N、I_N、η_N、$\cos \varphi_N$ 分别是三相异步电动机额定线电压、线电流、效率和功率因数，则三相异步电动机额定功率 P_N 为(　　)。

A. $\sqrt{3} U_N I_N \eta_N \cos \varphi_N$　　　　B. $\sqrt{3} U_N I_N \cos \varphi_N$　　　　C. $\sqrt{3} U_N I_N$　　　　D. $\sqrt{3} U_N I_N \eta_N$

7. 三相异步电动机气隙圆周上形成的磁场为____，直流电动机气隙磁场为____，变压器磁场为____。(　　)

A. 恒定磁场、脉振磁场、旋转磁场　　　　B. 旋转磁场、恒定磁场、旋转磁场

C. 旋转磁场、恒定磁场、脉振磁场　　　　D. 以上选项都不对

项目三
变压器的性能测试与同名端、联结组判定

变压器是一种静止的电气设备,它利用电磁感应原理,将一种电压等级的交流电变为同频率的另一种电压等级的交流电,以满足高压输电、低压供电及其他用途(如电子技术、测量技术、焊接技术等)的需要。变压器的使用非常广泛,与人们的生产生活密切相关,但它最主要的用途还是在电力系统中。

知识目标

1. 熟悉变压器的结构、工作原理和额定参数;
2. 了解变压器同名端的判定方法。

能力目标

1. 能使用仪表正确判定变压器高、低压侧绕组;
2. 能进行变压器同名端判定的线路连接;
3. 能根据实验数据正确判定变压器的同名端。

素养目标

1. 观察不同变压器在日常生活中的用途,养成理论联系实际的工作作风;
2. 了解变压器的发展趋势,为实现科技强国而努力学习。

任务一 单相变压器的性能测试

变压器按相数不同可以分为单相变压器和三相变压器。单相变压器使用单相交流电源,其容量一般比较小,主要用于控制及特殊场所的照明。

一、任务目标

① 掌握变压器的结构和工作原理。
② 能进行变压器的空载、短路试验。
③ 会计算变压器的变比和空载、短路参数。

二、任务引导

(一) 变压器的基本结构和分类

变压器的结构很简单,主要由绕组和铁心组成。变压器的种类很多,可以从不同角度对变压器进行分类。

1. 变压器的作用与用途

变压器的基本作用是在交流电路中变电压、变电流、变阻抗、变相位和电气隔离。

实际工作中,常常需要各种不同的电源电压。例如,人们日常使用的交流电的电压为 220 V;三相电动机的线电压则为 380 V;而发电厂发出的电压一般为 6~10 kV;在电能输送过程中,为了减少线路损耗,通常要将电压升高到 110~500 kV。在输电和用电的过程中都需要经变压器升高或降低电压,因此变压器是电力系统中的关键设备,其容量远大于发电机。图 3-1 是电力系统电压升降示意图。

除了电力系统的变压器外,电气技术人员做试验时要用到调压变压器;电解、电镀行业需要变压器来产生低压大电流;焊接金属器件常使用交流电焊机;在广播扩音电路中,为了使扬声器得到最大功率,可用变压器实现阻抗匹配;为了测量高电压和大电流,要用到电压互感器和电流互感器。有的电器为了使用安全要用变压器进行电气隔离,人们平时常用的小型稳压电源和充电器中也包含着变压器。

2. 变压器的分类

变压器种类繁多,分类方法多种多样。根据用途不同,可分为电力变压器和特种变压器;根据绕组数目不同,可分为自耦变压器、双绕组变压器、三绕组变压器和多绕组变压器;按照冷却介质不同,可分为油浸式变压器、干式变压器和充气式变压器。各种常见变压器如图 3-2 所示。

3. 变压器的基本结构

变压器最主要的组成部分是铁心和绕组,称为器身。此外,还包括油箱和其他附件。图 3-3 所示为变压器结构示意图及图形符号。

(1) 铁心

铁心是变压器的磁路部分。为了减少铁心内部的损耗(包括涡流损耗和磁滞损耗),铁心一般用 0.35 mm 厚的冷轧硅钢片叠成,常见的叠片方式如图 3-4 所示。铁心也是变压器器身的骨架,由铁心柱、铁轭和夹紧装置组成。套装绕组的部分称为铁心柱。连接铁心柱形成闭合磁路的部分称为铁轭。夹紧装置则把铁心柱和铁轭连成一个整体。

> 微课
> 3-1 变压器的结构和分类
>
> PPT
> 3-1 变压器的结构和分类
>
> 提示
> 为了降低损耗,变压器的铁心通常采用交错叠片的方式。

图 3-1　电力系统电压升降示意图

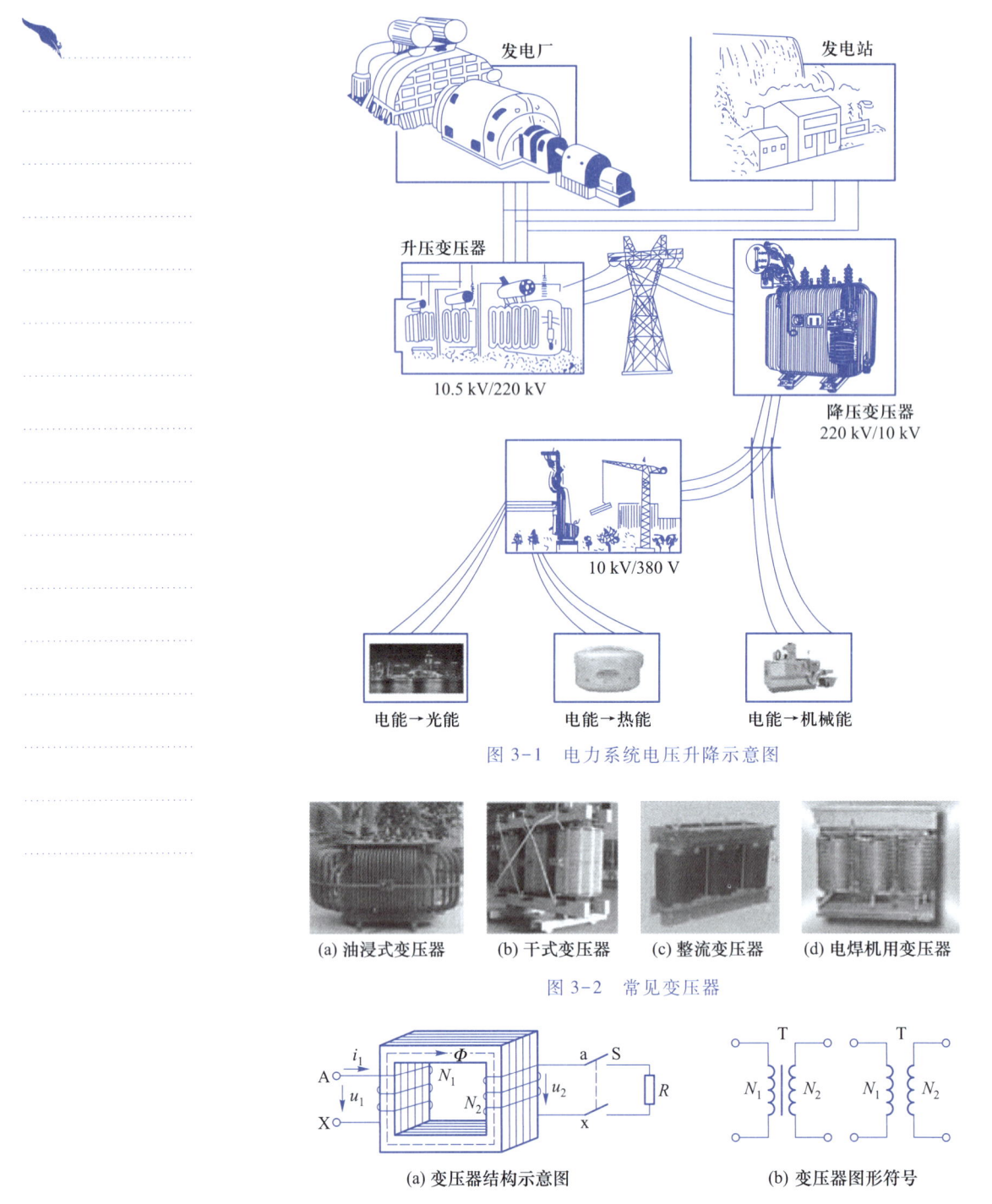

图 3-2　常见变压器

(a) 油浸式变压器　(b) 干式变压器　(c) 整流变压器　(d) 电焊机用变压器

(a) 变压器结构示意图　(b) 变压器图形符号

图 3-3　变压器结构示意图及图形符号

变压器的铁心有心式和壳式两类。

绕组包围着铁心的变压器称为心式变压器，如图 3-5 所示。这类变压器的铁心结构简单，绕组套装和绝缘比较方便，绕组散热条件好，所以广泛应用于容量较大的电力变压器中。

(a) E字形　　　(b) F字形　　　(c) C字形

图 3-4　变压器铁心常见的叠片方式

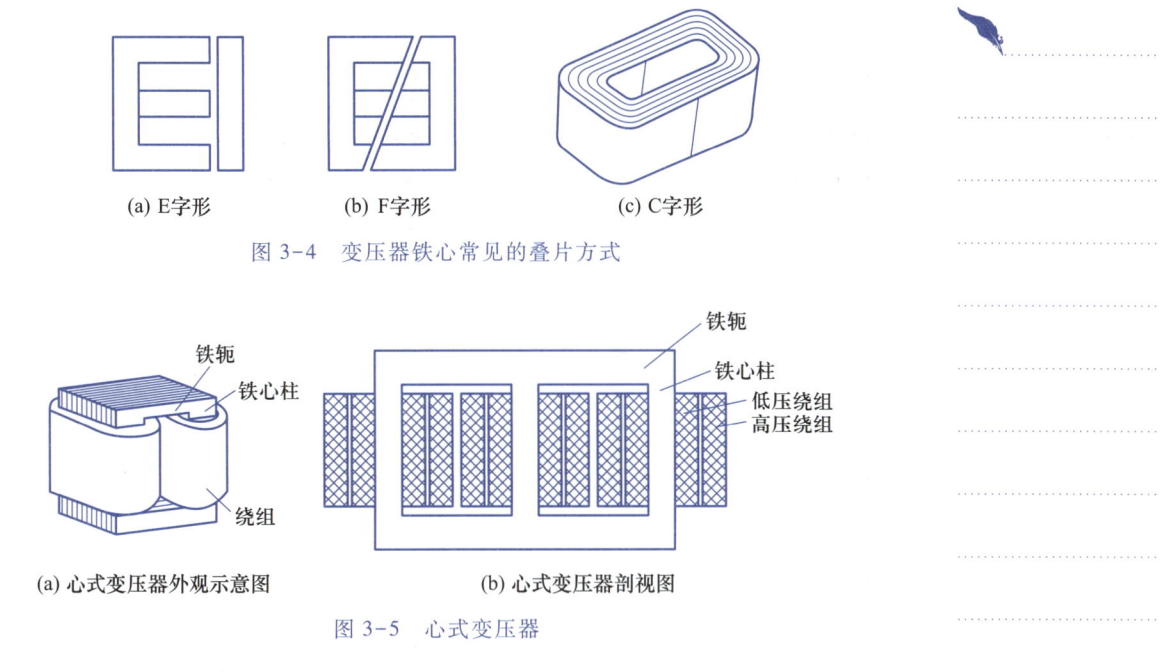

(a) 心式变压器外观示意图　　　(b) 心式变压器剖视图

图 3-5　心式变压器

铁心包围着绕组的变压器称为壳式变压器，如图 3-6 所示。这类变压器的机械强度好，铁心易散热，因此小型电源变压器大多采用壳式结构。

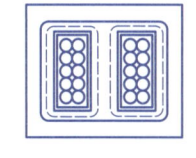

（2）绕组

绕组是变压器的电路部分，由漆包线或绝缘的扁铜线绕制而成，有同心式和交叠式两种。同心式绕组是将高、低压绕组套在同一铁心柱的内外层，如图 3-7 所示。同心式绕组结构简单，绝缘和散热性能好，所以在电力变压器中得到广泛采用。

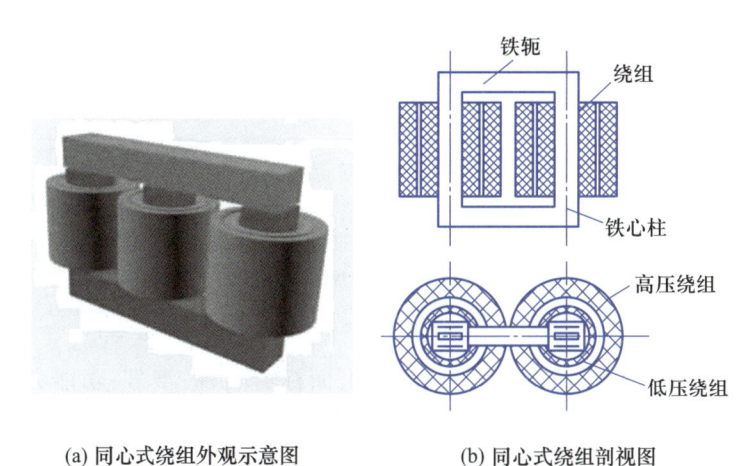

(a) 壳式变压器外观示意图　(b) 壳式变压器剖视图

图 3-6　壳式变压器

(a) 同心式绕组外观示意图　　　(b) 同心式绕组剖视图

图 3-7　同心式绕组

交叠式绕组的高、低压绕组是沿轴向交叠放置的，如图 3-8 所示。交叠式绕组的引线比较方便，机械强度好，易构成多条并联支路，因此常用于大电流变压器中，例如

提示

交叠式绕组的变压器为什么通常把低压绕组挨着变压器的铁心，而不是高压绕组呢？

电炉变压器、电焊变压器。

变压器中与电源相连的绕组称为一次绕组、原绕组、原边或初级绕组,与负载相连的绕组称为二次绕组、副绕组、副边或次级绕组。

(3) 附件

变压器的附件很多,如图 3-9 所示。

油箱既是油浸式变压器的外壳,又是变压器油的容器,还是冷却装置。变压器油的作用是冷却与绝缘。较大容量的变压器一般还有储油柜、安全气道、气体继电器、分接开关等附件。

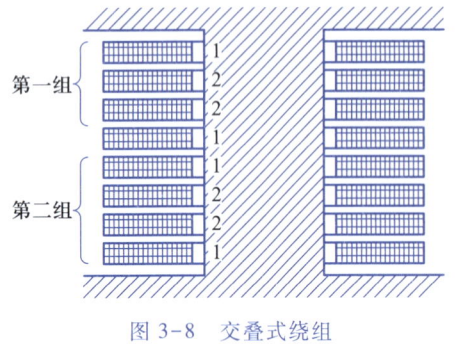

图 3-8　交叠式绕组

1—低压绕组　2—高压绕组

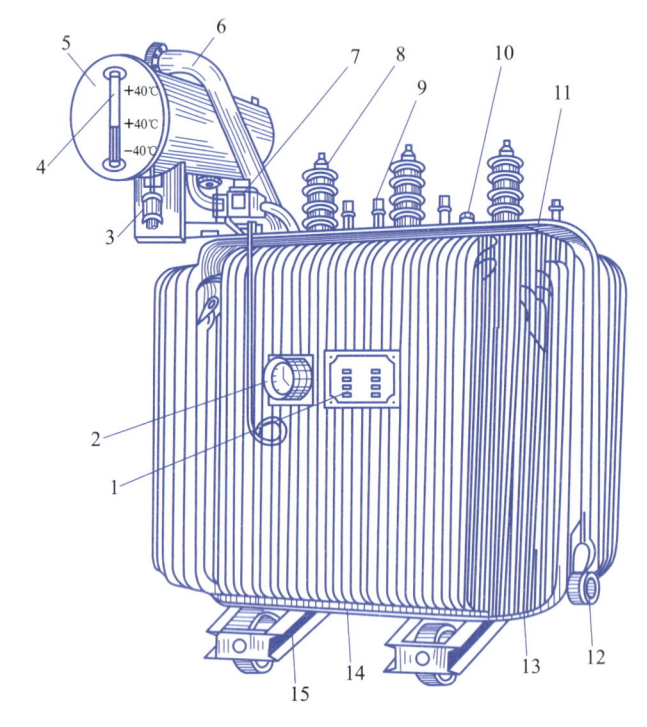

图 3-9　变压器的附件

1—铭牌　2—信号式温度计　3—吸湿器　4—油标　5—储油柜　6—安全气道　7—气体继电器
8—高压套管　9—低压套管　10—分接开关　11—油箱　12—放油阀门
13—器身　14—接地板　15—小车

4. 变压器的铭牌与额定值

铭牌是装在变压器外壳上的金属标牌,上面标有名称、型号、功能、规格、出厂日期、制造厂等字样,是用户安全、经济、合理使用变压器的依据。变压器及其铭牌如图 3-10 所示。变压器铭牌上的主要数据介绍如下。

(1) 型号

型号表示变压器的结构特点、额定容量和高压侧的电压等级。例如 S-100/10 表示三相油浸自冷铜绕组变压器,额定容量为 100 kV·A,高压侧电压等级为 10 kV。

(2) 额定电压 U_{1N}/U_{2N}

U_{1N} 是指变压器正常工作时加在一次绕组上的电压，U_{2N} 是指一次绕组加电压 U_{1N} 时二次绕组的开路电压，其单位均为 V 或 kV。在三相变压器中，额定电压是指线电压。

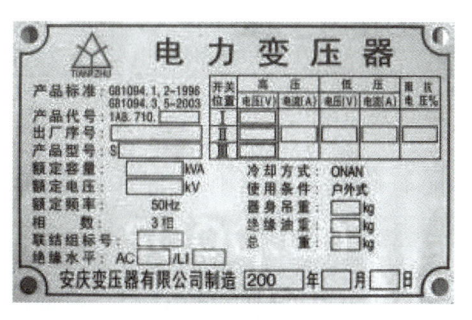

图 3-10　变压器及其铭牌

(3) 额定电流 I_{1N}/I_{2N}

I_{1N}/I_{2N} 是指变压器一、二次绕组连续运行所允许通过的电流，单位为 A。在三相变压器中，额定电流是指线电流。

(4) 额定容量 S_N

S_N 是指变压器额定的视在功率，即设计功率，通常称为容量，单位为 V·A 或 kV·A。在三相变压器中，S_N 是指三相总容量。

额定容量 S_N、额定电压 U_{1N}/U_{2N}、额定电流 I_{1N}/I_{2N} 三者的关系如下：

单相变压器　　　　　　　$S_N = U_{1N}I_{1N} = U_{2N}I_{2N}$ 　　　　　　　（3-1）

三相变压器　　　　　　　$S_N = \sqrt{3}\,U_{1N}I_{1N} = \sqrt{3}\,U_{2N}I_{2N}$ 　　　　（3-2）

除了额定电压、额定电流和额定容量外，变压器铭牌上还标有额定频率 f_N、效率 η、绝缘水平、联结组标号、相数等。

[例 3-1]　有一台单相变压器，额定容量 $S_N = 100$ kV·A，额定电压 $U_{1N}/U_{2N} = 10/0.4$ kV，求额定运行时一、二次绕组中的电流。

解：

$$I_{1N} = \frac{S_N}{U_{1N}} = \frac{100\ \text{A}}{10} = 10\ \text{A}$$

$$I_{2N} = \frac{S_N}{U_{2N}} = \frac{100\ \text{A}}{0.4} = 250\ \text{A}$$

（二）变压器的工作原理

变压器的工作原理示意图如图 3-11 所示。变压器的输入端施加交流电压 u_1 后，一次绕组中便有交流电流 i_1 流过。这个交变电流 i_1 在铁心中产生交变磁通 Φ，其频率与电源电压的频率一样。由于一、二次绕组套在同一铁心柱上，Φ 同时穿过两个绕组，根据电磁感应定律，在一次绕组中产生自感电动势 e_1，在二次绕组中产生互感电动势 e_2，其大小分别正比于一、二次绕组的匝数。二次绕组中有了电动势 e_2，便在输出端形成电压 u_2，接上负载后，产生二次电流 i_2，向负载供电，实现了电能的传递。只要改变

一、二次绕组的匝数,就可以改变变压器一、二次绕组中感应电动势的大小,从而达到改变电压的目的。

变压器工作时,内部存在电压、电流、磁通以及感应电动势等多个物理量。分析计算时,首先要规定它们的正方向。依照电工惯例,同一支路中应选择电压、电动势与电流的参考方向一致,磁通的方向与产生它的电流方向符合右手螺旋定则,感应电动势的方向与产生它的磁通方向符合右手螺旋定则,如图3-11所示。

图 3-11 变压器的工作原理示意图

1. 变压器变电压的原理

实际变压器的工作情况是比较复杂的,为了简单起见,忽略一、二次绕组中的电阻、漏磁通和铁心中的功率损耗。

按图3-11所示参考方向,根据电磁感应定律,主磁通 Φ 在一次绕组中的感应电动势为

$$e_1 = -N_1 \frac{\mathrm{d}\Phi}{\mathrm{d}t}$$

设 $\Phi = \Phi_\mathrm{m} \sin \omega t$,代入上式计算得

$$\begin{aligned} e_1 &= -\omega N_1 \Phi_\mathrm{m} \cos \omega t \\ &= 2\pi f N_1 \Phi_\mathrm{m} \sin(\omega t - 90°) \\ &= E_{1\mathrm{m}} \sin(\omega t - 90°) \end{aligned}$$

式中,$E_{1\mathrm{m}} = 2\pi f N_1 \Phi_\mathrm{m}$ 是电动势的最大值,其有效值 E_1 为

$$E_1 = \frac{1}{\sqrt{2}} 2\pi f N_1 \Phi_\mathrm{m} = 4.44 f N_1 \Phi_\mathrm{m} \tag{3-3}$$

由于一、二次绕组中通过同一磁通,因此二次绕组的感应电动势为

$$E_2 = 4.44 f N_2 \Phi_\mathrm{m} \tag{3-4}$$

由此可得一次电动势 E_1 与二次电动势 E_2 之比,即

$$\frac{E_1}{E_2} = \frac{N_1}{N_2} = K \tag{3-5}$$

式中,K 称为变压器的变比,也即变压器一、二次绕组的匝数比。忽略了一、二次绕组中的漏阻抗后,电压与电动势在数值上大致相等,即

$$U_1 \approx E_1 = 4.44 f N_1 \Phi_\mathrm{m} \tag{3-6}$$

所以式(3-5)近似地反映了变压器输入、输出的电压关系。综合式(3-5)、式(3-6),可得到

$$\frac{U_1}{U_2} \approx \frac{E_1}{E_2} = \frac{N_1}{N_2} = K \tag{3-7}$$

式(3-7)表明,变压器一、二次侧的电压之比约等于匝数之比。当 $K>1$ 时,$U_1>U_2$,变压器起降压作用;当 $K<1$ 时,$U_1<U_2$,变压器起升压作用。通过改变变压器一、二次绕组的匝数之比,就可以很方便地改变变压器输出电压的大小。

由于 $U_1 \approx E_1 = 4.44 f N_1 \Phi_m$，因此在使用变压器时必须注意：$U_1$ 过高，f 过低，N_1 过少，都会引起 Φ_m 过大，使变压器中用来产生磁通的励磁电流（即空载电流 I_0）大大增加而烧坏变压器。

同理，所有用于交流电路中的带铁心线圈的电器都要注意这个问题，例如交流电动机、电磁铁、继电器、电抗器等，都必须注意其额定电压与电源电压相符合，千万不要过电压运行。从美国、日本进口的电器要注意其工作频率是 60 Hz 还是 50 Hz，60 Hz 的电器用于 50 Hz 的电网时，只能减小容量运行，不能满负荷工作。修理电动机、变压器等电器的绕组时，必须保证线圈的匝数，偷工减料会影响其质量和寿命，甚至使其在短时间内烧坏。

2. 变压器变电流的原理

变压器的一次绕组接到电源上，二次侧接上负载后，在 e_2 的作用下，二次绕组中就会有负载电流流过。由于变压器的效率很高，忽略了各种损耗后，根据能量守恒定律，变压器输入、输出的视在功率基本相等，即

$$U_1 I_1 \approx U_2 I_2$$

$$\frac{I_1}{I_2} \approx \frac{U_2}{U_1} \approx \frac{1}{K} = \frac{N_2}{N_1} \tag{3-8}$$

式（3-8）表明，变压器在改变电压的同时，电流也随之成反比例地变化，且一、二次侧的电流之比等于匝数之反比。

3. 变压器变阻抗的原理

变压器不仅能够改变电压和电流，还可以改变阻抗值的大小。其原理电路如图 3-12 所示，其中 Z_L 为负载阻抗，其端电压为 $\dot{U}_2$，流过的电流为 $\dot{I}_2$，变压器的变比为 K，则有

$$Z_L = \frac{U_2}{I_2}$$

变压器一次绕组中的电压和电流分别为

$$U_1 = K U_2, \quad I_1 = \frac{I_2}{K}$$

从变压器输入端看，等效输入阻抗 Z 为

$$Z = \frac{U_1}{I_1} = K^2 \frac{U_2}{I_2} = K^2 Z_L \tag{3-9}$$

式（3-9）表明，负载阻抗 Z_L 反映到电源侧的等效输入阻抗 Z 为 Z_L 的 K^2 倍。因此只需改变变压器的变比 K，就可把等效输入阻抗变换为所需数值。

变压器改变阻抗的作用在电子技术中经常用到。例如扩音机设备中，如果把扬声器直接接到扩音机上，由于扬声器的阻抗很小，扩音机电源发出的功率大部分消耗在本身的内阻抗上，扬声器获得的功率很小而声音微弱。理论推导和实验测试都可以证明：负载阻抗等于扩音机电源内阻抗时，可在负载上得到最大的输出功率。所以扬声器的阻抗经变压器变换后，使之等于扩音机的内阻抗，就可在扬声器上获得最大的输出功率。因此，在大多数的扩音机设备与扬声器之间都接有一个变阻抗的变压器，通

(a) 变压器电路　　　　(b) 等效电路

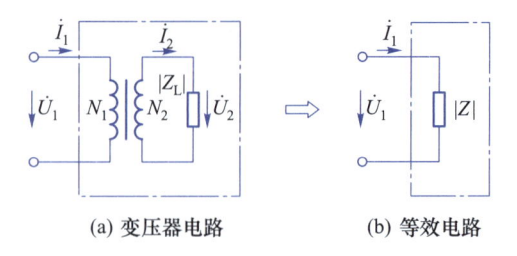

图 3-12　变压器变阻抗的原理电路

常称为线间变压器。

如何选择适当的变比呢？若负载阻抗 Z_L 及所要求的阻抗 Z 已知，可根据式 (3-9) 求得变压器的变比，即 $K = \sqrt{\dfrac{Z}{Z_L}}$。

[**例 3-2**]　某收音机输出变压器的一次绕组匝数 $N_1 = 600$，二次绕组匝数 $N_2 = 30$，原来接有阻抗为 16 Ω 的扬声器，现在要改装成 4 Ω 的扬声器，试求二次绕组匝数应改为多少？

解：原来的变比为

$$K = \frac{N_1}{N_2} = \frac{600}{30} = 20$$

原来的等效阻抗为　$|Z| = K^2 |Z_L| = 20^2 \times 16 \text{ Ω} = 6\,400 \text{ Ω}$

改成 4 Ω 后的变比为　$K' = \sqrt{\dfrac{|Z|}{|Z_L|}} = \sqrt{\dfrac{6\,400}{4}} = 40$

改成 4 Ω 后二次绕组的匝数为　$N_2' = \dfrac{N_1}{K'} = \dfrac{600}{40} = 15$

三、任务实施

1. 实验步骤

（1）测试变比

按图 3-13 接线。

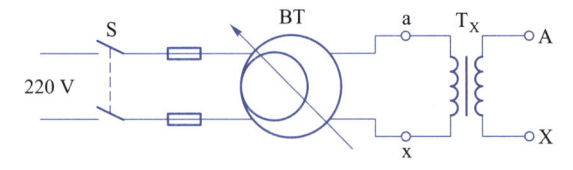

图 3-13　单相变压器的变比测试

① 闭合开关 S，将变压器低压绕组的外施电压调至 50% 额定电压左右。
② 测量低压绕组电压 U_{ax} 及高压绕组电压 U_{AX} 并记录于表 3-1 中。

表 3-1　变压器变比测试记录

U_{ax}/V	U_{AX}/V

（2）空载试验

按图 3-14 接线。

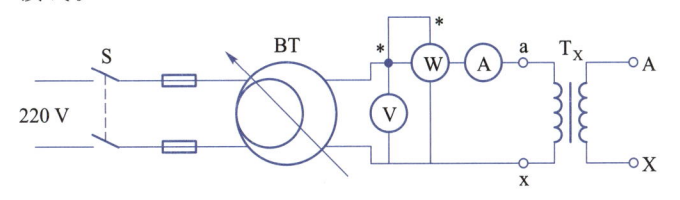

图 3-14　单相变压器的空载性能测试

① 将实验桌上调压器的输出电压调到最小位置，以免电流表和功率表在开关合上时受冲击电流而损坏，然后闭合开关。

② 调节变压器低压绕组的外加电压至 $1.2U_N$，然后逐次降压，直到 $0.5U_N$ 为止，每次测量空载电压 U_0、电流 I_0 及输入功率 P_0，并记录于表 3-2 中。

表 3-2　变压器空载性能参数测量记录

U_0/V							
I_0/mA							
P_0/W							

2. 实验报告

① 计算变比：根据变比测试所得的数据，计算变比 K。

② 根据空载试验测得的数据绘制空载特性曲线，并计算励磁参数。

a. 绘制空载特性曲线：

$$I_0 = f(U_0)；\quad P_0 = f(U_0)$$

b. 计算励磁参数：

$$Z'_m = \frac{U_0}{I_0} = \frac{U_N}{I_0}；\quad r'_m = \frac{P_0}{I_0^2}；\quad X'_m = \sqrt{Z'^2_m - r'^2_m}$$

空载试验在二次侧进行，折合到一次侧可得

$$Z_m = K^2 Z'_m；\quad r_m = K^2 r'_m；\quad X_m = K^2 X'_m$$

3. 注意事项

① 空载试验在变压器的低压侧接线。
② 测量空载性能参数时，电压一定要单方向调节。
③ 计算励磁参数时，一定要使用电压是额定电压的一组数据。
④ 通电时注意安全。

四、技能考核

1. 考核任务

学生两人一组在 90 min 内完成变压器的变比测试、空载试验，计算相关参数。

2. 考核要求及评分标准

（1）设备、器材及工具（见表 3-3）

表 3-3 所用设备、器材及工具

设备、器材	变压器、万用表、调压器
工具	一字、十字螺钉旋具

（2）考核内容及评分标准（见表 3-4）

表 3-4 考核内容及评分标准

序号	考核内容	配分	评分标准
1	变压器的变比测试	40 分	线路连接正确,10 分 测试操作正确,10 分 数据记录精确,10 分 正确分析数据得出结论,10 分
2	变压器的空载试验	60 分	线路连接正确,10 分 试验操作正确,10 分 数据记录精确,10 分 正确分析数据得出结论,30 分

五、拓展知识

专门用于测量的变压器称为仪用互感器,简称为互感器。使用互感器可使测量仪表与高电压或大电流电路隔离,保证仪表和人身的安全;还可扩大仪表的量程,便于仪表的标准化。因此在交流电压、电流和电能的测量,以及各种保护和控制电路中,互感器的应用是相当广泛的。根据用途,互感器可以分为电压互感器和电流互感器两种,如图 3-15 所示。它们在线路中的使用示例如图 3-16 所示。

动画
3-2 互感现象

(a) 电压互感器   (b) 电流互感器

图 3-15 互感器

提示
电压互感器、电流互感器通常用来检测高电压、大电流。

下面分别介绍电压互感器、电流互感器的工作原理和使用注意事项。

（一）电压互感器

（1）图形符号及文字符号

电压互感器的图形符号如图 3-17 所示,其文字符号为 TV。

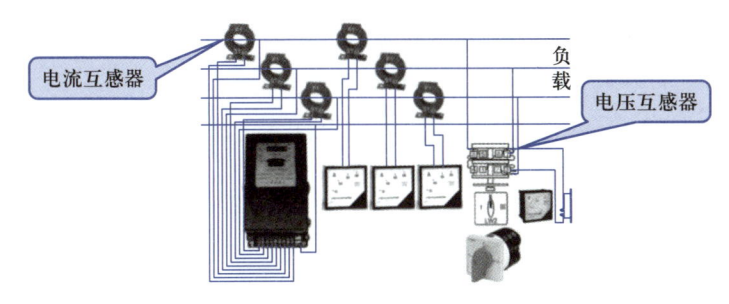

图 3-16　电压互感器、电流互感器的使用示例

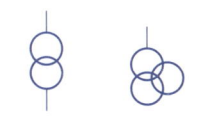

(a) 双绕组、三绕组电压互感器　　(b) 单相三绕组电容式电压互感器

图 3-17　电压互感器的图形符号

（2）型号含义

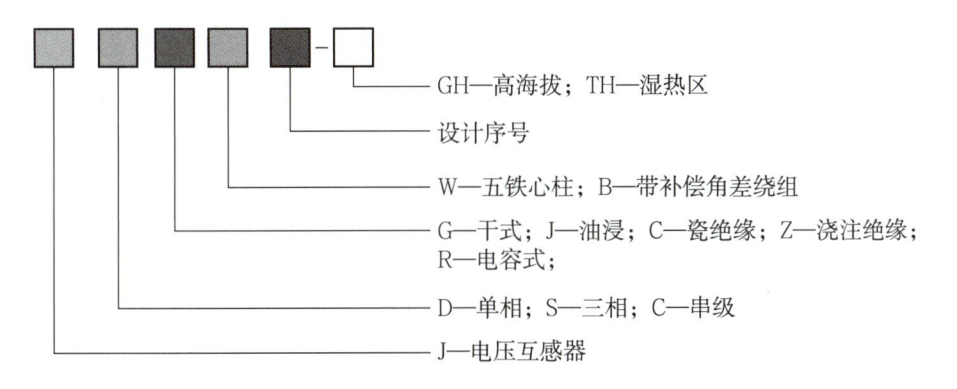

```
GH—高海拔；TH—湿热区
设计序号
W—五铁心柱；B—带补偿角差绕组
G—干式；J—油浸；C—瓷绝缘；Z—浇注绝缘；
R—电容式；
D—单相；S—三相；C—串级
J—电压互感器
```

[例 3-3]　解释电压互感器型号 JDZ 的含义。

解：J 表示电压互感器；D 表示单相；Z 表示浇注绝缘。

（3）工作原理

电压互感器相当于一台小型的降压变压器。其原理接线图如图 3-18 所示。若一次绕组匝数为 N_1，二次绕组匝数为 N_2，则有

$$\frac{U_1}{U_2} \approx \frac{N_1}{N_2} = K_u \quad (3-10)$$

式中，K_u 称为电压互感器的电压变比，因为 $N_1 \gg N_2$，所以 $K_u \gg 1$。

式（3-10）说明，电压互感器利用一、二次绕组不同的匝数比，可将线路上的高电压变为低电压来测量。

一般电压互感器二次侧的额定电压为 100 V，电压变比 K_u 的范围为 1~5 000。这样，一个 100 V 的电压表最大的测量范围可到 500 000 V。

（4）使用注意事项

使用电压互感器时，必须注意的事项如图 3-19 所示，具体如下。

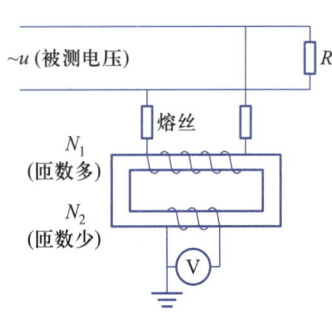

图 3-18　电压互感器原理接线图

> **提示**
> 使用电压互感器时，一次绕组一定要与被测电路并联。

提示
电压互感器的二次侧绝不允许短路。

① 铁心和二次侧的一端必须可靠接地。
② 二次侧不许短路,否则会烧坏电压互感器。

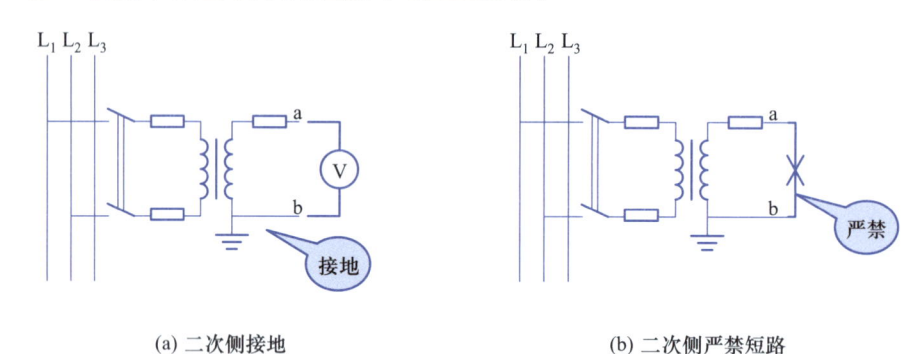

(a) 二次侧接地   (b) 二次侧严禁短路

图 3-19 电压互感器使用注意事项示意图

(二) 电流互感器

(1) 图形符号及文字符号

电流互感器的图形符号如图 3-20 所示,其文字符号为 TA。

(a) 电流互感器一般符号   (b) 单二次绕组电流互感器   (c) 电流互感器

图 3-20 电流互感器的图形符号

(2) 型号含义

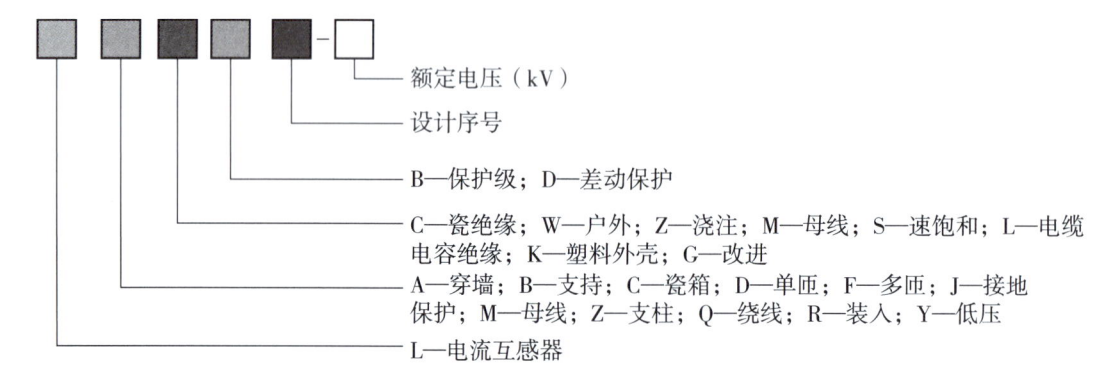

- 额定电压(kV)
- 设计序号
- B—保护级;D—差动保护
- C—瓷绝缘;W—户外;Z—浇注;M—母线;S—速饱和;L—电缆电容绝缘;K—塑料外壳;G—改进
- A—穿墙;B—支持;C—瓷箱;D—单匝;F—多匝;J—接地保护;M—母线;Z—支柱;Q—绕线;R—装入;Y—低压
- L—电流互感器

[例 3-4] 解释电流互感器型号 LZZ-10 的含义。

解:L 表示电流互感器;第一个 Z 表示支柱式;第二个 Z 表示浇注式;10 表示额定电压(kV)。

(3) 工作原理

测量高压线路中的电流或测量大电流时,通常采用电流互感器。电流互感器一次绕组的匝数很少,只有一匝或几匝,它串联在被测电路中,流过被测电流,如图 3-21 所示。

由于电流互感器的负载是仪器仪表的电流线圈,这些线圈的阻抗都很小,所以电流互感器相当于一台小型升压短路运行的变压器。将二次绕组的匝数 N_2 与一次绕组的匝数 N_1 之比称为电流互感器的电流变比 K_i,则有

$$\frac{I_1}{I_2} \approx \frac{N_2}{N_1} = K_i \quad (3-11)$$

$$I_1 = I_2 K_i$$

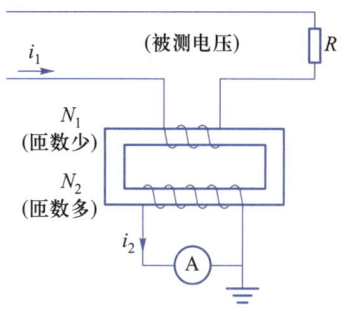

图 3-21 电流互感器原理接线图

> 提示
> 电流互感器的一次侧一定要串在被测回路中。

> 提示
> 实际使用的钳形电流表是由电流互感器和电流表组合而成的。

式(3-11)表明,电流互感器利用一、二次绕组不同的匝数关系,可将线路上的大电流变为小电流来测量。即已知电流表的读数 I_2,乘以 K_i 就是被测电流 I_1。

一般电流互感器二次侧的额定电流为 5 A,电流变比 K_i 的范围为 1~5 000,即一个 5 A 的电流表最大的测量范围可到 25 000 A。

(4) 使用注意事项

使用电流互感器时,必须注意的事项如图 3-22 所示,具体如下。

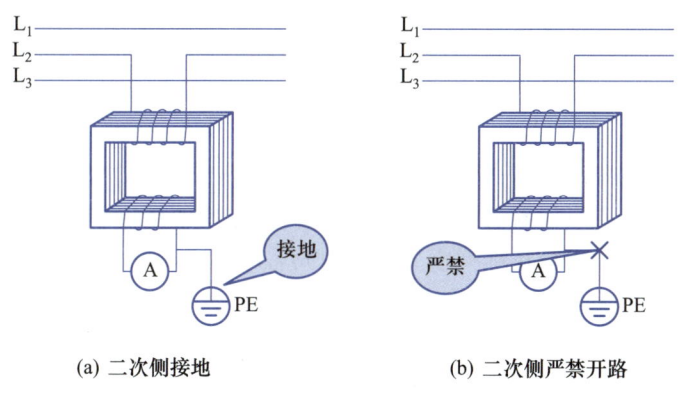

(a) 二次侧接地　　(b) 二次侧严禁开路

图 3-22 电流互感器使用注意事项示意图

① 铁心和二次侧的一端必须可靠接地。

② 二次侧不许开路,否则二次侧会产生高压,对操作人员和绕组绝缘构成危险;一次绕组中电流产生的磁场会造成磁路过饱和,引起铁心过热。

> 提示
> 电流互感器的二次侧绝不允许开路。

六、练习题

1. 变压器铁心的作用是什么?铁心为什么要用 0.35 mm 厚,且表面涂有绝缘漆的硅钢片叠成?
2. 变压器一次绕组若接在直流电源上,二次侧会有稳定的直流电压吗?为什么?
3. 变压器二次侧额定电压是怎样定义的?
4. 一台 380 V/220 V 的单相变压器,如不慎将 380 V 加在低压绕组上,会产生什么现象?
5. 为什么要把变压器的磁通分成主磁通和漏磁通?它们有何区别?空载和负载

时产生各磁通的磁动势有何区别？

6. 一台频率为 60 Hz 的变压器接在 50 Hz 的电源上运行，其他条件都不变，主磁通、空载电流、铁损耗和漏抗有何变化？为什么？

7. 变压器空载运行时，是否要从电网中取得功率？起什么作用？为什么小负荷的用户使用大容量变压器无论对电网还是对用户都不利？

8. 有一台单相变压器，$S_N = 50$ kV·A，$U_{1N}/U_{2N} = 10\ 500$ V/230 V，试求变压器的变比，一、二次绕组的额定电流。

9. 有一台 Y,d 联结的三相变压器，$S_N = 5\ 000$ kV·A，$U_{1N}/U_{2N} = 10$ kV/6.3 kV，试求：(1) 变压器的额定电压和额定电流；(2) 变压器一、二次绕组的额定电压和额定电流。

任务二　变压器同名端的判定

有时为了某种需要，将变压器的绕组相连（串联或并联）使用，或者变压器的输入与输出需要同相位或反相位。这些都必须已知各绕组的极性，才能正确地连接。

一、任务目标

① 能熟悉判定变压器高、低压侧绕组。
② 能熟悉进行变压器同名端判定的线路连接，正确使用仪表。
③ 能够根据实验数据正确判定变压器的同名端。

二、任务引导

同极性端又称为同名端。变压器铁心中交变的主磁通，在一、二次绕组中产生的感应电动势是交变的，本没有固定的极性。这里所讲的变压器绕组的极性是指一、二次侧两绕组的相对极性，即在每个瞬间，一次绕组的某一端电位为正时，二次绕组也一定在同一瞬时有一个为正的对应端，这两个对应端称为变压器的同名端，通常用"＊"或"●"来表示。

如何判定同名端呢？

当某一瞬间，电流从绕组的某一端流入（或流出）时，若两个绕组的磁通在磁路中方向一致，则这两个绕组的电流流入（或流出）端就是同名端。

同名端的判定方法通常有三种，即观察法、直流法和交流法。

（一）观察法

观察变压器一、二次绕组的实际绕向，应用楞次定律、安培定则来进行判别。例如，变压器一、二次绕组的实际绕向如图 3-23 所示，当合上电源开关 S 的一瞬间，一次绕组电流 I_1 产生 Φ_1，在一次侧产生感应电动势 E_1，在二次侧产生互感电动势 E_2 和感

应电流 I_2，用楞次定律可以确定 E_1、E_2 和 I_1 的实际方向，同时可以确定 U_1、U_2 的实际方向。这样就可以判别出一次绕组 A 端与二次绕组 a 端电位都为正，即 A、a 是同名端，同理，一次绕组 X 端与二次绕组 x 端也是同名端。

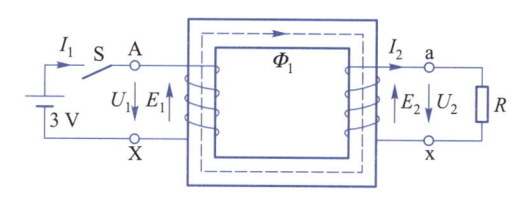

图 3-23 观察法判定变压器的同名端

（二）直流法

在无法辨清绕组方向时，可以用直流法来判别变压器同名端。用 1.5 V 或 3 V 的直流电源，按图 3-24 所示连接，直流电源接入一次绕组，直流毫伏表接入二次绕组。当合上开关 S 的一瞬间，若直流毫伏表指针向正方向偏转，则接直流电源正极的端子与接直流毫伏表正极的端子为同名端，如图 3-24（a）所示，A 与 a 为同名端，X 与 x 为同名端；实物接线图如图 3-24（b）所示。

3-3 直流法

(a) 原理图　　　　(b) 实物接线图

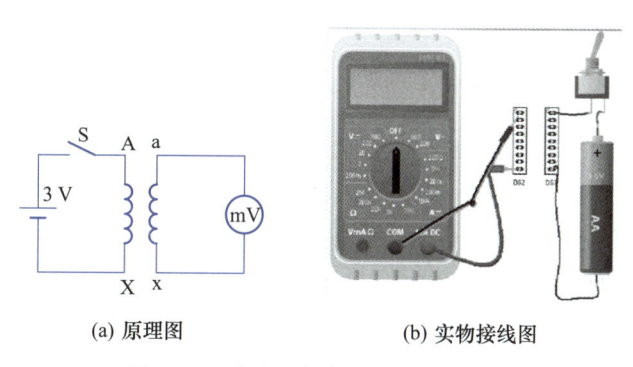

图 3-24　直流法判定变压器的同名端

若直流毫伏表指针反偏，说明一次绕组和二次绕组中产生的感应电动势方向相反，因此接直流电源正极的端子与接直流毫伏表负极的端子为同名端。

3-4 交流法

（三）交流法

将一次绕组一端与二次绕组一端用一根导线连接起来，同时将一次绕组的另一端与二次绕组的另一端接入交流电压表，如图 3-25 所示。在一次绕组两端接入低压交流电源，测量 U_1、U_2 的值，若 $U_1 > U_2$，则 A 与 a 为同名端；若 $U_1 < U_2$，则 A 与 a 为异名端。

也可以分别测量 U_{AX}、U_{Aa}、U_{ax} 三个电压值，若 $U_{Aa} = U_{AX} - U_{ax}$，则 A 与 a、X 与 x 为同名端。因为只有 A、a 端同时为"+"或同时为"−"才能得出上述结果。若得出 $U_{Aa} = U_{AX} + U_{ax}$，则 A 与 a、X 与 x 为异名端。

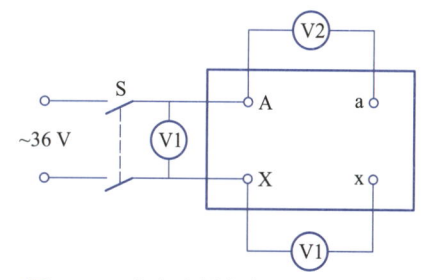

图 3-25　交流法判定变压器的同名端

三、任务实施

1. 步骤

① 先用万用表判定一、二次侧每个绕组的两个出线头。

② 按照交流法判别变压器同名端的方法进行线路连接,根据被测电压选择电压表的量程,读出电压表实测电压读数。

③ 根据读数判定一、二次绕组的同名端。

2. 注意事项

① 电源应接在高压侧端,即一次绕组上。

② 电源电压可以选择 380 V 或 220 V,但电压表量程要在对应位置上。

③ 通电时注意安全。

四、技能考核

1. 考核任务

两人一组,在规定时间内完成测量。

2. 考核要求及评分标准

(1) 设备、器材及仪表(见表 3-5)

表 3-5 所用设备、器材及仪表

设备、器材	一次电压 380 V、二次电压 127V/24 V、容量 100~150 V·A 的变压器,出线端无电压标记;单相开启负荷开关一只
仪表	交流电压表两块

(2) 考核内容及评分标准(见表 3-6)

表 3-6 考核内容及评分标准

序号	考核内容	配分	评分标准
1	一、二次绕组的判定	10 分	一、二次绕组判定错一组扣 5 分
2	同名端判定线路连接	40 分	线路连接共两次,错一次扣 20 分
3	同名端判定	30 分	判定结果错扣 30 分
4	仪表的正确使用	10 分	电压量程选择错扣 10 分,其他错误扣 5 分
5	安全、文明生产	10 分	
备注	各项考核内容的最高扣分不得超过本项配分		

五、练习题

1. 什么是变压器的同名端?

2. 怎样判定变压器同一相绕组的两个端子？
3. 判定变压器的同名端通常有几种方法？
4. 如何使用直流法判定变压器的同名端？
5. 如何使用交流法判定变压器的同名端？
6. 变压器的同名端如果接错，会有什么后果？

任务三　三相变压器的联结组标号判定

三相变压器多用于电力系统中，容量一般都较大。目前电力系统均采用三相制，因而三相变压器的应用极为广泛。本任务主要学习变压器的联结组标号判定。

一、任务目标

① 能熟练掌握变压器的磁路系统。
② 能正确识读变压器的电路。
③ 能够进行变压器的联结组标号判定。

二、任务引导

三相变压器可由三台同容量的单相变压器组成，称为三相变压器组。但大部分三相变压器采用三相共用一个铁心的三相心式变压器，简称为三相变压器。

（一）三相变压器的磁路系统

三相变压器组的磁路系统与单相变压器完全一样，三个相分别是三个单相变压器，仅仅在电路上互相连接，三相磁路互相完全独立，各相主磁通有各自的铁心磁路，互不影响，如图3-26所示。

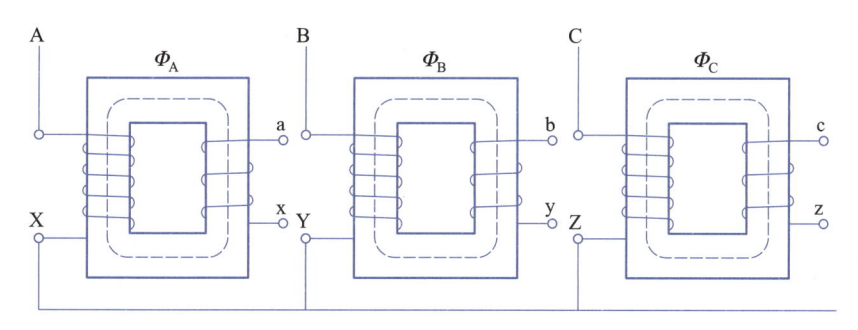

图3-26　三相变压器组的磁路系统

三相心式变压器的磁路是互相联系的，其磁路系统如图3-27所示。
三相心式变压器是由三个独立的磁路演变而来的。如果把三个单相心式变压器的铁心柱放在一起，如图3-27(a)所示，在对称运行时，三相主磁通是对称的，其磁通

相量和等于零，即

$$\dot{\Phi}_A + \dot{\Phi}_B + \dot{\Phi}_C = 0 \tag{3-12}$$

因此，图 3-27(a)中的公共铁心柱中的磁通等于零，可以把它省去，如图 3-27(b)所示。实际制造时，通常把三相铁心柱布置在同一平面上，如图 3-27(c)所示。这样三相磁路之间就有了相互联系，每相磁路都以其他两相的铁心柱作为闭合回路。三相磁路是不完全对称的，中间一相磁路的磁阻比其他两相要小一点，相应的空载电流也小一点，带负载能力大一点。因此三相心式变压器在实际使用过程中，三相负载分配不均匀时，会将较大的负载接在中间一相电路中。

(a) 三个单相心式变压器共用一个铁心柱　　(b) 省去公共铁心柱　　(c) 三相铁心柱在同一平面上

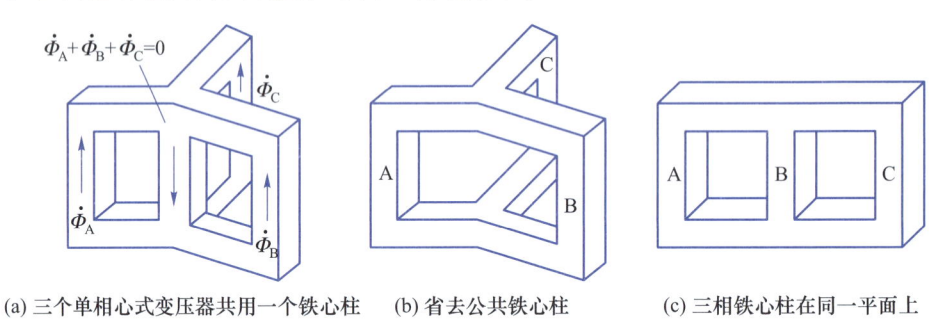

图 3-27　三相心式变压器的磁路系统

（二）三相变压器的电路系统——联结组

三相变压器一、二次绕组有多种不同的接法，导致了一、二次绕组对应的电动势之间有不同的相位差。按照一、二次绕组对应相电动势的相位关系，把变压器绕组的连接种类分成各种不同的组合，称为联结组。它是变压器并联运行必不可少的条件之一，也是变压器改变相位的基本原理。对于三相变压器，无论怎样连接，一、二次绕组对应相电动势的相位差总是 30°的整数倍。因此，国际上规定变压器的联结组采用"时钟序数表示法"表示，即用一次侧电动势的相量作为分针，并且始终指向"12"点，用二次侧对应的线电动势的相量作为时针，它所指的钟点数就是变压器联结组的标号。单相变压器的联结组是三相变压器联结组的基础，所以先介绍单相变压器的联结组。

1. 单相变压器的联结组

为了正确连接及使用变压器，一、二次绕组的出线端分别标记为 A、X 和 a、x。在分析单相变压器的联结组时，首先规定一、二次绕组的电动势正方向都是从首端指向末端，如图 3-28 所示。

当一、二次绕组的同名端同时标为首端时，如图 3-28(a)、(d)所示，则一、二次绕组的电动势同相位。设 A 与 a 为等电位点，此时，二次绕组电动势的相量指向时钟的"0"点，故该变压器的联结组标号记作 Ii0。I 和 i 表示一、二次绕组均为单相。

当一、二次绕组的异名端标为首端时，如图 3-28(b)、(c)所示，则一、二次绕组的电动势相位相反，即联结组标号为 Ii6。

国家标准规定，单相变压器只能采用一个联结组标号 Ii0。

2. 三相变压器绕组的接法

三相变压器的一、二次绕组均可以接成星形或三角形。国家标准规定，一次绕组星形联结用 Y 表示,有中线时用 YN 表示,三角形联结用 D 表示;二次绕组星形联结用 y 表示,有中线时用 yn 表示,三角形联结用 d 表示。三相变压器一、二次绕组的首端分别用 A、B、C 或 U_1、V_1、W_1 和 a、b、c 或 u_1、v_1、w_1 标记,末端分别用 X、Y、Z 或 U_2、V_2、W_2 和 x、y、z 或 u_2、v_2、w_2 标记,星形联结的中点分别用 N、n 标记,见表 3-7 和表 3-8。

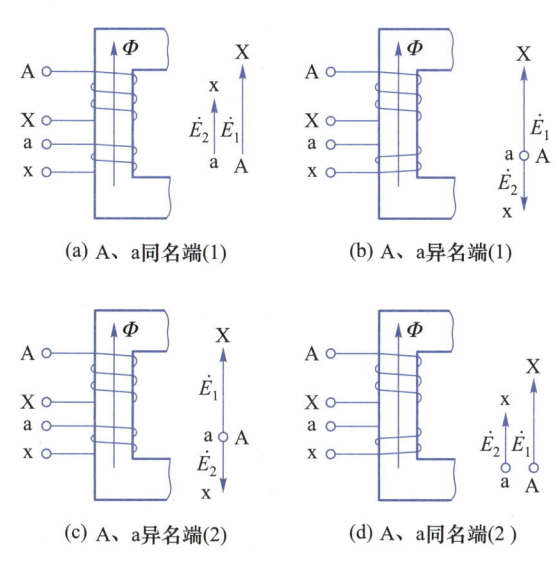

(a) A、a 同名端(1)　　(b) A、a 异名端(1)

(c) A、a 异名端(2)　　(d) A、a 同名端(2)

图 3-28　一、二次绕组电动势的相对相位关系

表 3-7　变压器绕组名称一览表(1)

绕组名称	单相变压器		三相变压器		中性点
	首端	末端	首端	末端	
一次绕组	A	X	A、B、C	X、Y、Z	N
二次绕组	a	x	a、b、c	x、y、z	n

表 3-8　变压器绕组名称一览表(2)

绕组名称	单相变压器		三相变压器		中性点
	首端	末端	首端	末端	
一次绕组	U_1	U_2	U_1、V_1、W_1	U_2、V_2、W_2	N
二次绕组	u_1	u_2	u_1、v_1、w_1	u_2、v_2、w_2	n

图 3-29 给出了三相绕组的不同连接方法。图 3-29(a)为星形联结;图 3-29(b)和图 3-29(c)均为三角形联结。国家标准规定,电力变压器及三相交流电动机中的三角形联结只能采用图 3-29(c)所示的逆序连接法。

3. 三相变压器的联结组

与单相变压器不同,三相变压器的输出电压不仅与一、二次绕组的匝数有关,还与绕组的接法有关。判别三相变压器联结组的方法如下:

① 标出一、二次绕组相电动势正方向。

② 画出一次绕组相电动势的相量图,并将相量图的 A 点置于钟面的"12"点处,A、B、C 三个顶点按顺时针方向排列。

(a)   (b)   (c)

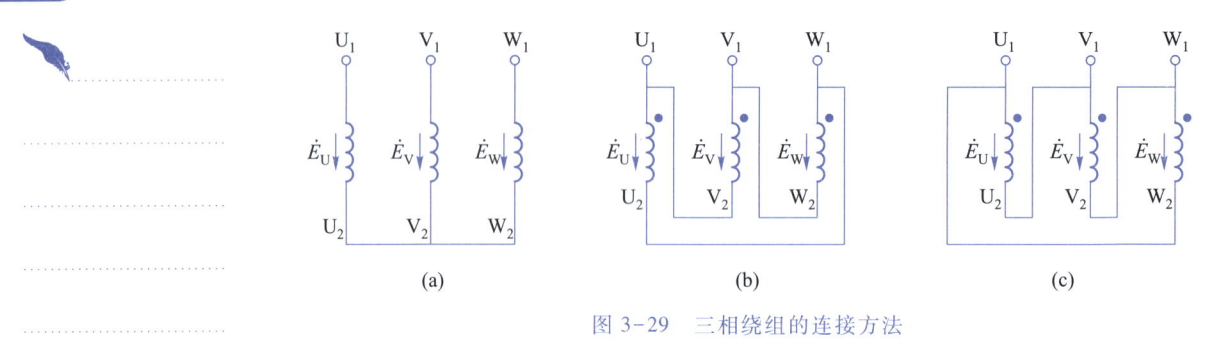

图 3-29　三相绕组的连接方法

③ 画出二次绕组相电动势的相量图，a、b、c 三个顶点按顺时针方向排列。

④ 观察二次绕组相电动势的相量图 a 点所处钟面的序数，即为该三相变压器联结组的标号数。

下面先以 Yy 接法的三相变压器为例，说明三相变压器联结组标号的判断过程。

在图 3-30(a)中，三相变压器一、二次绕组都是按星形联结的，且首端同时为同名端。按照判断步骤，在图 3-30(a)中，标出一、二次绕组相电动势的正方向；在图 3-30(b)中，画出一次绕组的电动势相量图，将相量图的 A 点放在钟面的"12"点处；根据二次绕组的 $\dot{E}_a$ 与一次绕组的 $\dot{E}_A$、$\dot{E}_b$ 与 $\dot{E}_B$、$\dot{E}_c$ 与 $\dot{E}_C$ 同相位，通过画平行线画出二次绕组的电动势相量图，由相量图的 a 点处在钟面的"0"点（即 12 点）处，可知该联结组的标号是 0，即为 Yy0 联结组。简明画法如图 3-30(c)所示。

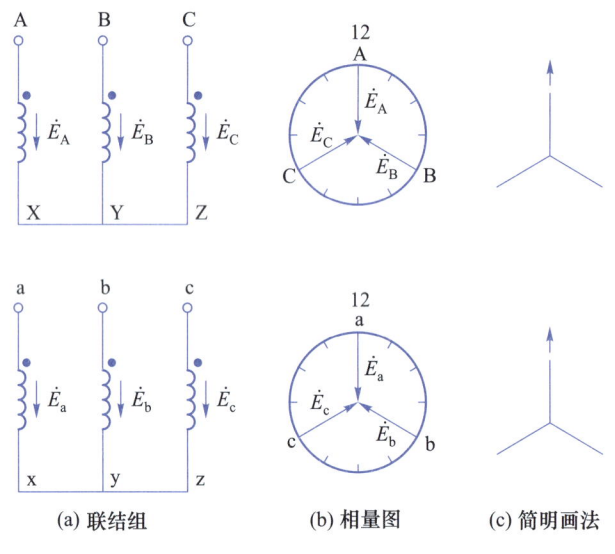

(a) 联结组　　(b) 相量图　　(c) 简明画法

图 3-30　Yy0 联结组

接着再来分析 Yd 接法的三相变压器的联结组标号，如图 3-31 所示。图 3-31 所示二次绕组为逆序三角形联结。按照上述判断步骤，画出相量图，可以确定其联结组标号为 Yd11。若二次绕组为顺序三角形联结，则其联结组标号为 Yd1。

三相变压器有很多联结组标号，为了避免制造和使用时造成混乱，国家标准规定三相电力变压器只能采用以下五种联结组标号：Yyn0、Yd11、YNd11、YNy0 和 Yy0。实际运行经验已经证明，Yy 联结和 Yd 联结几乎可以满足各种需要，仅在少数场合需要

(a) 联结组　　　(b) 相量图　　　(c) 简明画法

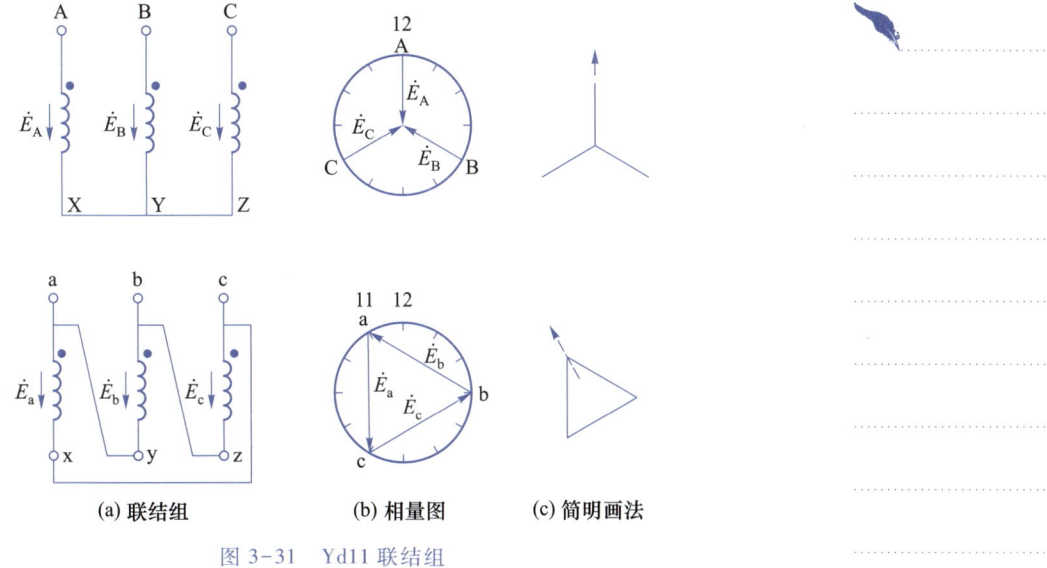

图 3-31　Yd11 联结组

用到 Dy 联结，如晶闸管整流电路中。在上述五种联结组中，Yyn0 联结组是常用的，主要用于容量不大的三相电力变压器，二次电压为 400 V/230 V，以供给动力和照明的混合负载。

三、任务实施

1. 工具与器材（见表 3-9）

表 3-9　所用工具与器材

工具	圆规	尺子	纸	笔
器材	变压器或变压器铭牌			

2. 操作程序

① 标出一、二次绕组相电动势正方向。
② 画出一次绕组相电动势的相量图。
③ 画出二次绕组相电动势的相量图。
④ 观察二次绕组相电动势的相量图中 a 点所处钟面的序数，得出三相变压器联结组标号。

四、技能考核

1. 考核任务

每位学生独立完成变压器联结组判定。

2. 考核要求及评分标准

（1）考核要求
① 相电动势方向正确。

② 一次绕组相电动势相量图清楚、正确。
③ 二次绕组相电动势相量图清楚、正确。
④ 联结组标号正确。
（2）考核内容及评分标准（见表3-10）

表3-10　考核内容及评分标准

序号	评核内容	配分	评分标准
1	一、二次绕组相电动势方向绘制	20分	一次绕组相电动势画错方向扣10分 二次绕组相电动势画错方向扣10分
2	一次绕组相电动势相量图绘制	30分	一次绕组相量图画错一处扣10分
3	二次绕组相电动势相量图绘制	30分	二次绕组相量图画错一处扣10分
4	联结组标号判定	20分	联结组判定错一处扣10分
备注	联结组字母大小不正确也算错		

五、拓展知识

现代发电站和变电所中，常采用多台变压器并联运行的方式。变压器的并联运行是指两台或两台以上变压器的一、二次绕组分别并联，接到一、二次侧的公共母线上参加运行，如图3-32所示。

（一）变压器并联运行的优点

① 提高供电的可靠性。如果某台变压器发生故障，可把它从电网切除，进行维修，电网仍能继续供电。
② 可根据负载的大小，调整运行变压器的台数，提高工作效率。
③ 可以减少变压器的备用量和初次投资，随着用电量的增加，分批安装新的变压器。

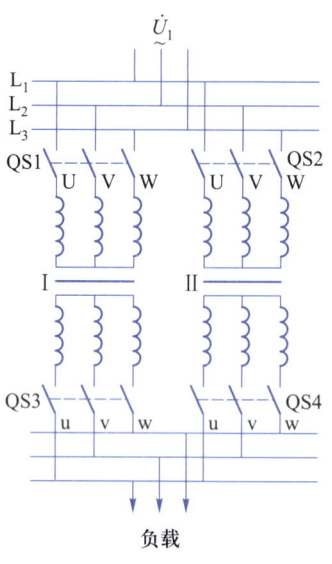

图3-32　变压器并联运行

（二）变压器理想的并联运行

① 空载时，各变压器间无环流。
② 负载时，各变压器所分担的负载电流与它们的容量成正比。
③ 各变压器的负载电流同相位。

（三）变压器理想并联运行的条件

为了实现理想的并联运行，各台变压器应满足以下条件：
① 各变压器一、二次侧的额定电压相等，即电压变比相等。

② 各变压器的联结组标号相同。

③ 各变压器的短路电压相等。

实际的并联运行中,并不要求变比绝对相等,误差在±0.5%以内是允许的,所形成的环流不大;也不要求短路电压绝对相等,但误差不能超过10%,否则容量分配不合理;只有变压器的联结组标号一定要相同。

六、练习题

1. 什么是单相变压器的联结组标号?影响其组别的因素有哪些?如何用时钟法来表示?

2. 三相心式变压器和三相变压器组相比,具有哪些优点?在测取三相心式变压器的空载电流时,为何中间一相的电流小于两边各相的电流?

3. 变压器并联运行的理想条件是什么?试分析当某一条件不满足时并联运行所产生的后果。

4. 按国家标准的规定,电力变压器有哪几种联结组标号?

5. 三相变压器的一、二次绕组按图3-33连接,试画图确定其联结组标号。

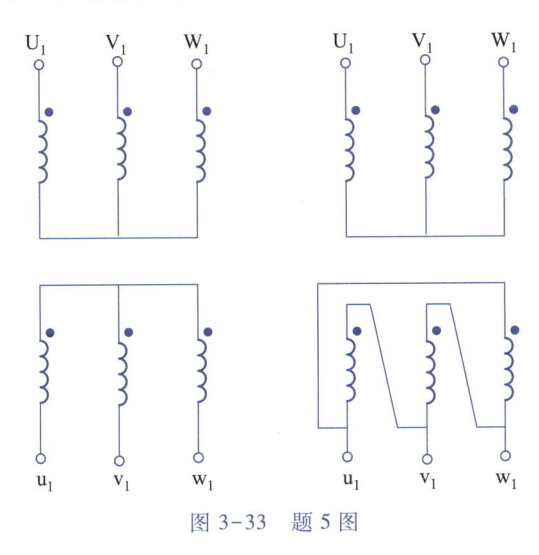

图 3-33　题 5 图

思考与练习

一、填空题

1. 使用电压互感器时其二次侧不允许_____,使用电流互感器时其二次侧不允许_____。

2. 变压器铁心导磁性能越好,其励磁电流越_____。

3. 变压器中接电源的绕组称为_____绕组,接负载的绕组称为_____绕组。

4. 变压器油既是_____介质又是_____介质。

5. 变压器的铁心是_____部分,变压器的绕组是_____部分。

二、判断题

1. 三相变压器额定电压指额定线电压。（ ）
2. 变压器外加电源电压及频率不变时，其主磁通大小基本不变。（ ）
3. 三相心式变压器的各相磁路相互联系，彼此相关。（ ）
4. Yd联结与Yy联结的三相变压器不存在并联的可能性。（ ）
5. 变压器的漏抗是个常数，且数值很小。（ ）
6. 变压器在一次侧外加额定电压不变的条件下，二次电流大，导致一次电流也大，因此变压器的主磁通也大。（ ）
7. 电流互感器的二次侧不许开路。（ ）
8. 电压互感器的二次侧不许短路。（ ）
9. 变压器的空载损耗可以近似看成是铁耗。（ ）
10. 变压器的短路实验一般在一次侧进行。（ ）

项目四 控制电动机及其应用

在各类自动控制系统、遥控和解算装置中,需要用到大量各种各样的元件。控制电动机就是其中的重要元件之一。它属于机电元件,在系统中具有执行、检测和解算的功能。虽然从基本原理来说,控制电动机与普通旋转电动机没有本质上的差别,但后者着重于对电动机动力性能指标方面的要求,而前者则着重于对电动机特性、高精度和快速响应方面的要求。

控制电动机已经成为现代工业自动化系统、现代科学技术和现代军事装备中不可缺少的重要元件。它的应用范围非常广泛,如机床加工过程的自动控制和自动显示,舰船方向舵的自动操纵,飞机的自动驾驶,阀门的遥控,以及机器人、计算机、自动记录仪表、医疗设备、录音录像设备等装置的自动控制系统。

知识目标

1. 了解伺服电动机的分类、结构和工作原理;
2. 了解步进电动机的分类、结构和工作原理;
3. 了解步进电动机步距角的含义。

能力目标

1. 能进行步进电动机的安装接线与通电试验;
2. 会计算步进电动机的步距角。

素养目标

1. 搜索控制电机在现代工业控制自动化控制系统中的应用实例,养成自主学习的习惯;
2. 探索新技术、新工艺,树立学无止境、终身学习的理念。

任务一　伺服电动机及其应用

"伺服"一词源于希腊语"奴隶"的意思。人们想把"伺服电动机"当作一个得心应手的驯服工具，服从控制信号的要求而动作，即在信号来到之前，转子静止不动；信号来到之后，转子立即转动；当信号消失，转子能即时自行停转。由于它具有"伺服"性能，因此而得名。

伺服电动机又称为执行电动机，在自动控制系统中作为执行元件，它能把接收到的电压信号转换为电动机转轴上的机械角位移或角速度的变化，具有服从控制信号的要求而动作的功能。

根据实际应用，自动控制系统对伺服电动机一般有如下要求：调速范围宽、快速响应性能好、灵敏度高以及无自转现象。

按控制电压分类，伺服电动机可分为直流伺服电动机和交流伺服电动机。

一、任务目标

① 掌握伺服电动机的结构、类型。
② 掌握伺服电动机的工作原理。
③ 掌握伺服电动机的各种应用，能进行伺服电动机的相关操作。

二、任务引导

（一）直流伺服电动机

直流伺服电动机是指使用直流电源的伺服电动机。

1. 结构和类型

直流伺服电动机的结构和一般直流电动机相同，只是转子做得细长，以减小转动惯量，因此它的容量和体积都很小，实际上就是一台微型直流他励电动机，其常见外形如图4-1所示。

图4-1　直流伺服电动机的常见外形

直流伺服电动机可分为传统型和低惯量型两大类。

（1）传统型直流伺服电动机

传统型直流伺服电动机是由定子、转子(电枢)、电刷和换向器四部分组成的,按励磁方式(产生磁场的方式)不同可分为永磁式和电磁式两种。永磁式电动机的磁极是永久磁铁；电磁式电动机的磁极是电磁铁,磁极外面套着励磁绕组。以上两种传统型直流伺服电动机的转子(电枢)铁心均由硅钢片冲制叠压而成,在转子冲片的外圆周上开有均匀分布的齿和槽,在转子槽中放置转子绕组,并经电刷与外电路相连,如图4-2所示。

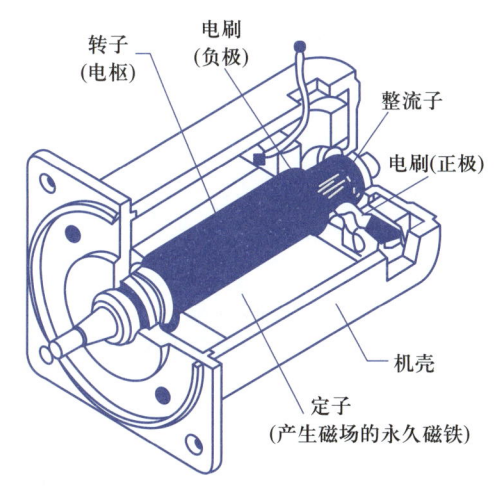

图4-2 传统型直流伺服电动机结构示意图

（2）低惯量型直流伺服电动机

低惯量型直流伺服电动机的明显特点是转子轻,转动惯量小,快速响应好。按照转子形式的不同,低惯量型直流伺服电动机分为盘形转子直流伺服电动机、空心杯形转子永磁式直流伺服电动机和无槽转子直流伺服电动机。

① 盘形转子直流伺服电动机。盘形转子直流伺服电动机的结构示意图如图4-3所示。它的定子是由永久磁钢和前后盖组成的,转轴上装有盘形转子。电动机的气隙位于盘形转子的两侧,盘形转子上有转子绕组,绕组可分为印制绕组和绕线盘式绕组两种形式。这种结构电动机的基本作用原理未变,但却大大降低了电动机的转动惯量和转子绕组的电感。

② 空心杯形转子永磁式直流伺服电动机。直流电动机转子铁心的作用主要是减小主磁路的磁阻,其次是固定转子绕组,其结构示意图如图4-4所示。将转子绕组和转子铁心在机械上分离,转子绕组在模具上绕成后用玻璃丝带和环氧树脂胶合成一个杯形体,杯底中心固定有电动机转轴。转子铁心为有中心孔的圆筒,一端固定在电动机端盖上,称为内定子。杯形绕组的轴穿过内定子中心孔,通过轴承放置在两侧端盖上。杯形转子在内、外定子间的气隙中旋转。可见其基本作用原理未变,但转轴的转动惯量大大降低；转子绕组两侧均为气隙,其电感大为减小,有利于改善动态特性。

如果为永磁电动机,则磁极亦可放在内定子上,外定子只作为主磁路的一部分。这种形式称为内磁场式空心杯形转子电动机。

③ 无槽转子直流伺服电动机。无槽转子直流伺服电动机的结构简图如图4-5所示。转子铁心为光滑圆柱体,其上不开槽,转子绕组直接排列在铁心表面,再用环氧树

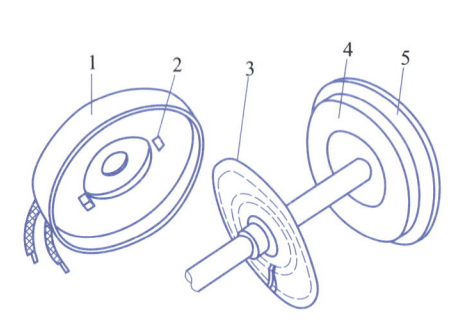

图 4-3　盘形转子直流伺服电动机
结构示意图

1—前盖　2—电刷　3—盘形转子
4—永久磁钢　5—后盖

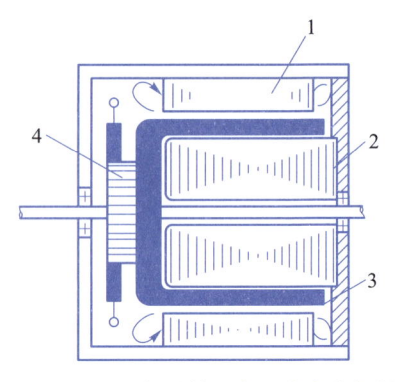

图 4-4　空心杯形转子永磁式直流伺服
电动机结构示意图

1—外定子(磁轭和磁极)　2—内定子
3—杯形转子　4—换向器

脂把它与转子铁心粘成一个整体,定、转子间气隙较大。定子磁极可以采用永久磁铁,也可以采用电磁式结构。这种电动机的转动惯量和转子电感都比杯形或盘形转子大,因而动态性能较差。

2. 工作原理

直流伺服电动机的工作原理与普通直流电动机相同。直流伺服电动机有两个独立的电回路,即转子回路和励磁回路。其工作时一个连接电源,另一个接收控制信号。如果磁极采用永久磁铁,则它只有一个控制回路(转子绕组)用以接收电信号。因此直流伺服电动机的控制方式有两种,即转子控制和磁场控制。

转子控制是指励磁绕组加额定励磁电压 U_f,转子绕组加控制电压 U_c,当负载恒定时,改变转子电压的大小和极性,同直流电动机一样,伺服电动机的转速和转向随之改变。磁场控制是指励磁绕组加控制电压,而转子绕组加额定电压。同样,改变控制电压的大小和极性,也可使电动机的转速和转向改变。由于转子控制方式的特性好,转子回路的电感小而响应迅速,因此自动控制系统中多采用转子控制。转子控制的接线图如图 4-6 所示。

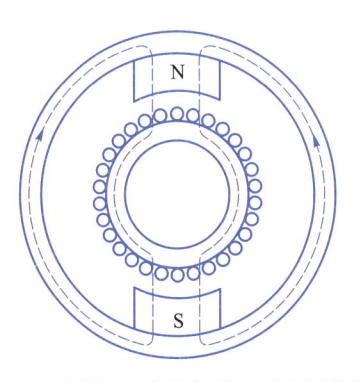

图 4-5　无槽转子直流伺服电动机结构简图　　图 4-6　转子控制接线图

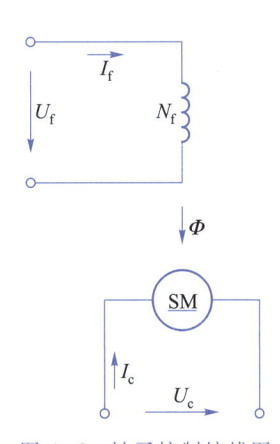

图 4-7(a)所示是直流伺服电动机转子控制的机械特性。机械特性是指励磁电压

U_f 恒定,转子绕组上的控制电压 U_c 为定值时,伺服电动机转速 n 与电磁转矩 T 之间的函数关系,即 $n=f(T)$。

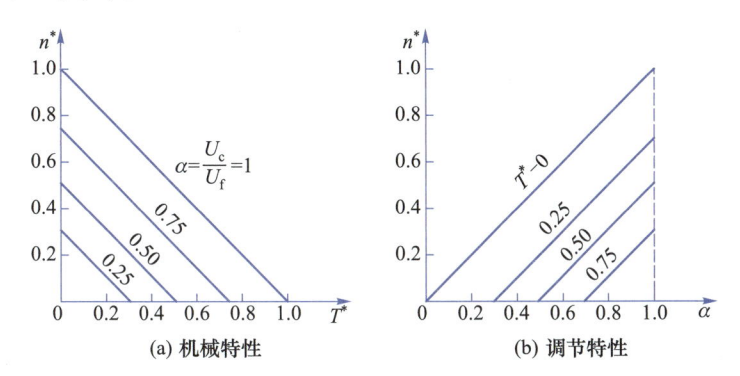

图 4-7 直流伺服电动机转子控制的特性

(a) 机械特性　(b) 调节特性

α—信号系数,$\alpha=\dfrac{U_c}{U_f}$　n^*—转速相对值,$n^*=\dfrac{n}{n_B}$,n_B 为转速基值

T^*—转矩相对值,$T^*=\dfrac{T}{T_B}$,T_B 为转矩基值

从图 4-7(a)所示的机械特性可以看出:
① 机械特性是线性的。
② 在控制电压 U_c 一定的情况下,转速越高,电磁转矩越小。
③ 当控制电压为不同值时,机械特性为一组平行线。

图 4-7(b)所示是直流伺服电动机转子控制的调节特性。调节特性是指电磁转矩一定时,伺服电动机转速随信号系数 α 变化的关系,即与转子绕组上的控制电压 U_c 的变化关系 $n=f(\alpha)$。

调节特性也是线性的。负载转矩一定时,控制电压 U_c 大,转速就高,转速与控制电压成正比。当 $U_c=0$ 时,$n=0$,电动机停转,无自转现象。所以,直流伺服电动机的可控性好。调节特性与横坐标的交点,表示在一定负载转矩下电动机的起动电压。当负载转矩一定时,伺服电动机若想顺利起动,控制电压应大于相应的起动电压;反之,若控制电压小于相应的起动电压,由于电动机的电磁转矩小于负载转矩,伺服电动机就不能正常起动。所以,调节特性曲线的横坐标从原点到起动电压点的这一段范围,称为某一负载转矩时伺服电动机的失灵区。显然,失灵区的大小与负载转矩成正比。

由以上分析可知,转子控制直流伺服电动机的机械特性和调节特性都是一组平行的直线,这是直流伺服电动机突出的优点。但上述结论是在理想的条件下得到的,实际直流伺服电动机的特性曲线是一组接近直线的曲线。

直流伺服电动机的优点除了机械特性为线性之外,还包括速度调节范围宽且平滑,起动转矩大,无自转现象,反应灵敏,与同容量的交流伺服电动机相比,体积和重量可减少到 1/2~1/4。其缺点是由于存在换向器和电刷的滑动接触,常因接触不良而影响运行的稳定性,电刷火花会产生干扰。

(二) 交流伺服电动机

交流伺服电动机是指使用交流电源的伺服电动机。

1. 结构和类型

交流伺服电动机的常见外形如图 4-8 所示。

交流伺服电动机主要由定子和转子构成。定子铁心通常用硅钢片叠压而成,定子铁心表面的槽内嵌有两相绕组,其中一相绕组是励磁绕组,另一相绕组是控制绕组,两相绕组在空间位置上互差 90°电角度。从定子绕组看,交流伺服电动机实质上是一个"两相异步电动机"。

转子结构主要有两种,即笼型转子和空心杯形转子,如图 4-9 和图 4-10 所示。

图 4-8 交流伺服电动机的常见外形

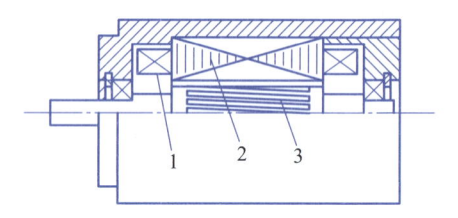

图 4-9 笼型转子交流伺服电动机
1—定子绕组　2—定子铁心　3—笼型转子

笼型转子的结构简单,其绕组由高电阻率的材料(如黄铜、青铜等)制成,如图 4-11 所示,也可采用铸铝转子,绕组的电阻比一般的异步电动机大得多,因此起动电流小而起动转矩较大。为了使伺服电动机对输入信号有较高的灵敏度,应尽量减小转子的转动惯量,所以转子通常做得细长。由于转子回路的电阻增大,使得交流伺服电动机的特性曲线变软,从而消除自转现象。

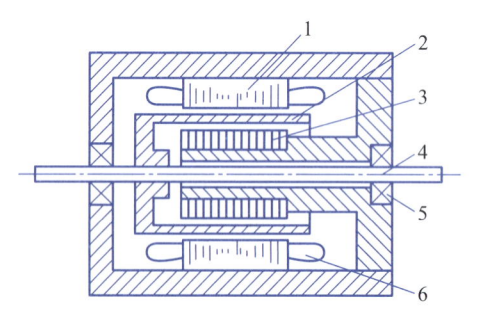

图 4-10 空心杯形转子交流伺服电动机
1—外定子铁心　2—空心杯形转子　3—内定子铁心
4—转轴　5—轴承　6—定子绕组

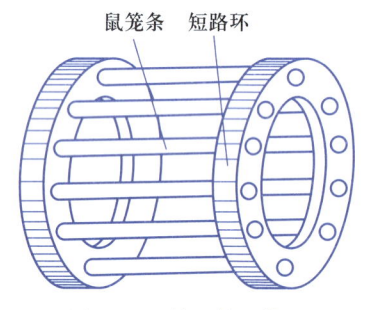

图 4-11 笼型转子绕组

近年来,为了进一步提高伺服电动机的快速反应性,常采用如图 4-10 所示的空心杯形转子,其定子分内外两部分,均由硅钢片叠成。外定子和一般异步电动机一样,并且在外定子上装有空间上互差 90°电角度的两相绕组。内定子是由硅钢片叠压而成的圆柱体,通常内定子上无绕组,只是代替笼型转子铁心作为磁路的一部分,作用是减少主磁通磁路的磁阻。在内外定子之间有一个细长的、装在转轴上的空心杯形转子。空心杯形转子通常用非磁性材料(青铜或铝合金)制成,壁很薄(一般为 0.2~0.8 mm),因而具有较大的转子电阻和很小的转动惯量。空心杯形转子可以在内外定子间的气隙中自由旋转,电动机依靠空心杯形转子内感应的涡流与气隙磁场作用而产生电磁转矩。可见,空心杯形转子交流伺服电动机的优点是转动惯量小,摩擦转矩小,因此快速响应好。另外,由于转子上无齿槽,所以运行平稳,无抖动,噪声小。其缺点是由于这种结构的电动机的气隙较大,因此空载励磁电流也较大,致使电动机的功率因数较低,效率也较低,而且它的体积和容量要比同容量的笼型伺服电动机大得多。我国生产的这种伺服电动机有 SK 等型号,主要用于要求低噪声及低速平稳运行的系统中。

2. 工作原理

交流伺服电动机的原理如图 4-12 所示。图中,励磁绕组通入额定的励磁电压 $\dot{U}_\mathrm{f}$,而控制绕组接入从伺服放大器输出的控制电压 $\dot{U}_\mathrm{c}$,两绕组在空间上互差 90°电角度,且励磁电压 $\dot{U}_\mathrm{f}$ 和控制电压 $\dot{U}_\mathrm{c}$ 频率相同。根据旋转磁场的理论,当控制绕组上的控制电压 $\dot{U}_\mathrm{c}=0\ \mathrm{V}$(即无控制电压)时,所产生的是脉振磁通势,所建立的是脉振磁场,电动机无起动转矩。当控制绕组上的控制电压 $\dot{U}_\mathrm{c}\neq 0\ \mathrm{V}$ 时,两相绕组的电流在气隙中建立一个旋转磁场,如控制电流 $\dot{I}_\mathrm{c}$ 与励磁电流 $\dot{I}_\mathrm{f}$ 的相位差为 90°,且大小相等,则为圆形旋转磁场;如控制电流与励磁电流的相位不同,则建立起椭圆形旋转磁场。不管是圆形旋转磁场还是椭圆形旋转磁场,都将产生起动力矩,使电动机旋转起来。一旦控制电压 $\dot{U}_\mathrm{c}=0\ \mathrm{V}$,则仅有励磁电压作用,电动机工作在单相脉振磁场下,由单相异步电动机工作原理可知,伺服电动机仍会像一般单相异步电动机那样按原转动方向旋转,即出现失控现象,这种因失控而自行旋转的现象称为自转。自转现象是不符合自动控制系统要求的,必须避免,可以通过增加转子电阻的办法来消除自转。

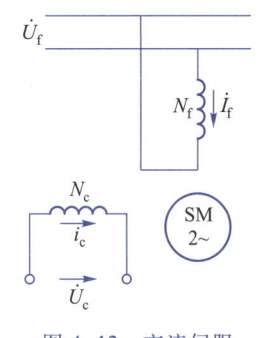

图 4-12 交流伺服电动机的原理

3. 控制方式

对于两相运行的异步电动机,若在两相对称绕组中外施两相对称电压,便可得到圆形旋转磁场;反之,若外施两相电压幅值不同,或者相位差不是 90°电角度,则得到的便是椭圆形旋转磁场。

交流伺服电动机运行时,控制绕组所加的控制电压 $\dot{U}_\mathrm{c}$ 是变化的,一般来说,得到的是椭圆形旋转磁场,并由此产生电磁转矩而使电动机旋转。改变控制电压的幅值或改变控制电压与励磁电压之间的相位角,都能使电动机气隙中旋转磁场的椭圆度发生变化,从而改变电磁转矩的大小。所以当负载转矩一定时,通过调节控制电压的大小或相位都可达到改变电动机转速的目的。因此,交流伺服电动机的控制方式有以下三种。

（1）幅值控制

如图 4-13 所示,幅值控制通过改变控制电压 $\dot{U}_\mathrm{c}$ 的大小来控制电动机转速,此时控制电压 $\dot{U}_\mathrm{c}$ 与励磁电压 $\dot{U}_\mathrm{f}$ 之间的相位差始终保持 90°电角度。若控制绕组的额定电压 $\dot{U}_\mathrm{cN}=\dot{U}_\mathrm{f}$,那么控制电压的大小可表示为 $U_\mathrm{c}=\alpha_\mathrm{e}U_\mathrm{cN}$,以 U_cN 为基值,即

$$\alpha_e = \frac{U_c}{U_{cN}} \qquad (4-1)$$

式中,α_e 为有效信号系数;U_c 为实际控制电压有效值;U_{cN} 为额定控制电压有效值。当控制电压 U_c 在 $0 \sim U_{cN}$ 之间变化时,有效信号系数 α_e 在 0～1 之间变化。

因此,当有效信号系数 $\alpha_e = 1$ 时,控制电压 $\dot{U}_c$ 与励磁电压 $\dot{U}_f$ 的幅值相等,相位相差 90°电角度,且两绕组空间相差 90°电角度。此时所产生的气隙磁通势为圆形旋转磁通势,产生的电磁转矩最大。当 $\alpha_e < 1$ 时,控制电压 $\dot{U}_c$ 的幅值小于励磁电压 $\dot{U}_f$ 的幅值,所建立的气隙磁场为椭圆形旋转磁场,产生的电磁转矩减小。α_e 越小,气隙磁场的椭圆度越大,产生的电磁转矩越小,电动机转速越低。$\alpha_e = 0$ 时,控制信号消失,气隙磁场为脉振磁场,电动机不转或停转。

（2）相位控制

相位控制是指通过改变控制电压 $\dot{U}_c$ 与励磁电压 $\dot{U}_f$ 间的相位差来实现对电动机转速和转向的控制,而控制电压 $\dot{U}_c$ 的幅值保持不变。

如图 4-14 所示,励磁绕组直接接到交流电源上,而控制绕组经移相器后接到同一交流电源上,控制电压 $\dot{U}_c$ 和励磁电压 $\dot{U}_f$ 的频率相同。通过移相器可以改变控制电压 $\dot{U}_c$ 的相位,从而改变两者间的相位差 β,将 $\sin \beta$ 称为相位控制的信号系数。改变控制电压 $\dot{U}_c$ 与励磁电压 $\dot{U}_f$ 间相位差 β 的大小,可以改变电动机的转速,还可以改变电动机的转向:将交流伺服电动机的控制电压 $\dot{U}_c$ 的相位改变 180°电角度(即极性对换)时,若原来控制电流 $\dot{I}_c$ 超前于励磁电流 $\dot{I}_f$,相位改变 180°电角度后,$\dot{I}_c$ 反而滞后 $\dot{I}_f$,使电动机气隙磁场的旋转方向与原来相反,从而使交流伺服电动机反转。相位控制的机械特性和调节特性与幅值控制相似,也为非线性。

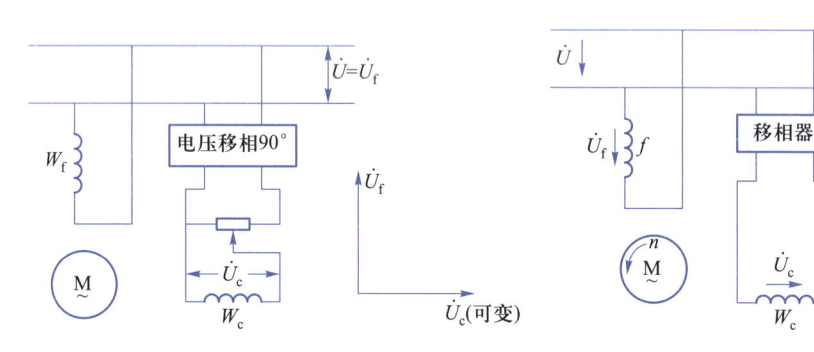

图 4-13 幅值控制的接线图及向量图　　图 4-14 相位控制的接线图

当相位控制的相位角为零(即控制电压 $\dot{U}_c$ 与励磁电压 $\dot{U}_f$ 同相位)时,相当于单相励磁,电动机气隙中产生脉振磁场,电动机停转。这种控制方法因调节相位比较复杂,一般很少采用。

（3）幅值-相位控制(电容控制)

幅值-相位控制是指通过同时改变控制电压 $\dot{U}_c$ 的幅值和相位来控制伺服电动机

的转速。幅值-相位控制的接线图如图 4-15 所示。励磁绕组通过串联一个移相电容 C 后接到交流电源上，控制绕组通过分压电阻 R 接在同一电源上。这样，励磁绕组的电压不再等于电源电压，也不与电源电压同相。当调节分压电阻改变控制电压 $\dot{U}_c$ 幅值时，由于转子绕组的耦合作用，励磁电流 $\dot{I}_f$ 发生变化，使励磁电压 $\dot{U}_f$ 和电容 C 上的电压也随之变化。这就是说，控制电压 $\dot{U}_c$ 和励磁电压 $\dot{U}_f$ 的大小及它们间的相位角也都随之改变，从而使伺服电动机的转速受控

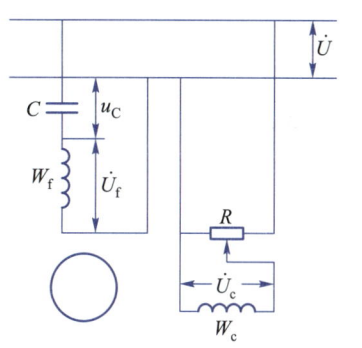

图 4-15 幅值-相位控制的接线图

变化。所以，若控制电压 $\dot{U}_c=0$，电动机仅有励磁绕组单相通电，则产生制动电磁转矩，电动机停转。这是一种幅值和相位的复合控制方式。这种控制方式的实质是利用串联电容来分相。

幅值-相位控制线路简单，不需要复杂的移相装置，只需利用电容进行分相，具有线路简单、成本低廉、输出功率较大的优点，因而成为使用最多的控制方式。

三、任务实施

1. 用伏安法测量直流伺服电动机转子的直流电阻

① 按图 4-16 接线，电阻 R 用实验设备上的 4 个 900 Ω 电阻串联来实现 3 600 Ω 的阻值。

② 经检查无误后接通可调直流电源，并调至 220 V，合上开关 S，调节 R 使转子电流达到 0.2 A，迅速测取电动机转子两端电压 U 和电流 I，再将电动机轴分别旋转三分之一周和三分之二周，同样测取 U、I，记录于表 4-1 中，取三次的平均值作为实际冷态电阻。

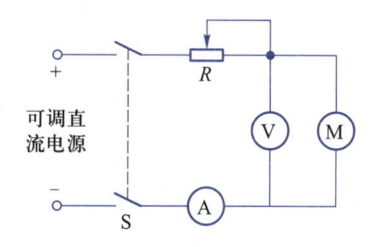

图 4-16 测量转子绕组直流电阻接线图

表 4-1 直流伺服电动机转子的直流电阻测量记录

序号	U/V	I/A	R_a/Ω	R_{aref}/Ω

③ 计算基准工作温度时的转子电阻。由实验直接测得转子绕组电阻值，此值为实际冷态电阻值，冷态温度为室温，按下式换算到基准工作温度时的转子绕组电阻值，即

$$R_{aref}=R_a\frac{235+\theta_{ref}}{235+\theta_a} \tag{4-2}$$

式中，R_{aref} 为换算到基准工作温度时的转子绕组电阻，单位为 Ω；R_a 为转子绕组的实际

冷态电阻，单位为 Ω；θ_{ref} 为基准工作温度，对于 E 级绝缘为 75℃；θ_a 为实际冷态时转子绕组温度，单位为℃；

2. 测取直流伺服电动机的机械特性

① 按图 4-17 接线，电阻 R_f 选用 1 800 Ω 阻值，A_1、A_2 分别选用毫安表、安培表。

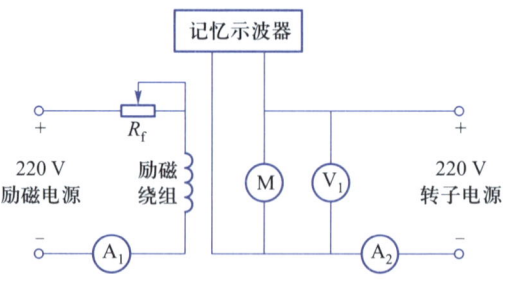

图 4-17 直流伺服电动机接线图

② 把 R_f 调至最小，先接通励磁电源，再调节控制屏左侧调压器旋钮使直流电源升至 220 V。

③ 调节涡流测功机控制箱给直流伺服电动机加载。调节 R_f 的阻值，使直流伺服电动机的 $n = n_N = 1\ 600$ r/min，$I_a = I_N = 0.8$ A，$U = U_N = 220$ V，此时电动机励磁电流为额定励磁电流。

④ 保持此额定励磁电流不变，逐渐减载，从额定负载减到空载，测取其机械特性 $n = f(T)$，测量 7~8 组数据，将结果 n、I_a、T 记录于表 4-2 中。

表 4-2　$U = U_N = 220$ V，$I_f = I_{fN} =$ ＿＿＿ mA

$n/(\text{r}\cdot\text{min}^{-1})$								
I_a/A								
$T/(\text{N}\cdot\text{m})$								

⑤ 调节可调直流电源电压为 $U = 160$ V，调节 R_f，保持电动机励磁电流的额定电流 $I_f = I_{fN}$，调节涡流测功机使 $I_a = 1$ A，再调节涡流测功机给定调节旋钮减载，一直减到空载，其间测量 7~8 组数据，将结果 n、I_a、T 记录于表 4-3 中。

表 4-3　$U = 160$ V，$I_f = I_{fN} =$ ＿＿＿ mA

$n/(\text{r}\cdot\text{min}^{-1})$								
I_a/A								
$T/(\text{N}\cdot\text{m})$								

⑥ 调节可调直流电源电压为 $U = 110$ V，调节 R_f，保持电动机励磁电流的额定电流 $I_f = I_{fN}$，调节涡流测功机使 $I_a = 0.8$ A，再调节涡流测功机给定调节旋钮减载，一直减到空载，其间测量 7~8 组数据，将结果 n、I_a、T 记录于表 4-4 中。

3. 测定空载始动电压并检查空载转速的不稳定性

① 保持电动机输出转矩 $T = 0$，调节直流伺服电动机转子电压，起动电动机，把转

子电压调至最小后,直至 $n=0$,再慢慢增大转子电压,使转子电压从零缓慢上升,直至电动机开始连续转动,此时的电压即为空载始动电压。

表 4-4　$U=110\text{ V}$, $I_\text{f}=I_\text{fN}=$____mA

$n/(\text{r}\cdot\text{min}^{-1})$						
I_a/A						
$T/(\text{N}\cdot\text{m})$						

② 正、反向转动各做三次,取其平均值作为该电动机的空载始动电压,将数据记录于表 4-5 中。

表 4-5　$I_\text{f}=I_\text{fN}=$____mA, $T=0$

电压	次数			
	1	2	3	平均
正向 U_a/V				
反向 U_a/V				

③ 正(反)转空载转速的不对称性为

$$\text{正(反)转空载转速的不对称性} = \frac{\text{正(反)向空载转速} - \text{平均转速}}{\text{平均转速}} \times 100\%$$

$$\text{平均转速} = \frac{\text{正向空载转速} - \text{反向空载转速}}{2}$$

(4-3)

式中,正(反)转空载转速的不对称性应不大于 3%。

四、技能考核

1. 考核任务

每 3~4 位学生为一组,在规定时间内完成以上实验,计算相关参数。

2. 考核要求及评分标准

(1) 设备(见表 4-6)

表 4-6　所 用 设 备

序号	型号	名称	数量	备注
1	HK01	电源控制屏	1 件	
2	HK02	实验桌	1 件	
3	HK03	涡流测功系统导轨	1 件	
4	DJ25	直流电动机	1 件	
5		记忆示波器	1 件	自备

(2) 考核内容及评分标准(见表 4-7)

表 4-7　考核内容及评分标准

序号	考核内容	配分	评分标准
1	测量直流伺服电动机转子的直流电阻	20 分	线路连接正确,5 分 试验操作正确,5 分 数据记录精确,5 分 正确分析数据得出结论,5 分
2	测取直流伺服电动机的机械特性	60 分	线路连接正确,10 分 试验操作正确,10 分 数据记录精确,10 分 正确分析数据得出结论,30 分
3	测定空载始动电压并检查空载转速的不稳定性	20 分	线路连接正确,5 分 试验操作正确,5 分 数据记录精确,5 分 正确分析数据得出结论,5 分

五、拓展知识

(一) 交流伺服电动机的产品型号

交流伺服电动机的产品型号由机座号、产品代号、频率代号及性能参数序号等数字及符号组成,示例如下:

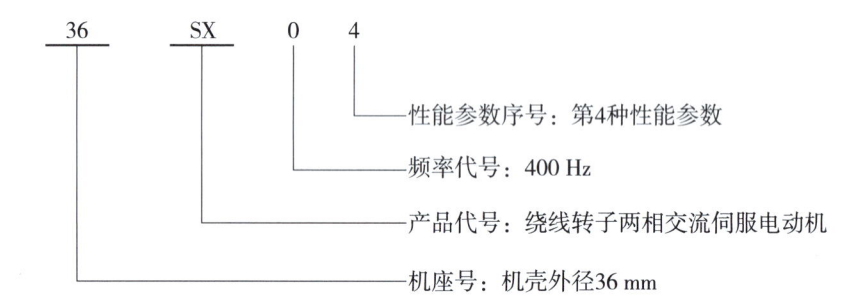

```
36      SX      0      4
                       └── 性能参数序号:第4种性能参数
                └────── 频率代号:400 Hz
         └──────────── 产品代号:绕线转子两相交流伺服电动机
└──────────────────── 机座号:机壳外径36 mm
```

交流伺服电动机产品代号说明如下。
SL:笼型转子两相交流伺服电动机。
SK:空心杯形转子两相交流伺服电动机。
SX:绕线转子两相交流伺服电动机。

(二) 交流伺服电动机的主要性能指标

1. 空载始动电压 U_{s0}

在额定励磁电压和空载的情况下,使转子在任意位置开始连续转动所需的最小控制电压定义为空载始动电压 U_{s0}，用与额定控制电压的百分比来表示。U_{s0} 越小，表示伺服电动机的灵敏度越高。一般 U_{s0} 要求不大于额定控制电压的 3%~4%；对于使用于精密仪器仪表中的两相伺服电动机，有时要求不大于额定控制电压的 1%。

2. 机械特性非线性度 k_m

在额定励磁电压下，外施任意控制电压时的实际机械特性与线性机械特性在电磁转矩 $T=T_d/2$ 时的转速偏差 Δn 与空载转速 n_0（对称状态时）之比的百分数，定义为机械特性非线性度（见图 4-18），即

$$k_m = \frac{\Delta n}{n_0} \times 100\% \tag{4-4}$$

3. 调节特性非线性度 k_v

在额定励磁电压和空载情况下，当 $\alpha_e=0.7$ 时，实际调节特性与线性调节特性的转速偏差 Δn 与 $\alpha_e=1$ 时的空载转速 n_0 之比的百分数，定义为调节特性非线性度（见图 4-19），即

$$k_v = \frac{\Delta n}{n_0} \times 100\% \tag{4-5}$$

图 4-18 机械特性非线性度

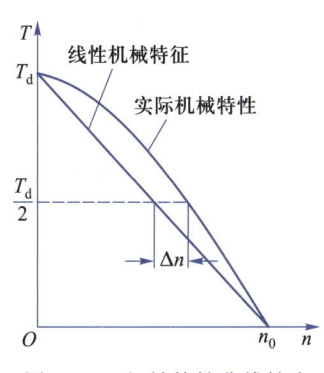

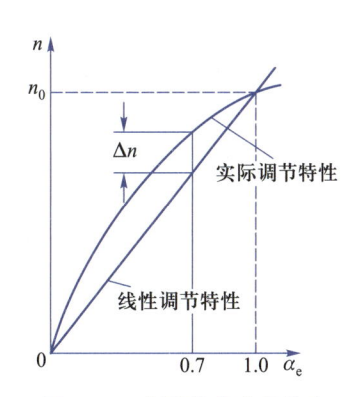

图 4-19 调节特性非线性度

4. 堵转特性非线性度 k_d

在额定励磁电压下，实际堵转特性与线性堵转特性的最大转矩偏差 $(\Delta T_{dn})_{max}$ 与 $\alpha_e=1$ 时的堵转转矩 T_{d0} 比的百分数，定义为堵转特性非线性度（见图 4-20），即

$$k_d = \frac{(\Delta T_{dn})_{max}}{T_{d0}} \times 100\% \tag{4-6}$$

以上这几种特性的非线性度越小，特性曲线越接近直线，系统的动态误差就越小，工作就越准确，一般要求 $k_m \leqslant 10\%$，$k_v \leqslant 20\%$，$-5\% \leqslant k_d \leqslant +5\%$。

5. 机电时间常数 τ_j

当转子电阻相当大时，交流伺服电动机的机械特性接近于直线。如果把 $\alpha_e=1$ 时的机械特性近似地用一条直线来代替，如图 4-21 中虚线所示，那么与这条线性机械特性相对应的机电时间常数的表达式就与直流伺服电动机机电时间常数的表达式相同，即

$$\tau_j = \frac{J\omega_0}{T_{d0}} \tag{4-7}$$

式中，J 为转子的转动惯量；ω_0 为对称状态下伺服电动机空载运行时的角速度；T_{d0} 为对称状态下的堵转转矩。

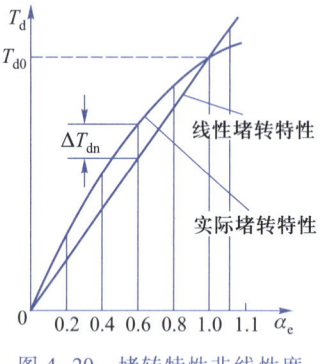

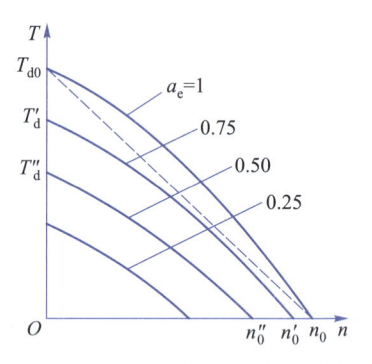

图 4-20　堵转特性非线性度　　图 4-21　不同信号系数 α_e 时的机械特性

在实际运行中，伺服电动机经常运行在不对称状态，即 $\alpha_e \neq 1$ 的情况下，由图 4-21 可知，随着 α_e 的减小，机械特性上的空载转速与堵转转矩之比将增大，即

$$\frac{n_0}{T_{d0}} < \frac{n_0'}{T_d'} < \frac{n_0''}{T_d''}$$

相应的机电时间常数也将增大，即

$$\tau_j < \tau_j' < \tau_j''$$

使用中要根据实际情况，考虑 α_e 的大致变化范围，来选取机电时间常数。

由式(4-7)可知，机电时间常数与转子的转动惯量成正比，与对称状态下的堵转转矩成反比。因此交流伺服电动机为了减小机电时间常数，提高电动机的快速反应性，往往把转子做得细长，在电动机起动时，励磁电压与控制电压成 90°。

六、练习题

1. 比较交、直流伺服电动机的优缺点。
2. 比较交流伺服电动机与单相异步电动机的异同。
3. 交流伺服电动机在结构上和一般三相交流异步电动机有什么不同？分析交流伺服电动机在不同的信号系数（幅值控制）时，电动机磁场的变化。
4. 什么是伺服电动机的自转现象？如何消除？
5. 交流伺服电动机的控制方式有哪些？分别通过调节哪个物理量来实现控制？
6. 什么是交流伺服电动机的机械特性？
7. 简述交流伺服电动机磁场与单相异步电动机磁场的区别。

任务二　步进电动机及其应用

步进电动机又称为脉冲电动机，是数字控制系统中的一种重要执行元件。步进电动机是利用电磁原理将电脉冲信号转换成相应角位移的控制电动机。每输入一个脉冲,电动机就转动一个角度或前进一步,其输出的角位移或线位移与输入脉冲数成正比,转速与脉冲频率成正比。在负载能力范围内,这些关系将不受电源电压、负载、环境、温度等因素的影响,还可在很宽的范围内实现调速,快速起动、制动和反转。

随着数字技术和计算机的发展,步进电动机的控制更加简便、灵活和智能化,广泛用于各种数控机床、绘图机、自动化仪表、计算机外设和数模转换等数字控制系统中。

一、任务目标

① 掌握步进电动机的结构、类型。
② 掌握步进电动机的工作原理。
③ 掌握步进电动机的各种应用,能进行步进电动机的相关操作。

二、任务引导

(一) 步进电动机的分类及结构

步进电动机种类繁多,按运行方式可分为旋转型和直线型,通常使用的多为旋转型。旋转型步进电动机又有反应式(磁阻式)、永磁式和感应式三种,其中反应式步进电动机用得比较普遍,结构也较简单。下面以反应式步进电动机为例介绍步进电动机的结构和工作原理。

反应式步进电动机又称为磁阻式步进电动机,典型的四相反应式步进电动机如图4-22所示。其定子铁心由硅钢片叠成,定子上有8个磁极(大齿),每个磁极上又有许多小齿。四相反应式步进电动机共有4套定子控制绕组,绕在径向相对的两个磁极上的一套绕组为一相。转子也是由叠片铁心构成,沿圆周有很多小齿,转子上没有绕组。根据工作要求,定子磁极上小齿的齿距和转子上小齿的齿距应相等,而且对转子的齿数有一定的限制。

图4-22 四相反应式步进电动机

(二) 步进电动机的工作原理

反应式步进电动机是利用凸极转子横轴磁阻与直轴磁阻之差所引起的反应转矩而转动的。为了便于说清问题,以最简单的三相反应式步进电动机为例来介绍。

三相反应式步进电动机的运行方式有三相单三拍运行、三相单双六拍运行及三相双三拍运行。

1. 三相单三拍运行方式的基本原理

设A相首先通电(B、C两相不通电),产生A-A′轴线方向的磁通,并通过转子形成闭合回路。这时 A、A'极就成为电磁铁的 N、S 极。在磁场的作用下,转子总是力图转到磁阻最小的位置,也就是要转到转子的齿对齐 A、A'极的位置,如图 4-23(a)所示。接着 B 相通电(A、C 两相不通电),转子便顺时针方向转过 30°,它的齿和 B、B'极对齐,如图 4-23(b)所示。断开 B 相,接通 C 相,转子便顺时针方向再转过 30°,它的齿和 C、C'极对齐,如图 4-23(c)所示。如此按 A-B-C-A-…的顺序不断接通和断开控制绕组,转子就会一步一步地按顺时针方向连续转动,如图 4-23 所示。如果将上述电动机通电顺序改为 A-C-B-A-…,则电动机转向相反,变为按逆时针方向转动。显然,电动机的转速取决于各控制绕组通电和断电的频率(即输入的脉冲频率),旋转方向取决于控制绕组轮流通电的顺序。

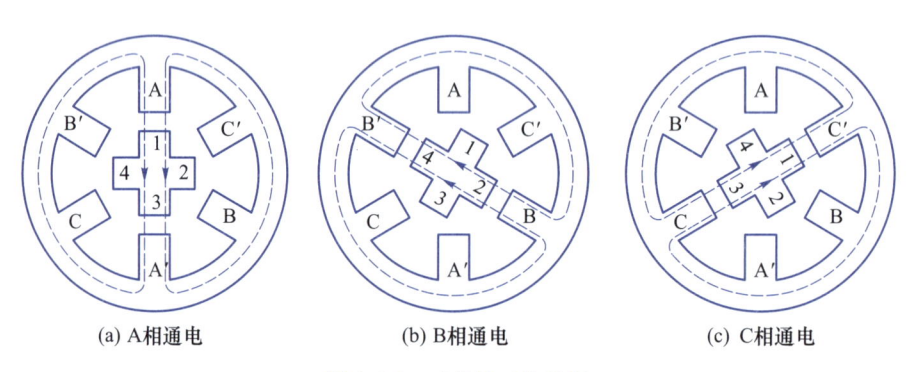

(a) A相通电　　　　　(b) B相通电　　　　　(c) C相通电

图 4-23　三相单三拍运行

这种按 A-B-C-A-…运行的方式称为三相单三拍运行方式。所谓"三相"是指此步进电动机具有三相定子绕组;"单"是指每次只有一相绕组通电;"三拍"是指三次换接为一个循环,第四次换接重复第一次的情况。

2. 三相单双六拍运行方式的基本原理

设 A 相首先通电,转子齿与定子 A、A'极对齐,如图 4-24(a)所示。然后在 A 相继续通电的情况下接通 B 相,这时定子 B、B'极对转子齿 2、4 产生磁拉力,使转子顺时针方向转动,但是定子 A、A'极继续拉住转子齿 1、3,因此,转子转到两个磁拉力平衡为止,这时转子的位置如图 4-24(b)所示,即转子从 4-24(a)所示位置顺时针转过了 15°。接着 A 相断电,B 相继续通电,这时转子齿 2、4 和定子 B、B'极对齐,如图 4-24(c)所示。接着在 B 相继续通电的情况下接通 C 相,转子从图 4-24(c)所示位置又转过了 15°,其位置如图 4-24(d)所示。如此按 A-AB-B-BC-C-CA-A-…的顺序轮流通电,则转子便顺时针方向一步一步地转动,步距角为 15°。电流换接 6 次,磁场旋转一周,转子前进一个齿距角。这种运行方式称为三相单双六拍运行方式。

3. 三相双三拍运行方式的基本原理

如果每次都是两相通电,即按 AB-BC-CA-AB-…的顺序通电,则称为三相双三拍运行方式,如图 4-24(b)和图 4-24(d)所示,步距角也是 30°。

因此,采用三相单三拍和三相双三拍运行方式时,转子走三步前进了一个齿距角,每走一步前进了三分之一齿距角;采用三相单双六拍运行方式时,转子走六步前进了一个齿距角,每走一步前进了六分之一齿距角。可知,步距角 θ 为

$$\theta = 360°/Z_R mC \tag{4-8}$$

式中，Z_R 为转子齿数；m 为相数；C 为通电系数，采用三相单三拍和三相双三拍运行方式时，通电系数为1，采用三相单双六拍运行方式时，通电系数为2。

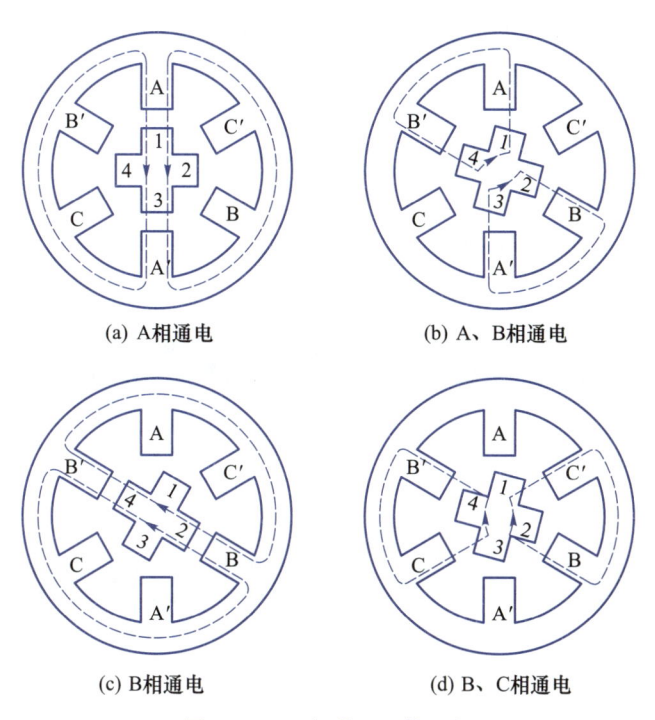

(a) A相通电　　(b) A、B相通电

(c) B相通电　　(d) B、C相通电

图 4-24　三相单双六拍运行

为了提高工作精度，就要求步距角很小。由式(4-8)可见，要减小步距角可以增加转子齿数，如采用图 4-22 所示的四相反应式步进电动机。也可以增加拍数和相数，但相数越多，电源及电动机的结构也越复杂。反应式步进电动机一般做到六相，个别的也有八相或更多相数。对同一相数既可采用单拍制，也可采用单双拍制。采用单双拍制时步距角减小一半。所以一台步进电动机可有两个步距角，如 1.5°/0.75°、3°/1.5°等。

反应式步进电动机可以按特定指令进行角度控制，也可以进行速度控制。进行角度控制时，每输入一个脉冲，定子绕组就换接一次，输出轴就转过一个角度，其步数与脉冲数一致，输出轴转动的角位移量与输入脉冲数成正比。进行速度控制时，送入步进电动机的是连续脉冲，各相绕组不断地轮流通电，步进电动机连续运转，其转速与控制脉冲的频率成正比，即

$$n = \frac{60f}{Z_R N} \qquad (4-9)$$

式中，f 为控制脉冲的频率，即每秒输入的脉冲数。

三、任务实施

将步进电动机按图 4-25 所示接线。

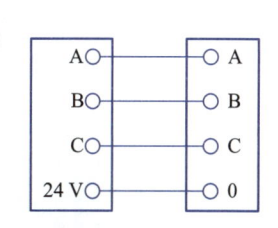

图 4-25　步进电动机实验接线图

1. 单步运行状态

接通电源,将控制系统设置于单步运行状态或复位后,按执行键,步进电动机走一步距角,绕组相应的发光管点亮,再不断按执行键,步进电动机转子也不断做步进运动。改变电动机转向,电动机做反向步进运动。

2. 角位移和脉冲数的关系

控制系统接通电源,设置好预置步数,按执行键,电动机运转,观察并记录电动机偏转角度,再重新设置另一数值,按执行键,观察并记录电动机偏转角度并记录于表4-8、表4-9中,利用公式计算理论电动机偏转角度与实际值是否一致。

表 4-8　步数=____步

序号	实际电动机偏转角度	理论电动机偏转角度

表 4-9　步数=____步

序号	实际电动机偏转角度	理论电动机偏转角度

3. 定子绕组中电流和频率的关系

在步进电动机电源的输出端串接一只直流电流表(注意+、-端),使步进电动机连续运转,由低到高逐渐改变步进电动机的频率,读取并记录5~6组电流表的平均值、频率值于表4-10中,观察示波器波形,并做好记录。

表 4-10　定子绕组中电流和频率的关系测量记录

电流和频率	序号					
f/Hz						
I/A						

4. 转速和脉冲频率的关系

接通电源,将电动机设为单三拍连续运行状态。先设定步进电动机运行的步数N,最好为120的整数倍。利用控制屏上定时兼报警记录仪记录时间t(单位为min),按下复位键,时钟停止计时,松开复位键,时钟继续计时。改变速度调节旋钮,测量5~6组脉冲频率f与对应的转速n,记录于表4-11中。

表 4-11　转速和脉冲频率的关系测量记录

转速和脉冲频率	序号					
f/Hz						
n/(r·min^{-1})						

四、技能考核

1. 考核任务

每 3~4 位学生为一组，在规定时间内完成以上实验，计算相关参数。

2. 考核要求及评分标准

（1）所用设备（见表 4-12）

表 4-12　所 用 设 备

序号	型号	名称	数量	备注
1	HK01	电源控制屏	1件	
2	HK02	实验桌	1件	
3	HK03	涡流测功系统导轨	1件	
4	HK54	步进电动机控制箱	1件	
5	HK54	步进电动机	1件	
6		弹性联轴器、堵转手柄及圆盘	1套	
7		双踪示波器	1台	自备

（2）考核内容及评分标准（见表 4-13）

表 4-13　考核内容及评分标准

序号	考核内容	配分	评分标准
1	单步运行状态（含正、反向操作）	20分	线路连接正确,5分 试验操作正确,5分 正确分析现象得出结论,10分
2	角位移和脉冲数的关系	35分	线路连接正确,5分 试验操作正确,10分 数据记录精确,10分 正确分析数据得出结论,10分
3	定子绕组中电流和频率的关系	25分	线路连接正确,5分 试验操作正确,5分 数据记录精确,5分 正确分析数据得出结论,10分
4	平均转速和脉冲频率的关系	20分	线路连接正确,5分 试验操作正确,5分 数据记录精确,5分 正确分析数据得出结论,5分

五、拓展知识

近年来,数字技术和计算机的迅速发展为步进电动机的应用开辟了广阔的前景。目前,我国已广泛地将步进电动机用于机械加工的数控机床中,在绘图机、轧钢机的自动控制,自动记录仪表和数模变换等方面也得到很多应用。

下面以数控机床中的步进电动机为例介绍步进电动机的应用。

在现代工业中,如果要求加工的机械零件形状复杂,数量多,精度高,则利用人工操作不仅劳动强度大,生产效率低,而且难以达到所要求的精度。图4-26所示是一个复杂零件——劈锥,其形状比较复杂,精度要求比较高,用普通机床或仿形机床加工都有困难;通常用坐标镗床一点一点地加工,然后进行人工修整,耗费时间较长。

为了缩短生产周期,提高生产效率,可用数字程序控制机床(简称数控机床)进行加工。数控机床需要做以下3种动作:

① 铣刀做径向移动(Y方向)。
② 工件以轴为中心旋转(θ方向)。
③ 工件沿轴向移动(X方向)。

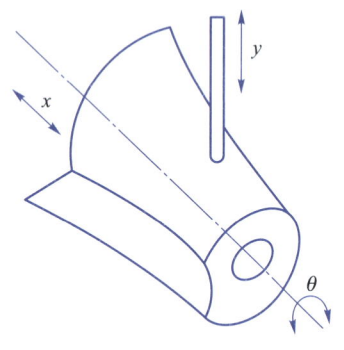

图4-26 复杂零件——劈锥

为了达到精度要求,应非常准确地对这3种动作进行控制。数控机床就是可以准确地进行自动控制的机床。在数控机床中,上面3个方向的动作分别由3个步进电动机(即Y方向步进电动机、X方向步进电动机、θ方向步进电动机)来拖动,各方向的步进电动机都由电脉冲控制。加工零件时,根据零件加工的要求和加工的工序编制计算机程序,并将该程序送入计算机;计算机对各方向的步进电动机给出相应的控制电脉冲,控制步进电动机按照加工的要求依次做各种动作,如起动、停止、正转、反转,及转速加快、减慢等;然后步进电动机再通过滚珠丝杠带动机床运动。数控机床工作示意图如图4-27所示。

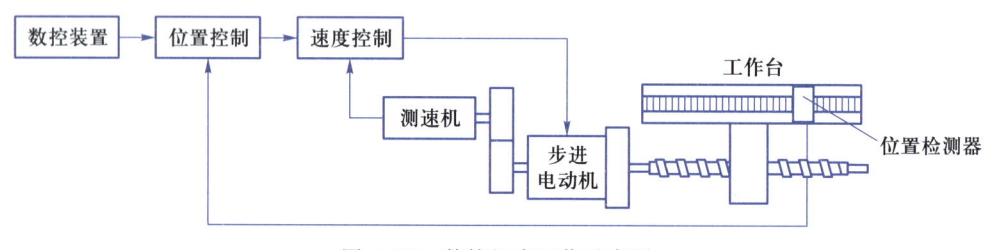

图4-27 数控机床工作示意图

这样,由于数控机床各个方向都严格地按照根据零件加工形状所编制的控制程序协调动作,因此不需要人工操作就能自动加工出精度高、形状复杂的零件。由此可见,利用数控机床加工零件不但可以大大地提高劳动效率,而且加工精度也高。数控机床包括数控铣床、数控车床、数控钻床、线切割机床等,其工作原理都相似。

综上所述可以看出,步进电动机是数控机床中的关键元件。目前,步进电动机的功率做得越来越大,已生产出所谓"功率步进电动机"。它可以不通过力矩放大装置,直接带动机床运动,从而提高系统精度,简化传动系统的结构。

从数控机床加工过程来看,自动控制系统对步进电动机的基本要求如下:

① 步进电动机在电脉冲的控制下能迅速起动、正反转、停转及在很宽的范围内进行转速调节。

② 为了提高精度,要求一个脉冲对应的位移量小,并要准确、均匀。这就要求步进电动机步距小、步距精度高,不得丢步或越步。

③ 动作快速,即不仅起动、停步、反转快,还能连续高速运转,提高劳动效率。

④ 输出转矩大,可直接带动负载。

六、练习题

1. 影响步进电动机步距的因素有哪些?
2. 平均转速和脉冲频率的关系怎样?为什么特别强调平均转速?
3. 各种通电方式对性能有什么影响?
4. 步进电动机技术数据中标示的步距角有时为两个数,如步距 1.5°/3°,表示什么意思?
5. 一台五相十拍运行的步进电动机,转子齿数 $Z_R = 48$,在 A 相绕组中测得电流频率为 600 Hz。试求:(1) 电动机的步距角;(2) 转速。
6. 什么是步进电动机的单三拍、单双六拍和双三拍运行方式?

思考与练习

一、填空题

1. 控制电动机主要用于对控制信号进行传递和变换,要求有较高的控制性能,如要求_____、_____、_____。

2. 40 齿三相步进电动机在双三拍运行方式下的步距角为_____,在单双六拍运行方式下的步距角为_____。

3. 交流伺服电动机的控制方式有_____、_____、_____。

二、选择题

1. 伺服电动机将输入的电压信号变换成(　　),以驱动控制对象。

   A. 动力　　　　B. 位移　　　　C. 电流　　　　D. 转矩和速度

2. 交流伺服电动机的定子铁心上安放着空间上互成(　　)电角度的两相绕组,分别为励磁绕组和控制绕组。

   A. 0°　　　　B. 90°　　　　C. 120°　　　　D. 180°

3. 步进电动机利用电磁原理将电脉冲信号转换成(　　)信号。

   A. 电流　　　　B. 电压　　　　C. 位移　　　　D. 功率

4. 旋转型步进电动机可分为反应式、永磁式和感应式三种。其中(　　)步进电动机由于惯性小、反应快和速度高等特点而应用最广。

   A. 反应式　　　　B. 永磁式　　　　C. 感应式　　　　D. 反应式和永磁式

5. 步进电动机的步距角是由(　　)决定的。
A. 转子齿数　　　　　　　　　　　B. 脉冲频率
C. 转子齿数和运行拍数　　　　　　D. 运行拍数
6. 由于步进电动机的运行拍数不同,所以一台步进电动机可以有(　　)个步距角。
A. 1　　　　　B. 2　　　　　C. 3　　　　　D. 4

三、判断题

1. 对于交流伺服电动机,改变控制电压大小就可以改变其转速和转向。(　　)
2. 当取消交流伺服电动机的控制电压时,其不能自转。(　　)
3. 步进电动机的转速与电脉冲的频率成正比。(　　)
4. 单拍控制的步进电动机控制过程简单,应多采用单相通电的单拍制。(　　)
5. 改变步进电动机的定子绕组通电顺序,不能控制电动机的正反转。(　　)
6. 控制电动机在自动控制系统中的主要任务是完成能量转换、控制信号的传递和转换。(　　)
7. 直流伺服电动机分为永磁式和电磁式两种基本结构,其中永磁式直流伺服电动机可被看作他励式直流电动机。(　　)
8. 交流伺服电动机与单相异步电动机一样,当取消其控制电压时仍能按原方向自转。(　　)
9. 为了提高步进电动机的性能指标,应多采用多相通电的双拍制,少采用单相通电的单拍制。(　　)
10. 对于多相步进电动机,定子的控制绕组可以每相轮流通电,但不可以几相同时通电。(　　)

项目五
三相异步电动机单向起动控制线路

在生产实践中,控制一台三相异步电动机的线路可能比较简单,也可能相当复杂。单向起动控制线路是电动机控制中最简单的线路,几乎所有电动机都会用到单向起动控制线路。

知识目标

1. 了解刀开关、熔断器、接触器、热继电器和按钮的作用、结构、工作原理和电路符号;
2. 熟悉刀开关、熔断器、接触器、热继电器和按钮的常用型号和主要技术参数;
3. 了解刀开关、熔断器、接触器、热继电器和按钮的选用原则;
4. 掌握自锁控制的特点和方法。

能力目标

1. 会对刀开关、熔断器、接触器、热继电器和按钮进行检测;
2. 会分析三相异步电动机单向起动控制线路的电路工作过程;
3. 会根据电气原理图绘制电气安装接线图,完成点动控制、自锁控制线路的安装接线;
4. 能熟练使用万用表对所接电气线路进行故障检查。

素养目标

1. 遵守实训场所的安全操作规程和规章制度,形成较强的安全、节约、规范和环保等意识;
2. 在进行通电操作时,具有安全意识与自我保护能力;
3. 做好工位整理工作,养成积极的劳动态度和良好的劳动习惯。

任务一　手动控制线路的分析

手动控制线路的特点是利用电源开关直接控制三相异步电动机的起动与停止,电源开关可以使用刀开关、组合开关或低压断路器,此线路常被用来控制砂轮机、冷却泵等设备。本任务要求识读手动控制线路工作原理,正确安装接线,完成通电试验。

一、任务目标

① 掌握刀开关和熔断器的结构、工作原理,能正确选择其主要参数。
② 能正确识读电动机单向起动手动控制线路的电气原理图,并根据电气原理图进行安装接线。
③ 能够进行电动机单向起动手动控制线路的检查与调试,排除常见电气故障。

二、任务引导

单向起动手动控制线路的电气原理图如图 5-1 所示,首先识别图 5-1 中涉及的电器元件,有刀开关、熔断器和三相交流异步电动机。

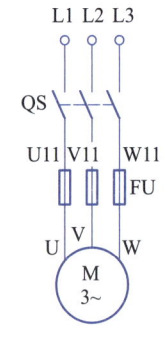

图 5-1　单向起动手动控制线路的电气原理图

(一) 刀开关

刀开关的种类很多,常用的有开启式负荷开关和封闭式负荷开关两种。

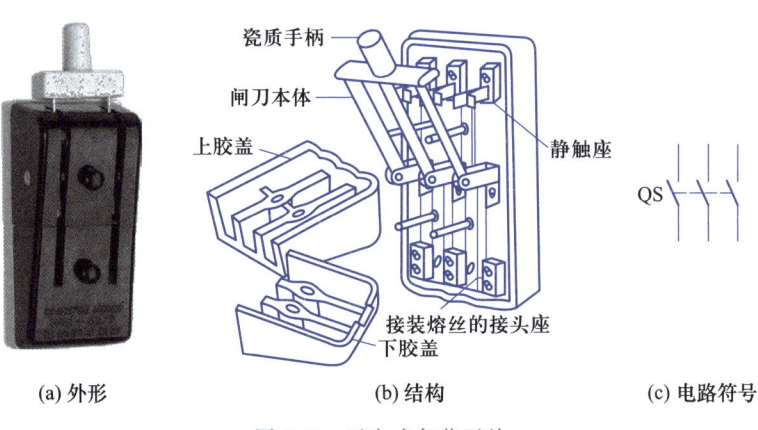

1. 开启式负荷开关

开启式负荷开关又称为胶盖闸刀开关,主要用来隔离电源或手动接通与断开交直流电路,适用于照明、电热设备及功率在 5.5 kW 以下的电动机控制,实现手动不频繁地接通和分断电路。图 5-2 所示为开启式负荷开关的外形、结构和电路符号。开启式

(a) 外形　　(b) 结构　　(c) 电路符号

图 5-2　开启式负荷开关

负荷开关主要由与瓷质手柄相连的闸刀本体、静触座、熔丝、接线座及上下胶盖等组成,其中导电部分都固定在瓷底板上且用胶盖盖着,所以当闸刀合上时,操作人员不会触及带电部分。

刀开关按极数不同可分单极、双极和三极。开启式负荷开关常用型号有 HK1、HK2 系列。表 5-1 列出了 HK2 系列开启式负荷开关的部分技术数据。

表 5-1　HK2 系列开启式负荷开关的部分技术数据

额定电压/V	额定电流/A	极数	最大分断电流(熔断器极限分断电流)/A	控制电动机功率/kW	机械寿命/万次	电寿命/万次
250	10	2	500	1.1	10 000	2 000
	15	2	500	1.5		
	30	2	1 000	3.0		
380	15	3	500	2.2	10 000	2 000
	30	3	1 000	4.0		
	60	3	1 000	5.5		

开启式负荷开关型号的含义如下:

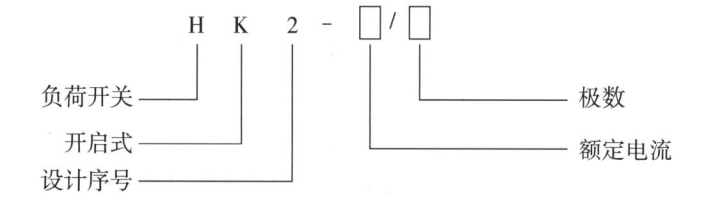

HK2-□/□

负荷开关
开启式
设计序号
极数
额定电流

开启式负荷开关的安装与运行应注意如下几点:

① 电源进线应装在静触座上,而负荷应接在闸刀一侧的出线端。这样,当开关断开时,闸刀和熔丝上不带电。

② 闸刀在合闸状态时,手柄应向上,不可倒装或平装,以防误操作合闸。

2. 封闭式负荷开关

封闭式负荷开关又称为铁壳开关,其灭弧性能、通断能力和安全防护性能都优于开启式负荷开关,一般用来控制功率在 10 kW 以下电动机不频繁的直接起动。封闭式负荷开关的外形、结构和电路符号如图 5-3 所示。

封闭式负荷开关常用型号有 HH3、HH4 系列,其操作机构有两个特点:一是采用了储能合闸方式,利用一根弹簧使开关的分合速度与手柄操作速度无关,这样既改善了开关的灭弧性能,又能防止触点停滞在中间位置,从而提高开关的通断能力,延长其使用寿命;二是操作机构上装有机械联锁,可以保证开关合闸时不能打开防护铁盖,而当打开防护铁盖时,不能将开关合闸。

选用刀开关时首先根据刀开关的用途和安装位置选择合适的型号和操作方式,然后根据控制对象的类型和大小,计算出相应负载电流大小,选择相应额定电流的刀开关。

刀开关的额定电压应不小于电路额定电压,额定电流应不小于负载额定电流。在开关柜内使用还应考虑操作方式,如杠杆操作机构、旋转式操作机构等。当用刀开关控制电动机时,其额定电流要大于电动机额定电流的 3 倍。

(a) 外形　　　　　　(b) 结构　　　　　　(c) 电路符号

图 5-3　封闭式负荷开关

1—刀式触点　2—夹座　3—熔断器　4—速断弹簧　5—转轴　6—手柄

(二) 熔断器

熔断器是一种最简单有效的保护电器,在使用时,熔断器串接在所保护的电路中,当电路发生短路故障时,熔体被瞬时熔断而分断电路,起到保护作用。所以熔断器主要用于电路的短路保护。

1. 熔断器的结构与常用产品类型

熔断器主要由熔体(俗称保险丝)和安装熔体的熔管(或熔座)两部分组成。熔体由易熔金属材料如铅、锌、锡、银、铜及其合金制成,通常制成丝状和片状。熔管是装熔体的外壳,由陶瓷、绝缘钢纸或玻璃纤维制成,在熔体熔断时兼有灭弧作用。

熔断器常用产品类型有瓷插式、螺旋式、无填料封闭管式和有填料封闭管式等,使用时应根据线路要求、使用场合和安装条件来选择。熔断器型号的含义如下:

```
R □□ - □ / □
│        │   │
熔断器    │   │—— 熔体额定电流
         │
         │—— 熔断器额定电流
          —— 设计序号
C—瓷插式
L—螺旋式
M—无填料封闭管式
T—有填料封闭管式
S—快速
Z—自复式
```

图 5-4 所示是熔断器的主要结构和电路符号。

RC1A 系列瓷插式熔断器主要由瓷底和瓷盖两部分组成。熔体用螺钉固定在瓷盖内的铜闸片上,使用时将瓷盖插入瓷底,拔下瓷盖便可更换熔体。该熔断器由于使用

微课
5-1　熔断器的结构和工作原理

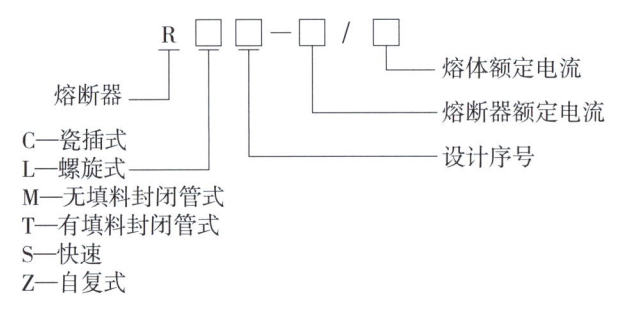

视频
5-1　RT 系列熔断器更换熔体

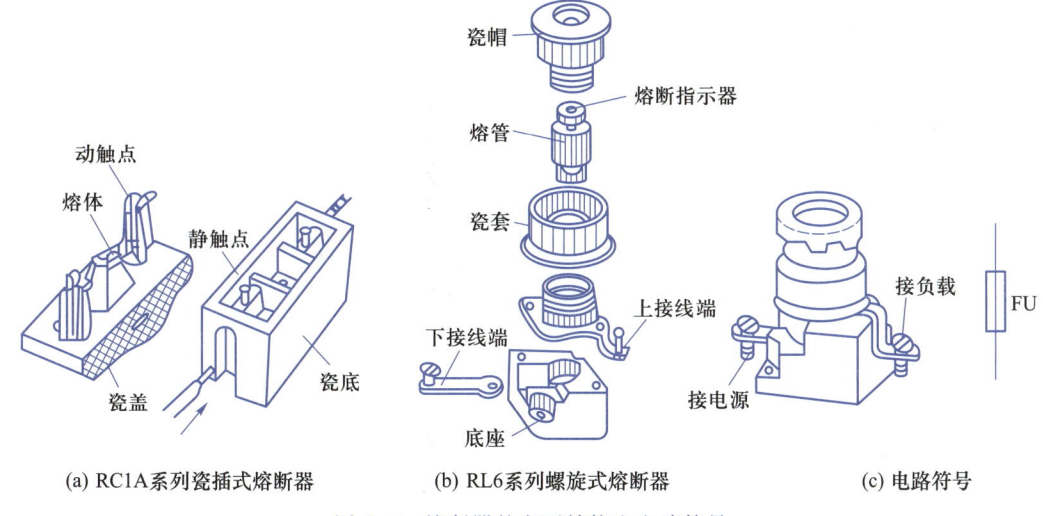

图 5-4 熔断器的主要结构和电路符号

(a) RC1A系列瓷插式熔断器　(b) RL6系列螺旋式熔断器　(c) 电路符号

方便、价格低廉而应用广泛。RC1A系列瓷插式熔断器主要用于交流380 V及以下的电路末端作线路和用电设备的短路保护。RC1A系列瓷插式熔断器额定电流为5~200 A，但极限分断能力较差，由于该熔断器为半封闭结构，熔体熔断时有声光现象，对易燃易爆的工作场合应禁止使用。

RL6系列螺旋式熔断器主要由瓷帽、瓷套、熔管和底座等组成。熔管内装有石英砂、熔体和带小红点的熔断指示器。当从瓷帽玻璃窗口观察到带小红点的熔断指示器自动脱落时，表示熔体熔断。熔管的额定电压为交流500 V，额定电流为2~200 A，常用于机床控制线路。安装时注意，电源线应接在底座的下接线端上，负载应接在与螺纹壳相连的上接线端上，这样在更换熔管时，可以保证操作者的安全。

RM10系列无填料封闭管式熔断器由熔管、熔体及插座组成。熔管由钢纸制成，两端为黄铜制成的可拆式管帽，管内熔体为变截面的熔片，更换熔体较方便。

RT14系列有填料封闭管式熔断器由熔管、熔体及插座组成，熔管为白瓷质，与RM10系列熔断器类似，但管内充填石英砂，在熔体熔断时起灭弧作用，熔管的一端还设有熔断指示器。该系列熔断器的分断能力是同容量RM10系列的2.5~4倍。RT系列熔断器适用于交流380 V及以下、短路电流大的配电线路装置中，作为电路及电气设备的短路保护。

2. 熔断器的主要技术参数

熔断器的主要技术参数有额定电压、额定电流和极限分断能力。

① 额定电压。熔断器的额定电压是指能保证熔断器长期正常工作的电压。若熔断器的实际工作电压大于其额定电压，熔体熔断时可能会发生电弧不能熄灭的危险。

② 额定电流。熔断器的额定电流是指能保证熔断器长期正常工作的电流，是由熔断器各部分长期工作时的允许温升决定的。它与熔体的额定电流是两个不同的概念。熔体的额定电流是指在规定的工作条件下，长时间通过熔体而熔体不熔断的最大电流。通常，一个额定电流等级的熔断器可以配用若干额定电流等级的熔体，但熔体的

额定电流不能大于熔断器的额定电流。

③ 极限分断能力。极限分断能力是指熔断器在额定电压下所能断开的最大短路电流。它代表熔断器的灭弧能力，而与熔体的额定电流大小无关。

表 5-2 给出常用熔断器的主要技术参数。

表 5-2 常用熔断器的主要技术参数

类别	型号	额定电压/V	额定电流/A	熔体额定电流/A	极限分断能力/kA
瓷插式熔断器	RC1A	380	5	2、5	0.25
			10	2、4、6、10	0.5
			15	6、10、15	
			30	20、25、30	1.5
			60	40、50、60	3
			100	80、100	
			200	120、150、200	
螺旋式熔断器	RL1	380	15	2、4、5、6、10、15	25
			60	20、25、30、35、40、50、60	
			100	60、80、100	50
			200	120、150、200	
	RL6	500	25	2、4、6、10、16、20、25	50
			63	35、50、63	
	RL7	660	25	2、4、6、10、16、20、25	50
			63	35、50、63	
			100	80、100	
有填料封闭管式熔断器	RT14	380	20	2、4、6、8、10、12、16、20	100
			32	2、4、6、8、10、12、16、20、25、32	
			63	10、16、20、25、32、40、50、63	
	RT18	380	32	2、4、6、8、10、12、16、20、25、32	100
			63	2、4、6、8、10、12、16、20、25、32、40、50、63	
无填料封闭管式熔断器	RM10	380	15	6、10、15	1.2
			60	15、20、25、35、45、60	3.5
			100	60、80、100	10
			200	100、125、160、200	
			350	200、225、260、300、350	
			600	350、430、500、600	
快速熔断器	RS2	500	30	16、20、25、30	50
			63	35、45、50、63	
			100	75、80、90、100	

3. 熔断器的正确选用

对熔断器的要求是在电气设备正常运行时,熔断器不应熔断;当出现短路时,应立即熔断;当电流发生正常变动(如电动机起动过程)时,熔断器不应熔断;在用电设备持续过载时,应延时熔断。对熔断器的选用主要包括类型选择和熔体额定电流的确定。

选择熔断器的类型时,主要依据是负载的保护特性和短路电流的大小。例如,用于保护照明线路和电动机的熔断器,一般考虑它们的过载保护,希望熔断器的熔化系数适当小些。所以容量较小的照明线路和电动机宜采用熔体为铅锌合金的 RC1A 系列熔断器。用于车间低压供电线路的保护熔断器,一般考虑短路时的分断能力。当短路电流较大时,宜采用具有高分断能力的 RL 系列熔断器;当短路电流相当大时,宜采用有限流作用的 RT 系列熔断器。

熔断器的额定电压要大于或等于电路的额定电压。熔断器的额定电流应不小于熔体的额定电流,熔体的额定电流要依据负载情况而选择。

① 电阻性负载或照明电路。这类负载起动过程很短,运行电流较平稳,一般按负载额定电流的 1~1.1 倍选用熔体的额定电流,进而选定熔断器的额定电流。

② 电动机等感性负载。这类负载的起动电流为额定电流的 4~7 倍,一般选择熔体的额定电流要求如下:

a. 对于单台电动机,选择熔体额定电流为电动机额定电流的 1.5~2.5 倍。

b. 对于频繁起动的单台电动机,选择熔体额定电流为电动机额定电流的 3~3.5 倍。

c. 对于多台电动机,要求

$$I_{FU} \geq (1.5 \sim 2.5)I_{Nmax} + \sum I_N \tag{5-1}$$

式中,I_{FU} 是熔体额定电流(A);I_{Nmax} 是容量最大的一台电动机的额定电流(A);$\sum I_N$ 是其余各台电动机额定电流之和。

(三) 三相异步电动机的接法

三相异步电动机是所有电动机中应用最广泛的一种。一般的机床、起重机、传送带、鼓风机、水泵以及各种农副产品的加工设备等都普遍使用三相异步电动机;各种家用电器、医疗器械和许多小型机械则使用单相异步电动机;在一些有特殊要求的场合使用特种异步电动机。

三相异步电动机由定子和转子两个基本部分组成。定子由机座、定子铁心、定子绕组和端盖等组成。定子绕组是定子的电路部分,中小型电动机一般采用漆包线绕制,共分三组,分布在定子铁心槽内。它们在定子内圆周空间的排列彼此相隔 120°,构成对称的三相绕组,三相绕组共有六个出线端,通常接在置于电动机外壳上的接线盒中。三个绕组首端接头分别用 U_1、V_1、W_1 表示,其对应的末端接头分别用 U_2、V_2、W_2 表示。三相定子绕组可以连接成星形联结或三角形联结,如图 5-5 所示。

三相绕组接成星形联结还是三角形联结,与普通三相负载一样,应视电源的线电压而定。如果电动机所接电源的线电压等于电动机的额定相电压(即每相绕组的额定电压),那么三相绕组就应该接成三角形联结。

转子绕组有笼型和绕线型两种结构。绕线转子的绕组与定子绕组相似,在转子铁

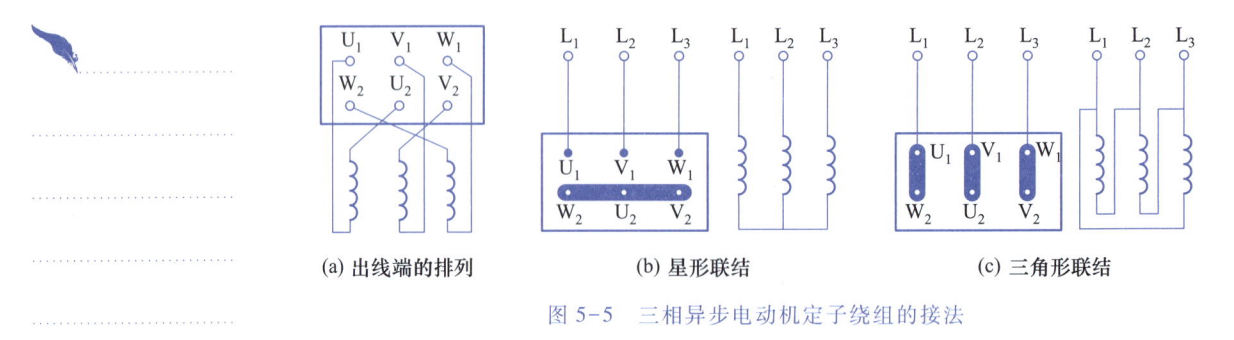

(a) 出线端的排列　　　(b) 星形联结　　　(c) 三角形联结

图 5-5　三相异步电动机定子绕组的接法

心槽内嵌放对称的三相绕组,作星形联结。三相绕组的三个尾端联结在一起,三个首端分别接到装在转轴上的三个铜制集电环上,通过电刷与外电路的可变电阻器相连接,用于起动或调速。

绕线式异步电动机由于其结构复杂,价格较高,一般只用于对起动和调速有较高要求的场合,如立式车床、起重机等。三相异步电动机的电路符号如图 5-6 所示。

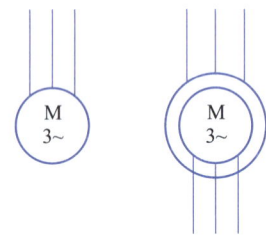

(a) 笼型转子　　(b) 绕线转子

图 5-6　三相异步电动机的电路符号

三、任务实施

1. 识读电气原理图

单向起动手动控制线路电气原理图的识读过程见表 5-3。

表 5-3　单向起动手动控制线路电气原理图的识读过程

序号	识读任务	电路组成	元件名称	功能
1	读主电路	QS	刀开关	引入三相电源
2		FU	熔断器	主电路的短路保护
3		M	三相异步电动机	被控对象

2. 识读电路工作过程

通过刀开关 QS 直接控制电动机的起动与停止。合上 QS,电动机得电运转;断开 QS,电动机断电停止。

3. 电路安装接线

电器元件布置图表明电气设备零件安装位置,电气安装接线图要把同一个电器元件的各个部件画在一起,而且各个部件的布置要尽可能符合这个电器元件的实际情况,但对尺寸和比例没有严格要求。各电器元件的图形符号、文字符号和回路标记均应以电气原理图为准,并保持一致,以便查对。图 5-7 是单向起动手动控制线路的电气安装接线图。

4. 电路断电检查

选择万用表的电阻挡,量程选×100 或×1 k,闭合电源开关 QS,分别测量 L_1-U、L_2-V、L_3-W 三个电阻值,显示阻值为零,表明电路连接正确,否则不正确。

5. 通电调试和故障排除

接上电动机,连接三相电源,闭合 QS,电动机立即通电运行;断开 QS,电动机断电停止。

四、技能考核

1. 考核任务

在规定时间内完成单向起动手动控制线路的安装接线与调试。

2. 考核要求及评分标准

① 在网孔板上安装电器元件,安装接线应牢固,并符合工艺要求。

② 将三相电源接入刀开关,经教师检验合格后进行通电试验。

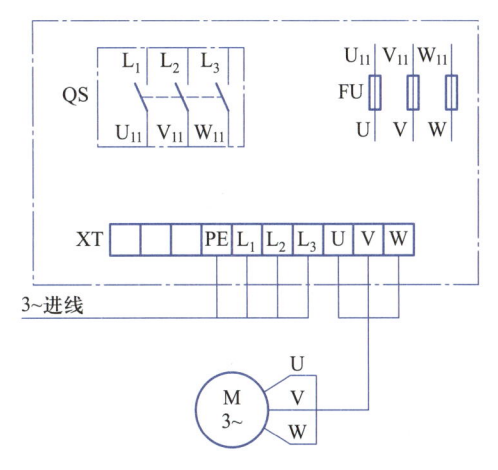

图 5-7　单向起动手动控制线路的电气安装接线图

五、拓展知识

电气图是以各种图形、符号和图线等形式来表示电气系统中各种电气设备、装置、元器件相互连接关系的图样。电气图是联系电气设计、生产、维修人员的工程语言。能正确、熟练地识读电气图是从业人员必备的基本技能。

电气图由各种图形符号及文字符号绘制而成。图形符号用以表示一个设备或概念的图形、标记或字符;文字符号分为基本文字符号和辅助文字符号。为了规范各种电气原理图、接线图、功能图等的绘制方法,国家相关标准规定了电气简图用图形符号及文字符号,将各种电气设备及其连接方式等用图形符号及文字符号加以标志,因此图形符号及文字符号是电气技术的工程语言,必须对常用的图形符号及文字符号加以牢记,并正确使用。

在电气图中,同一电气设备的各部件(如接触器的线圈、主触点、辅助触点)是分散画在图中不同位置的,为了识读方便,它们用同一文字符号来表示。

(一) 电气图的分类

电气图按用途和表达方式的不同,可以分为以下几种:

(1) 电气原理图

电气原理图是为了便于阅读与分析控制线路,根据简单、清晰的原则,采用电器元件展开的形式绘制而成的图样。它包括所有电器元件的导电部件和接线端点,但并不按照电器元件的实际布置位置来绘制,也不反映电器元件的大小。其作用是便于详细了解工作原理,指导系统或设备的安装、调试与维修。电气原理图是电气图中最重要的种类之一,也是识图的难点和重点。

(2) 电器元件布置图

电器元件布置图主要是用来表明电气设备上所有电器元件的实际位置,为生产机械电气控制设备的制造、安装提供必要的资料。通常,电器元件布置图与电气安装接线图组合在一起,既起到电气安装接线图的作用,又能清晰地表示出电器的布置情况。

(3) 电气安装接线图

电气安装接线图是为安装电气设备和电器元件、进行配线或检修电器故障服务的。它是用规定的图形符号,按各电器元件相对位置绘制的实际接线图,用于清楚地表示各电器元件的相对位置和它们之间的电路连接,所以电气安装接线图不仅要把同一电器的各个部件画在一起,而且各个部件的布置要尽可能符合这个电器的实际情况。另外,不但要画出控制柜内部之间的电气连接,还要画出控制柜外部的电气连接。

由于电气原理图具有结构简单,层次分明,适于研究、分析电路的工作原理等优点,所以无论在设计部门还是生产现场都得到了广泛应用。图5-8所示为某机床的电气原理图。

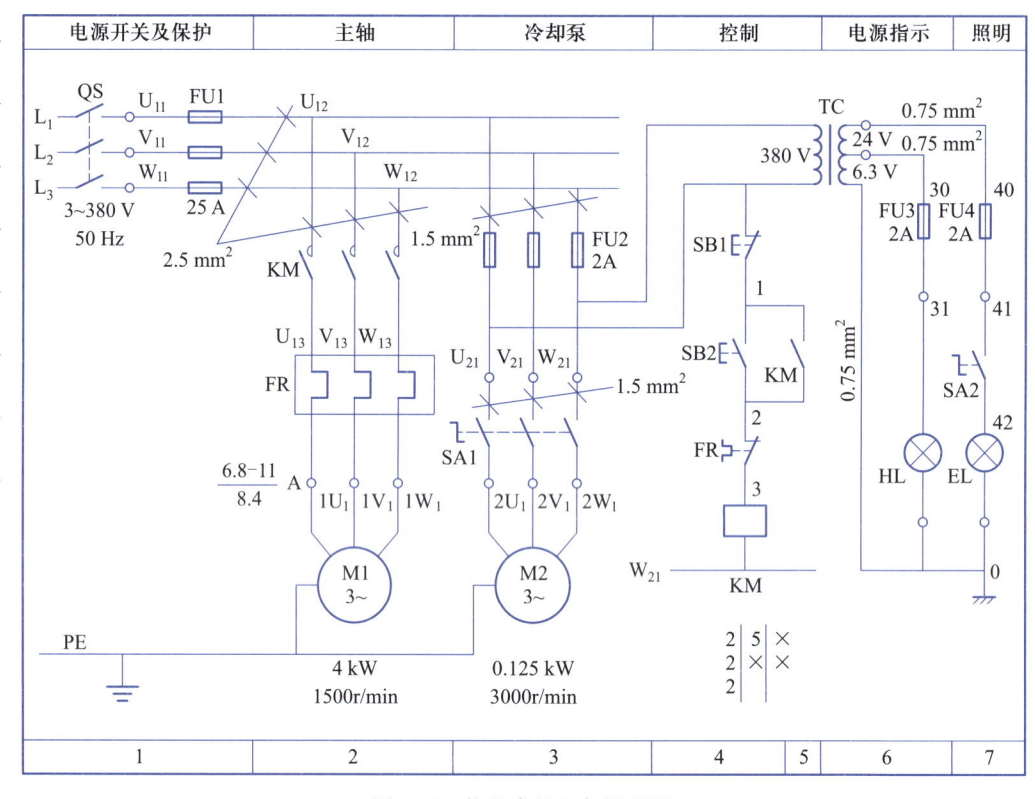

图 5-8 某机床的电气原理图

(二) 绘制电气原理图的基本原则

绘制继电器-接触器控制系统电气原理图时,要遵循以下原则:

① 电气原理图主要分为主电路和控制电路两部分。电动机的通路为主电路,接触器吸引线圈的通路为控制电路。此外,还有信号电路、照明电路等。

② 在电气原理图中,各电器元件不画实际的外形图,而是采用国家标准规定的标

准图形符号,文字符号也要符合国家标准的规定。

③ 在电气原理图中,同一电器的不同部件常常不画在一起,而是画在电路的不同地方,同一电器的不同部件都用相同的文字符号标明。例如,接触器的主触点通常画在主电路中,而吸引线圈和辅助触点则画在控制电路中,但它们都用 KM 表示。

④ 同一种电器一般用相同的字母表示,但在字母的后边加上数字或其他字母以示区别,例如两个接触器分别用 KM1、KM2 表示,或用 KMF、KMR 表示。

⑤ 全部触点都按常态给出。对接触器和各种继电器,常态是指未通电时的状态;对按钮、行程开关等,则是指未受外力作用时的状态。

⑥ 在电气原理图中,无论是主电路还是控制电路,各电器元件一般按动作顺序从上到下、从左到右依次排列,可水平布置或者垂直布置。

⑦ 在电气原理图中,有直接联系的交叉导线连接点要用黑圆点表示,无直接联系的交叉导线连接点不画黑圆点。

在识读电气原理图前,应对控制对象有所了解,尤其对于机械、液压(或气压)、电气配合得比较密切的生产机械,单凭电气原理图往往不能完全看懂其控制原理,只有了解了有关的机械传动和液压(气压)传动后,才能搞清全部控制过程。

(三) 图面区域的划分

图样下方的 1、2、3 等数字是图区编号,它是为了便于检索电气线路,方便阅读分析避免遗漏而设置的。图区编号也可以设置在图的上方。

图样上方对应图区编号的"电源开关及保护"等字样,表明对应区域下方电器元件或电路的功能,使识读者能清楚地知道某个电器元件或某部分电路的功能,以利于理解全电路的工作原理。

(四) 符号位置的索引

符号位置的索引用图号、页次和图区号的组合索引法,索引代号的组成如下:

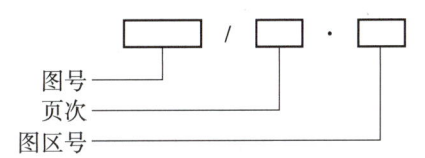

□□ / □ . □
图号
页次
图区号

在电气原理图中,接触器和继电器的线圈与触点的从属关系如图 5-9 所示,即在原理图中相应线圈的下方,给出触点的图形符号,并在其下面注明相应触点的索引代号,对未使用的触点用"×"表明,有时也可采用省去触点的表示法。

KM			KA	
4	6	×	9	×
4	×	×	13	×
5			×	×
			×	×
(a) KM			(b) KA	

图 5-9 接触器和继电器的线圈与触点的从属关系

对于接触器,图 5-9(a)所示表示法中各栏的含义如下:

左栏	中栏	右栏
主触点所在图区号	辅助常开触点所在图区号	辅助常闭触点所在图区号

对于继电器,图 5-9(b)所示表示法中各栏的含义如下:

左栏	右栏
常开触点所在图区号	常闭触点所在图区号

六、练习题

1. 画出三极刀开关和熔断器的电路符号。
2. 画出三相异步电动机定子绕组接成星形联结和三角形联结的连接方式及在接线盒中的连接形式。
3. 简述熔断器熔体额定电流的选择方法。
4. 有一台三相异步电动机,额定功率为 14 kW,额定电压为 380 V,功率因数为 0.85,效率为 0.9,若采用螺旋式熔断器,试选择熔断器型号。

任务二　点动控制线路的分析

手动控制线路的特点是直接操作电源开关实现三相异步电动机的运行与停止,其电路简单,所用电器少,但不能实现频繁操作和远距离操作,保护环节少,因此引入单向点动控制线路。点动控制常用于电动葫芦、地面操作的小型行车及某些机床辅助运动设备的电气控制,要求电动机具有点动控制功能,即按下起动按钮,电动机运转;松开起动按钮,电动机停转。

本任务要求识读图 5-10 所示点动控制线路的电气原理图,按工艺完成其电路的连接,并能进行线路的检查和故障排除。

一、任务目标

① 会识别和使用组合开关、熔断器、接触器和按钮。
② 能正确识读电动机点动控制线路的电气原理图,根据电气原理图绘制电气安装接线图,并按电气接线工艺要求完成安装接线。

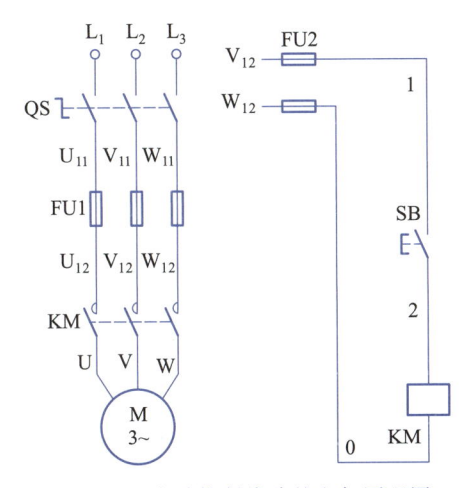

项目五 三相异步电动机单向起动控制线路 125

图 5-10 点动控制线路的电气原理图

③ 能够对所接线路进行检测和通电试验，会用万用表检测电路，并排除常见电气故障。

二、任务引导

要对图 5-10 所示线路安装接线并进行通电试验，首先要认识图中所用到的电器元件。掌握这些电器元件的功能和使用方法。

（一）组合开关

组合开关又称为转换开关，常用于机床电气控制线路中作为电源的引入开关，也可以用于不频繁接通和断开电路、换接电源和负载以及控制 5 kW 以下小容量电动机的正反转和星-三角起动等。图 5-11 是 HZ10 系列组合开关的外形与结构示意图。组合开关的电路符号如图 5-12 所示。

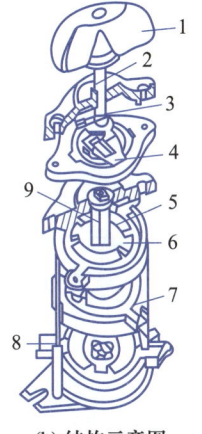

(a) 外形　　(b) 结构示意图

图 5-11 HZ10 系列组合开关的外形与结构示意图
1—手柄　2—转轴　3—弹簧　4—凸轮　5—绝缘垫板
6—动触点　7—静触点　8—接线柱　9—绝缘方轴

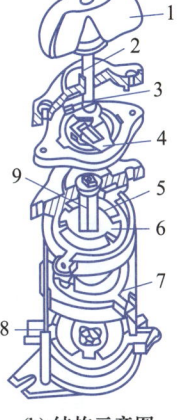

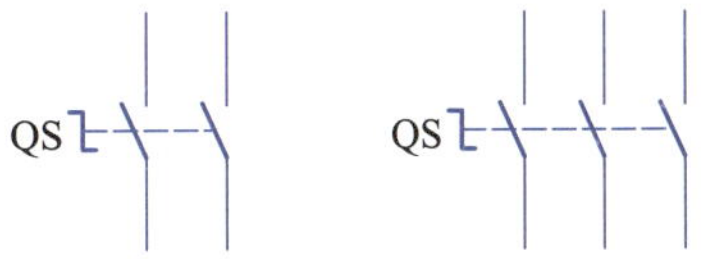

图 5-12 组合开关的电路符号

动画
5-3 组合开关的结构

组合开关型号的含义如下:

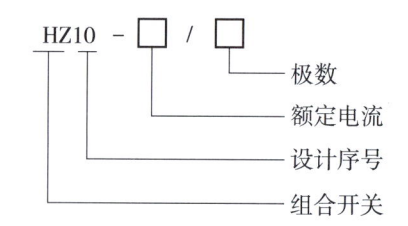

```
HZ10 - □ / □
         │     └── 极数
         └──────── 额定电流
  └─────────────── 设计序号
└───────────────── 组合开关
```

组合开关本身不带过载和短路保护装置,在它所控制的电路中,必须加装保护装置。

组合开关的选用应根据电源种类、电压等级、所需触点数和额定电流进行。用于照明电路或电热电路时,组合开关的额定电流应大于或等于负载电流;用于电动机控制电路时,组合开关的额定电流一般取电动机额定电流的1.5~2.5倍。

> 拓展知识
> 电磁式电器的结构和工作原理

(二) 接触器

接触器是一种用于远距离频繁接通或断开交直流主电路及大容量控制电路的自动电器。其主要控制对象是电动机,也可用于控制其他负载。它不仅能实现远距离自动操作和欠电压释放保护功能,而且具有控制容量大、工作可靠、操作频率高、使用寿命长等优点。

接触器按主触点通断电流的种类通常分为交流接触器和直流接触器两类。在机床电气控制线路中,主要采用的是交流接触器。

> 微课
> 5-3 接触器的结构和工作原理

1. 接触器的主要结构

接触器主要由电磁机构、触点系统、灭弧装置及辅助部件等组成。CJ 10-20 型交流接触器的结构和工作原理如图 5-13 所示。

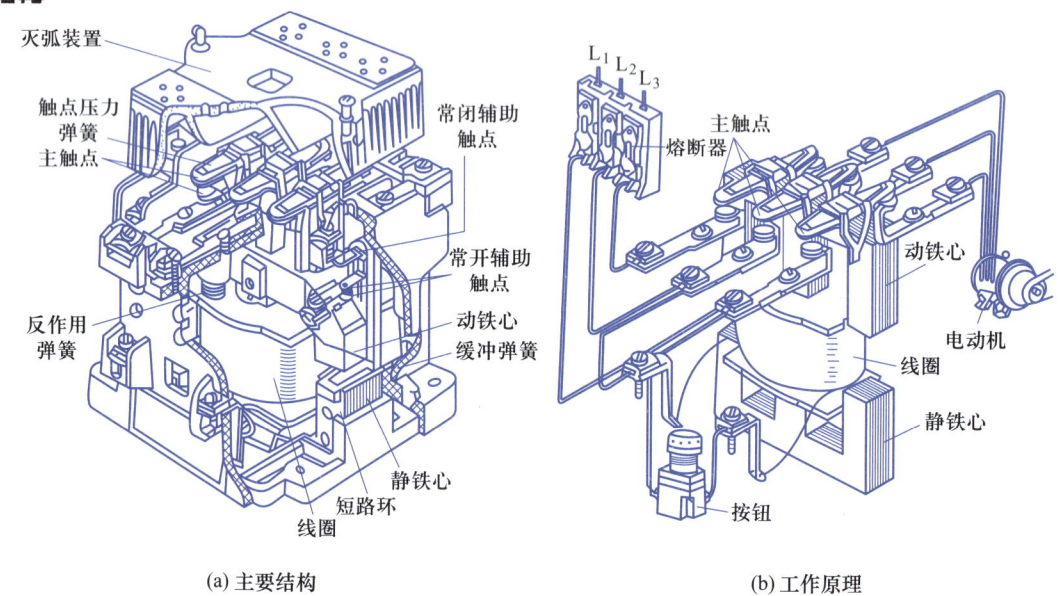

(a) 主要结构 (b) 工作原理

图 5-13 CJ 10-20 型交流接触器的结构和工作原理

① 电磁机构。接触器的电磁机构主要由线圈、静铁心和动铁心三部分组成。其作用是利用电磁线圈的通电或断电,使动铁心和静铁心吸合或释放,从而带动动触点与静触点闭合或分断,实现接通或断开电路的目的。

接触器的动铁心运动方式有两种:对于额定电流为 40 A 及以下的接触器,采用如图 5-14(a)所示的动铁心直线运动式;对于额定电流为 60 A 及以上的接触器,采用如图 5-14(b)所示的动铁心绕轴转动拍合式。

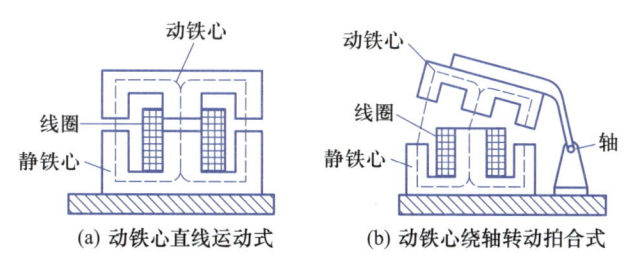

图 5-14 接触器的电磁机构

为了减少工作过程中交变磁场在铁心中产生的涡流及磁滞损耗,避免铁心过热,交流接触器的静铁心和动铁心一般用 E 形硅钢片叠压铆成。尽管如此,铁心仍是交流接触器发热的主要部件。为增大铁心的散热面积,避免线圈与铁心直接接触而受热烧损,交流接触器的线圈一般做成粗而短的圆筒形,并且绕在绝缘骨架上,使铁心与线圈之间有一定间隙。

交流接触器在运行过程中,线圈中通入的交流电在铁心中产生交变的磁通,因此静铁心与动铁心间的吸力也是变化的。当交流电过零点时,电磁吸力小于弹簧反力,会使动铁心产生振动,发出噪声。为减小动铁心的振动和噪声,通常在静铁心端面开一小槽,槽内嵌入铜质短路环,如图 5-15 所示。

② 触点系统。接触器的触点系统由主触点和辅助触点组成。主触点用来通断大电流的主电路,辅助触点一般允许通过的电流较小,接在控制电路或小电流电路中。触点按接触情况可分为点接触、线接触和面接触三种(见图 5-16),接触面积越大则通断电流越大。

图 5-15 交流接触器铁心端面的短路环

图 5-16 触点的三种接触形式

为了消除触点在接触时的振动,减小接触电阻,在触点上装有接触弹簧。

③ 灭弧装置。接触器在断开大电流电路时,在动、静触点之间会产生很强的电弧。电弧的产生,一方面会灼伤触点,降低触点的使用寿命;另一方面会使电路切断时间延长,甚至造成弧光短路或引起火灾事故。因此容量在 10 A 以上的接触器中都应装有灭

弧装置。

低压电器中通常采用拉长电弧、冷却电弧或将电弧分成多段等措施,使电弧尽快熄灭。接触器常用的灭弧装置示意图如图5-17所示。

图5-17(a)是利用电动力灭弧,常用于小容量的交流接触器中;图5-17(b)是采用灭弧栅片灭弧,灭弧栅片对交流电弧更有灭弧作用,因此常用于中大容量的交流接触器中;图5-17(c)是利用灭弧罩的窄缝灭弧,灭弧罩通常用陶土、石棉水泥或耐弧塑料制成;图5-17(d)是磁吹灭弧,常用于直流接触器中。

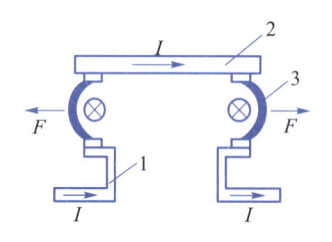

实训
交流接触器的拆装与测量

(a) 电动力灭弧
1—静触点　2—动触点　3—电弧

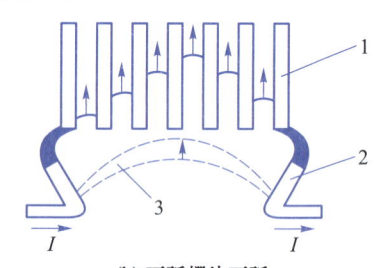

(b) 灭弧栅片灭弧
1—灭弧栅片　2—触点　3—电弧

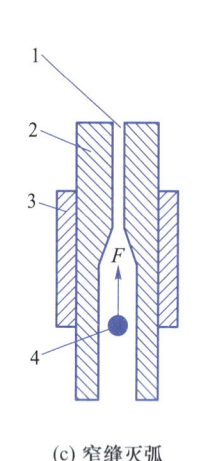

(c) 窄缝灭弧
1—窄缝　2—介质　3—磁性夹板　4—电弧

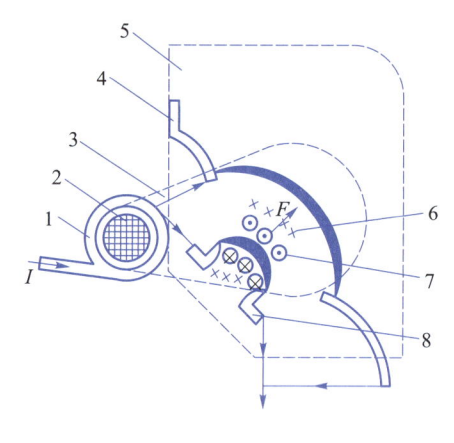

(d) 磁吹灭弧
1—磁吹线圈　2—铁心　3—导磁夹板　4—引弧角　5—灭弧罩
6—磁吹线圈磁场　7—电弧电流磁场　8—动触点

图5-17　接触器常用的灭弧装置示意图

④ 辅助部件。接触器的辅助部件有反作用弹簧、缓冲弹簧、触点压力弹簧、传动机构及底座、接线柱等。反作用弹簧的作用是线圈断电后,推动动铁心释放,使各触点恢复原状态。缓冲弹簧的作用是缓冲动铁心在吸合时对静铁心和外壳的冲击力。触点压力弹簧的作用是增加动、静触点间的压力,从而增大接触面积,以减小接触电阻。传动机构的作用是在动铁心或反作用弹簧的作用下,带动动触点实现与静触点的接通或分断。

2. 接触器的工作原理

当接触器的线圈通电后,线圈中流过的电流产生磁场,使静铁心产生足够大的吸力,克服反作用弹簧的反作用力,将动铁心吸合,通过传动机构带动常闭辅助触点断开,三对主触点和常开辅助触点闭合。当接触器线圈断电或电压显著下降时,由于电磁吸力消失或过小,动铁心在反作用弹簧力的作用下复位,带动各触点恢复到原始状态。常用的

CJ 10 等系列交流接触器在 0.85~1.05 倍的额定电压下,能保证可靠吸合。

3. 接触器的主要技术参数和常用型号

接触器的主要技术参数有额定电压、额定电流等。

① 额定电压。接触器的额定电压是指主触点的正常工作电压。交流接触器的额定电压有 127 V、220 V、380 V、500 V、660 V 等,直流接触器的额定电压有 110 V、220 V、440 V 及 660 V 等。

② 额定电流。接触器的额定电流是指主触点的正常工作电流。直流接触器的额定电流有 40 A、80 A、100 A、150 A、250 A、400 A 及 600 A 等,交流接触器的额定电流有 10 A、20 A、40 A、60 A、100 A、150 A、250 A、400 A 及 600 A 等。

③ 线圈的额定电压。交流接触器线圈的额定电压一般有 36 V、127 V、220 V 和 380 V 四种,直流接触器线圈的额定电压一般有 24 V、48 V、110 V、220 V 和 440 V 五种。

④ 额定操作频率。由于交流接触器线圈在通电瞬间有很大的起动电流,如果通断次数过多,就会引起线圈过热,所以限制了每小时的通断次数。一般交流接触器的额定操作频率最高为 600 次/h。因此,对于频繁操作的场合,就采用具有直流线圈、主触点为交流的接触器,其额定操作频率可高达 1 200 次/h。

常用的交流接触器有 CJ20、CJX1、CJX2、CJ12 和 CJ10、CJ0 等系列,直流接触器有 CZ18、CZ21、CZ22 和 CZ10、CZ2 等系列。其型号的含义如下:

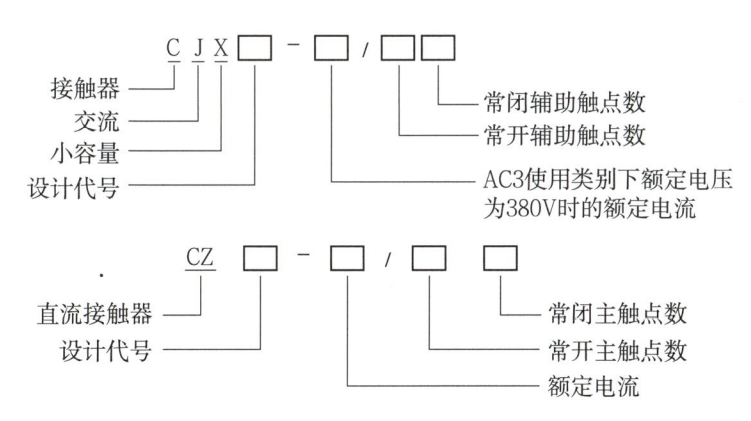

```
C J X □ - □ / □ □
│ │ │ │      │ │
│ │ │ │      │ └─ 常闭辅助触点数
│ │ │ │      └─── 常开辅助触点数
│ │ │ └────────── AC3使用类别下额定电压
│ │ │             为380V时的额定电流
│ │ └──────────── 设计代号
│ └────────────── 小容量
└──────────────── 交流
                  接触器
```

```
C Z □ - □ / □ □
│ │      │ │
│ │      │ └─ 常闭主触点数
│ │      └─── 常开主触点数
│ └────────── 额定电流
└──────────── 设计代号
              直流接触器
```

4. 接触器的选用

接触器的选用原则如下:

① 根据用电系统或设备的种类和性质选择接触器的类型。一般交流负载应选用交流接触器,直流负载应选用直流接触器。如果控制系统中主要是交流负载,直流电动机或直流负载的容量较小,也可都选用交流接触器,但触点的额定电流应选得大些。

② 根据电路的额定电压和额定电流选择接触器的额定参数。被选用的接触器主触点的额定电压、额定电流应大于或等于负载的额定电压、额定电流。

③ 选择接触器线圈的电压。如果控制电路比较简单,所用接触器的数量较少,则交流接触器线圈的额定电压一般直接选用 380 V 或 220 V。如果控制电路比较复杂,使用电器又较多,为了安全起见,线圈额定电压可选低一些,这时需要加装一个变压器。接触器线圈的额定电压有多种,可以选择线圈的额定电压和控制电路电压一致。

此外还应注意电源类型。如果把直流电压线圈加上交流电压,因阻抗太大,电流

太小,则接触器往往不能吸合。如果把交流电压线圈加上直流电压,因电阻太小,会烧坏线圈。因此一台线圈额定电压是 220 V 的交流接触器是不能接在直流 220 V 电源上使用的。

接触器的电路符号如图 5-18 所示。

(a) 线圈　(b) 三对主触点　(c) 常开辅助触点　(d) 常闭辅助触点

图 5-18　接触器的电路符号

(三) 按钮

按钮是一种手动操作、可以自动复位和发号施令的主令电器,适用于交流电压 500 V 或直流电压 440 V、电流 5 A 以下的电路中。一般情况下它不直接操纵主电路的通断,而是在控制电路中发出"指令",去控制接触器、继电器的线圈,再由它们的触点去控制相应电路。

1. 按钮的结构

按钮的结构示意图与电路符号如图 5-19 所示,一般由按钮帽、复位弹簧、动触点、静触点和外壳等组成,通常制成具有常开触点(动合触点)和常闭触点(动断触点)的复式结构。指示灯式按钮内可装入信号灯以显示信号。

当手指未按下时,按钮常闭触点是闭合的,常开触点是断开的;当手指按下时,常闭触点断开而常开触点闭合,手指放开后各触点自动复位。

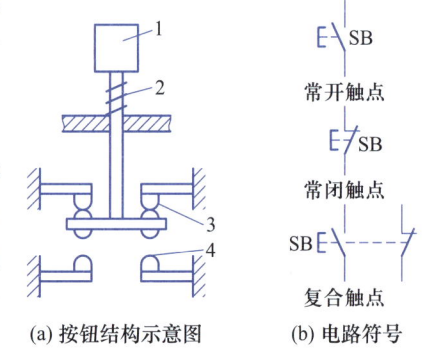

(a) 按钮结构示意图　(b) 电路符号

图 5-19　按钮的结构示意图与电路符号
1—按钮帽　2—复位弹簧　3—动触点
4—静触点

为了便于识别各个按钮的作用,避免误动作,通常在按钮帽上做出不同标记或涂上不同颜色。一般红色表示停止按钮,绿色表示起动按钮。常用的按钮有 LA18、LA19、LA20、LA25 和 LA39 等系列。

2. 按钮的主要技术参数

LA20 系列按钮的技术参数见表 5-4。

表 5-4　LA20 系列按钮的技术参数

型号	触点数量 常开	触点数量 常闭	结构	按钮 钮数	按钮 颜色	指示灯 电压/V	指示灯 功率/W
LA20-11	1	1	按钮式	1	红、绿、黄、白或黑	—	—
LA20-11J	1	1	紧急式	1	红	—	—
LA20-11D	1	1	带灯按钮式	1	红、绿、黄、白或黑	6	<1
LA20-11DJ	1	1	带灯紧急式	1	红	6	<1

续表

型号	触点数量 常开	触点数量 常闭	结构	按钮 钮数	按钮 颜色	指示灯 电压/V	指示灯 功率/W
LA20-22	2	2	按钮式	1	红、绿、黄、白或黑	—	—
LA20-22J	2	2	紧急式	1	红	—	—
LA20-22D	2	2	带灯按钮式	1	红、绿、黄、白或黑	6	<1
LA20-22DJ	2	2	带灯紧急式	1	红	6	<1
LA20-2K	2	2	开启式	2	白红或绿红	—	—
LA20-3K	3	3	开启式	3	白、绿、红	—	—
LA20-2H	2	2	保护式	2	白红或绿红	—	—
LA20-3H	3	3	保护式	3	白、绿、红	—	—

更换按钮时应注意:停止按钮必须是红色的;急停按钮必须是红色蘑菇头按钮;起动按钮应该用绿色(若是正反转起动,则有一个方向为黑色)。

LA 系列按钮型号的含义如下:

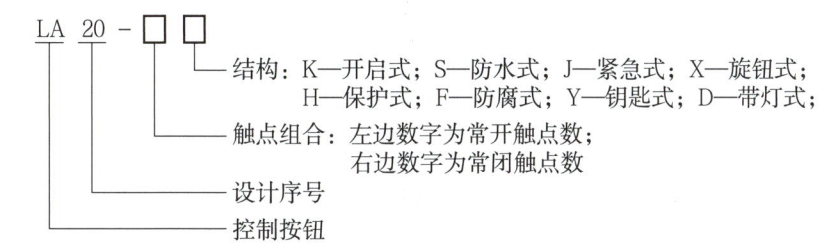

```
LA 20 - □□
            │  └─ 结构:K—开启式;S—防水式;J—紧急式;X—旋钮式;
            │      H—保护式;F—防腐式;Y—钥匙式;D—带灯式;
            └─── 触点组合:左边数字为常开触点数;
                          右边数字为常闭触点数
        └──── 设计序号
   └─────── 控制按钮
```

3. 按钮的选用

按钮的选用原则如下:

① 根据使用场合,选择控制按钮的种类,如开启式、防水式和防腐式等。
② 根据用途,选择控制按钮的结构形式,如钥匙式、紧急式和带灯式等。
③ 根据控制回路的需求,确定按钮数,如单钮、双钮、三钮和多钮等。
④ 根据工作状态指示和工作情况的要求,选择按钮及指示灯的颜色。

三、任务实施

点动控制线路的电气原理图如图 5-10 所示,由主电路和控制电路两部分组成。图中主电路在电源开关 QS 的出线端按相序依次编号为 U_{11}、V_{11}、W_{11},然后按从上至下、从左到右的顺序递增;控制电路的编号按"等电位"原则从上至下、从左到右的顺序依次从 1 开始递增编号。

1. 识读电气原理图

点动控制线路电气原理图的识读过程见表 5-5。

2. 识读电路工作过程

识读电路工作过程就是描述电路中电器元件的动作过程,可以采用文字叙述法或动作流程法。动作流程法表示的电器元件的动作顺序清晰,便于理解和分析电路,在实际中比较常用。

表 5-5　点动控制线路电气原理图的识读过程

序号	识读任务	电路组成	元件名称	功能
1	读主电路	QS	组合开关	引入三相电源
2		FU1	熔断器	主电路的短路保护
3		KM 主触点	接触器	控制电动机的运转与停止
4		M	三相异步电动机	被控对象
5	读控制电路	FU2	熔断器	控制电路的短路保护
6		SB	按钮	发布起动与停止信号
7		KM 线圈	接触器线圈	控制接触器触点的动作

① 文字叙述法。起动时,合上电源开关 QS。按下按钮 SB,接触器 KM 的线圈通电,接触器的三对主触点闭合,电动机接通三相交流电源直接起动运转。松开按钮 SB,接触器 KM 的线圈断电,接触器的主触点断开,电动机断开三相交流电源而停止运转。

② 动作流程法。合上电源开关 QS。

a. 起动过程。按下 SB→KM 线圈得电→KM 主触点闭合→电动机 M 得电运转。

b. 停止过程。松开 SB→KM 线圈失电→KM 主触点断开→电动机 M 断电停转。

3. 电路安装接线

① 绘制电气安装接线图。对照图 5-10,在电气原理图上标注线号,绘出电动机点动控制线路的电气安装接线图,如图 5-20 所示。其中电动机不在安装板上,所以没有画出,安装板上的电器元件与外围电器元件的连接必须通过接线端子 XT 进行,如按钮和电动机定子绕组接线。

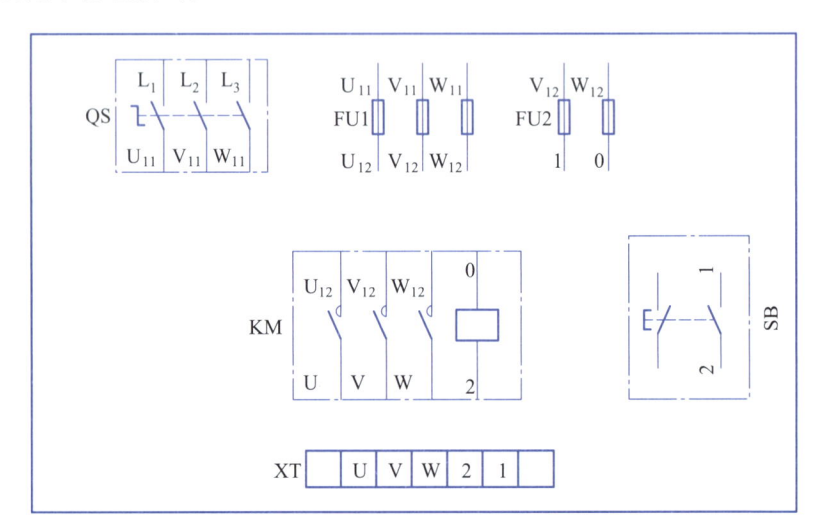

图 5-20　点动控制线路的电气安装接线图

② 安装接线。

a. 检查。检查内容主要是利用万用表检查电源开关接通情况、接触器主触点接通

情况和按钮的接通情况以及接触器的线圈电阻。

b. 固定电器元件。按照电气安装接线图规定的位置将电器元件固定摆放在安装板上,注意应使 FU1 中间一相熔断器和 KM 中间一对主触点的接线端子成一条直线,以保证主电路的美观整齐。

c. 按图接线。接线时先接主电路,再接控制电路。

主电路从组合开关 QS 的下接线端子开始,所用导线的横截面应根据电动机的额定电流来适当选取。接线时应做到横平竖直,分布对称。

接线过程中要避免交叉、架空线和叠线;导线变换走向要垂直,并做到高低一致或前后一致;严禁损伤线芯和导线绝缘,接点上不能露铜丝太多;每个接线端子上连接的导线根数一般以不超过两根为宜,并保证接线固定;进出线应合理汇集在端子排上。

对螺栓式接点,如螺旋式熔断器的接线,进行导线连接时,应打羊眼圈,并按顺时针旋转。对瓦片式接点,如接触器的触点、热继电器的热元件和触点,进行导线连接时,直线插入接点固定即可。

图 5-21 是接线实例图(局部)。

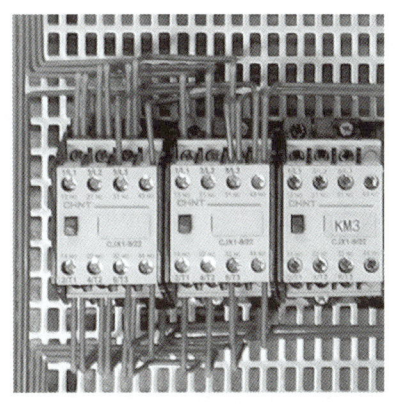

图 5-21 接线实例图(局部)

4. 电路断电检查

按电气原理图或电气安装接线图从电源端开始,逐段核对线号及接线端子处是否正确,有无漏接、错接之处。检查导线接点是否符合要求,压接是否牢固。用万用表检查线路的通断情况。检查时,应选用倍率适当的电阻挡,并进行校零。

检查控制电路时,可先断开主电路,使 QS 处于断开位置,再将万用表的两表笔分别搭在 FU2 的两个出线端(V_{12} 和 W_{12})上,此时读数应为"∞"。按下按钮 SB 时,读数应为接触器线圈的电阻值;压下接触器 KM 动铁心时,读数应为"∞"。

检查主电路时,电源线 L_1、L_2、L_3 先不要通电,合上 QS,用手压下接触器 KM 的动铁心来代替接触器线圈得电吸合时的情况进行检查,依次测量从电源端(L_1、L_2、L_3)到电动机出线端子(U、V、W)的每一相线路的电阻值,检查是否存在开路或接触不良的现象。

5. 通电试车及故障排除

通电试车,操作相应按钮,观察电器元件动作情况。

合上开关 QS,引入三相电源,按下按钮 SB,接触器 KM 的线圈通电,动铁心吸合,接触器的主触点闭合,电动机接通电源直接起动运转。松开 SB,KM 的线圈断电释放,电动机停止运行。

在操作过程中,如果出现不正常现象,应立即断开电源,分析故障原因,用万用表仔细检查电路,在指导教师认可的情况下才能再次通电调试。

四、技能考核

1. 考核任务

在规定时间内按工艺要求完成点动控制线路的安装接线,且通电试验成功。

2. 考核要求及评分标准

(1) 所接线路不通电检查(40分,每错一处扣10分,扣完为止)

① 主电路检查。电源线 L_1、L_2、L_3 先不要通电,使用万用表电阻挡,合上电源开关 QS,压下接触器 KM 动铁心,使 KM 主触点闭合,测量从电源端(L_1、L_2、L_3)到电动机出线端子(U、V、W)的每一相线路的电阻值,记录于表 5-6 中。

② 控制电路检查。依次进行按下 SB、压下 KM 动铁心的操作,测量控制电路两端的电阻值,记录于表 5-6 中。

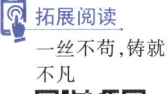

表 5-6　点动控制线路的不通电检查记录

操作步骤	主电路			控制电路	
	合上 QS、压下 KM 动铁心			按下 SB	压下 KM 动铁心
电阻值	L_1-U	L_2-V	L_3-W		

(2) 通电试验(60分)

在使用万用表检测后,把 L_1、L_2、L_3 三端接上电源,合上开关 QS 接入电源通电试车。按照顺序测试电路各项功能,考核表见表 5-7。

表 5-7　点动控制线路的通电调试考核表

评分标准	配分	得分	故障原因
一次通电成功	60 分		
二次通电成功	40~50 分		
三次及以上通电成功	30 分		
不成功	10 分		

五、拓展知识

绘制电气安装接线图

电气安装接线图是表示电气设备电路连接关系的一种简图。它是根据电气原理图和电器元件布置图编制而成的,主要用于电气设备及电气电路的安装接线、检查、维修和故障处理。在实际应用中电气安装接线图通常需要与电气原理图和电器元件布置图一起使用。

1. 绘制电气安装接线图的原则

电气安装接线图能反映电器元件的实际位置和尺寸比例等。在绘制电气安装接线图时,各电器元件要按在安装板(或电气柜)中的实际位置绘出;电器元件所占的面积按它的实际尺寸依统一比例绘制;同一电器元件的所有部件应画在一起,并用虚线框起来。各电器元件的位置关系要根据安装板的面积、长宽比例及连接线的顺序来决定,注意不得违反安装规程。另外,还需注意以下几点:

① 电气安装接线图中的回路标号是电气设备之间、电器元件之间、导线与导线之间的连接标记,它的文字符号和数字符号应与电气原理图中的标号一致。

② 各电器元件上凡是需要接线的部件端子都应绘制出来,标记端子编号,并与电气原理图上相应的线号一致;同一根导线上连接的所有端子的编号应相同。

③ 安装板(或控制柜内外)的电器元件之间的连线,应通过接线端子板进行连接。

④ 走向相同的相邻导线可以绘成一股线。

2. 绘制电气安装接线图的简要步骤

绘制电气安装接线图时一般按以下步骤进行:

① 标线号。在电气原理图上定义并标注每一根导线的线号。主电路线号通常采用字母加数字的方法标注,控制电路线号采用数字标注。控制电路可以按由上到下、由左到右的顺序标注线号。线号标注的原则是每经过一个电器元件,变换一次线号(不含接线端子)。

② 画电器元件框及符号。依照安装位置,在电气安装接线图上画出电器元件图形符号及外框。

③ 填充连线的去向和线号。在电器元件连接导线的线侧和线端标注线号。

绘制好的电气安装接线图应对照电气原理图仔细核对,防止错画、漏画,避免给制作线路和试车过程造成麻烦。

3. 电气控制线路的制作

掌握电动机电气控制线路的制作方式,是学习电动机控制线路从电气原理图到电动机实际控制运行的关键。

① 分析电气原理图。在制作电动机电气控制线路前,必须明确电器元件的数目、种类、规格;根据控制要求,弄清各电器元件间的控制关系及连接顺序;分析控制动作,确定检查线路的方法等。对于复杂的控制电路,应弄清它由哪些控制环节组成,分析环节之间的逻辑关系。注意,在电气原理图中应标注线号。从电源端起,各相线分开,到负载端为止。应做到一线一号,不得重复。

② 绘制电气安装接线图。

③ 安装接线。

a. 检查电器元件。为了避免电器元件自身的故障对线路造成影响,安装接线前应对所有的电器元件逐个进行检查。核对各元器件的规格与图样要求是否一致。

b. 固定电器元件。按照电气安装接线图规定的位置将电器元件固定在安装板上。电器元件之间的距离要适当,既要节省面板,又要便于走线和投入运行后的检修。

c. 定位。用尖锥在安装孔中心做好记号。电器元件应排列整齐,以保证连接导线做得横平竖直、整齐美观,同时应尽量减少弯折。

d. 打孔固定。用手钻在做好的记号处打孔,孔径应略大于固定螺钉的直径。用螺钉将电器元件固定在安装板上。

e. 按电气安装接线图接线。接线一般从电源端开始按线号顺序接线,先接主电路,后接控制电路。

④ 检查线路和试车。

a. 检查线路。制作好的电气控制线路必须经过认真检查后才能通电试车,以防止错接、漏接及电器元件故障引起线路动作不正常,甚至造成短路事故。检查时先核对接线,然后检查端子接线是否牢固,最后用万用表导通法来检查线路的动作情况及可靠性。

b. 试车与调整。

试车前的准备:清点工具;清除线头杂物;装好接触器的电弧罩;检查各组熔断器的熔体;分断各开关,使按钮、行程开关处于未操作状态;检查三相电源的对称性等。

空操作试验:先切除主电路(断开主电路熔断器),装好控制电路熔断器,接通三相电源,使线路不带负荷通电操作,检查控制电路工作是否正常。操作各按钮检查它们对接触器、继电器的控制作用;检查接触器的自保、联锁等控制作用;用绝缘棒操作行程开关,检查它的行程控制或限位控制作用;检查线圈有无过热现象等。

带负荷试车:空操作试验动作无误后,即可切断电源,接通主电路,然后再通电,带负荷试车。起动后要注意电路的运行情况,如发现过热等异常现象,应立即停车,切断电源后进行检查。

六、练习题

1. 画出按钮的常开触点、接触器的线圈和三对主触点的电路符号。

2. 交流接触器线圈通电后,若动铁心因故卡住而不能吸合,将出现什么后果?

3. 电路如图5-22所示,分析电路能否工作,按下按钮时会出现什么现象,并加以改正。

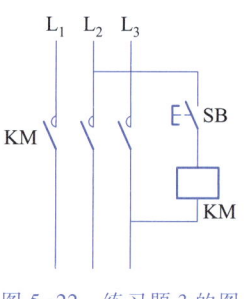

图5-22 练习题3的图

任务三 具有自锁功能的单向起动控制线路的分析

电动机单向起控制线路通常用于单方向运转的小功率电动机的控制,如小型通风机、水泵以及皮带运输机等机械设备。要求电路具有电动机连续运转控制功能,即按下起动按钮,电动机运转;松开起动按钮,电动机保持运转;只有按下停止按钮时,电动机才停转。

本任务要求识读图5-23所示具有自锁功能的单向起动控制线路的电气原理图,按工艺完成其电路的连接,并能进行电路检查和故障排除。

一、任务目标

① 能识别和使用低压断路器和热继电器。

② 能识读具有自锁功能的单向起动控制线路的电气原理图,明确电路中所用电器元件的作用,会根据电气原理图绘制电气安装接线图,并按工艺要求完成安装接线。

③ 能够对所接电路进行检测和通电试验,并能用万用表检测线路和排除常见电气故障。

二、任务引导

要对图 5-23 所示电路安装接线并进行通电试验,首先要认识图中所出现的电器元件,如低压断路器和热继电器。提供低压断路器和热继电器等实物,引导学生对电器元件进行外形观察、参数识读、测试等相关活动,掌握电器元件的功能和使用方法。

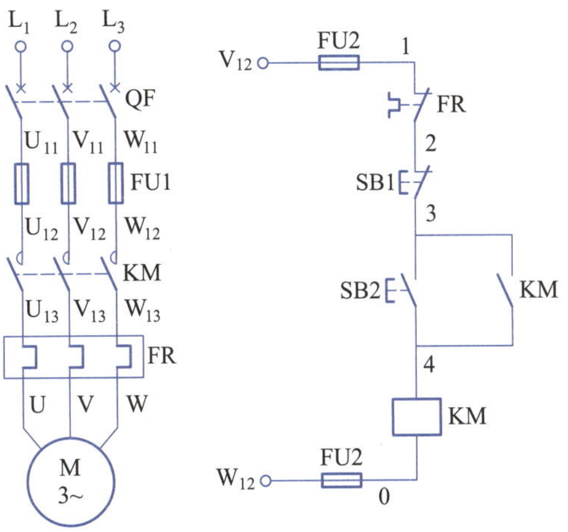

(一) 低压断路器

低压断路器又称为自动空气开关。它是一种既能作开关用,又具有电路自动保护功能的低压电器。当电路发生过载、短路以及失电压或欠电压等故障时,低压断路器能自动切断故障电路,有效保护串接在它后面的电气设备。在正常情况下,低压断路器也可用于不频繁地接通和断开电路及控制电动机。

图 5-23 具有自锁功能的单向起动控制线路的电气原理图

1. 低压断路器的结构和工作原理

低压断路器主要由触点、灭弧装置和各种脱扣器等部分组成,触点用于通断电路,各种脱扣器用于检测电路异常状态并做出反应,即保护性动作,操作机构和自由脱扣机构是中间联系部件。图 5-24 所示是塑壳式低压断路器的外形、结构示意图和电路符号。

微课
5-6 低压断路器的结构和工作原理

动画
5-7 DZ47 系列低压断路器

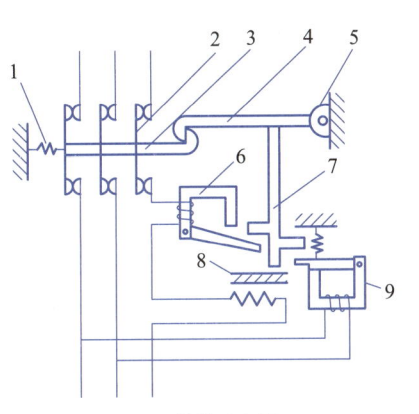

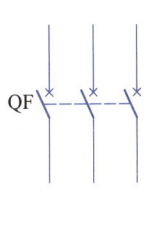

(a) 外形　　(b) 结构示意图　　(c) 电路符号

图 5-24　塑壳式低压断路器的外形、结构示意图和电路符号
1—复位弹簧　2—主触点　3—传动杆　4—锁扣　5—轴　6—过电流脱扣器
7—杠杆　8—热脱扣器　9—欠电压失电压脱扣器

结构示意图中有三对主触点,串联在被保护的三相主电路中。手动扳动按钮至"合"位置时,主触点保持在闭合状态,传动杆由锁扣钩住。要使开关分断时,扳动按钮至"分"位置,锁扣被杠杆顶开(锁扣可绕轴转动),主触点就被复位弹簧拉开,电路分断。

低压断路器的自动分断是由过电流脱扣器、热脱扣器和欠电压失电压脱扣器使锁扣被杠杆顶开而完成的。过电流脱扣器的线圈和主电路串联,当线路工作正常时,所产生的电磁吸力不能将衔铁吸合,只有当电路发生短路或产生很大的过电流时,电磁吸力才能将衔铁吸合,撞击杠杆,顶开锁扣,使主触点断开,从而将电路分断。

欠电压失电压脱扣器的线圈并联在主电路上,当线路电压正常时,电磁吸力能够克服弹簧的拉力而将衔铁吸合,如果线路电压降到某一值以下,电磁吸力小于弹簧拉力,衔铁被弹簧拉开,衔铁撞击杠杆使搭钩顶开,则主触点分断电路。

当线路发生过载时,过载电流通过热脱扣器的发热元件而使双金属片受热弯曲,于是杠杆顶开搭钩,使触点断开,从而起到过载保护作用。

根据不同的用途,低压断路器可配备不同的脱扣器。

2. 低压断路器的分类

低压断路器按结构分有万能式(框架式)和塑壳式(装置式)两种。常用塑壳式低压断路器作为电源引入开关或作为控制和保护不频繁起动、停止的电动机开关,以及用于宾馆、机场、车站等大型建筑的照明电路。其操作方式多为手动,主要有扳动式和按钮式两种。万能式低压断路器主要用于供配电系统。

低压断路器与刀开关和熔断器相比,具有以下优点:结构紧凑,安装方便,操作安全,而且在进行短路保护时,由于用过电流脱扣器将电源同时切断,避免了电动机断相运行的可能。另外,低压断路器的脱扣器可以重复使用,不必更换。

塑壳式低压断路器常用型号有 DZ5、DZ10、DZ15、DZ20、DZ47 等系列。低压断路器型号的含义如下:

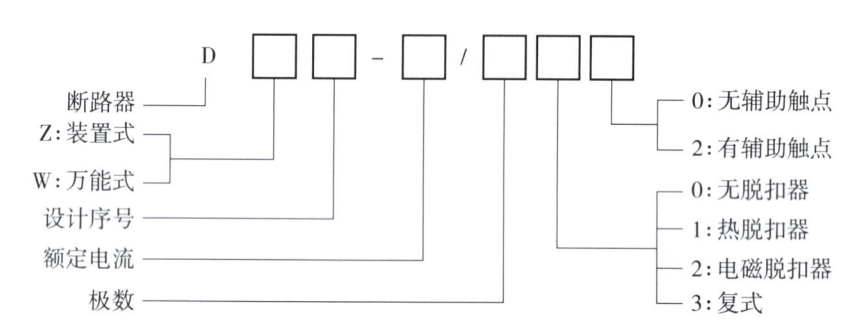

```
D □ □ - □ / □ □
```

断路器 ── D
Z:装置式
W:万能式
设计序号
额定电流
极数

0:无辅助触点
2:有辅助触点

0:无脱扣器
1:热脱扣器
2:电磁脱扣器
3:复式

DZ15 系列塑壳式低压断路器的主要技术参数见表 5-8。

表 5-8 DZ15 系列塑壳式低压断路器的主要技术参数

型号	极数	额定电流/A	额定电压/V	额定短路分断能力/kA	机械寿命/万次	电寿命/万次
DZ15-40	1	6、10、16、20、25、32、40	AC 220	3	1.5	1.0
	2、3		AC 380			
DZ15-63	1	10、16、20、25、32、40、50、63	AC 220	5	1.0	0.6
	2、3、4		AC 380			

3. 低压断路器的选用

① 低压断路器的额定电压和额定电流应不小于电路的额定电压和最大工作电流。

② 热脱扣器的整定电流应与所控制负载的额定工作电流一致。
③ 欠电压脱扣器的额定电压应等于线路额定电压。
④ 过电流脱扣器的瞬时脱扣整定电流应大于负荷电流正常工作时的最大电流。

对于单台电动机，DZ 系列过电流脱扣器的瞬时脱扣整定电流 I_z 为

$$I_z \geq (1.5 \sim 1.7) I_q \tag{5-2}$$

式中，I_q 为电动机的起动电流。

对于多台电动机，DZ 系列过电流脱扣器的瞬时脱扣整定电流 I_z 为

$$I_z \geq (1.5 \sim 1.7) I_{qmax} + \sum I_N \tag{5-3}$$

式中，I_{qmax} 为最大一台电动机的起动电流；$\sum I_N$ 为其他电动机额定电流之和。

（二）热继电器

热继电器是一种利用电流的热效应原理工作的保护电器，在电路中用于电动机的长期过载保护。电动机在实际运行中，当负载过大、电压过低或发生一相断路故障时，流过电动机的电流都要增大，其值往往超过额定电流。若过载不大、时间较短、绕组温升不超过允许范围，是可以的。但若过载时间较长，绕组温升超过允许值，电路中熔断器的熔体又不会熔断，将会加剧绕组老化，影响电动机的寿命，严重时甚至烧毁电动机。因此，凡是长期运行的电动机必须设置过载保护。

1. 热继电器的主要结构

热继电器种类较多，双金属片式热继电器由于结构简单、体积较小、成本较低，所以应用最广泛。其结构示意图和电路符号如图 5-25 所示。

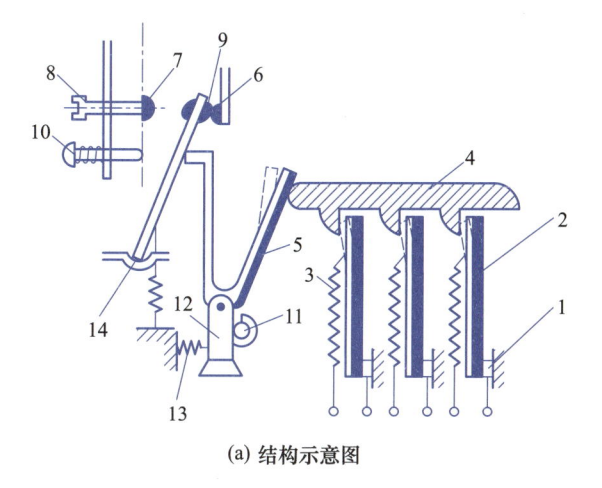

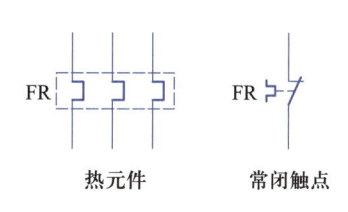

(a) 结构示意图　　(b) 电路符号

图 5-25　双金属片式热继电器的结构示意图和电路符号

1—双金属片固定端　2—主双金属片　3—热元件　4—导板　5—补偿双金属片　6、7—静触点　8—螺钉
9—动触点连杆　10—复位按钮　11—调节旋钮　12—支撑件　13—弹簧　14—瓷片

热继电器主要由热元件、触点系统两部分组成。热元件有两个的，也有三个的。如果电源的三相电压均衡，电动机的绝缘良好，则三相线电流必相等，用两相结构的热继电器也能对电动机进行过载保护。电源电压严重不平衡或电动机的绕组内部有短路故障时，就有可能使电动机某一相的线电流比其余两相的高，两个热元件的热继电

器就不能可靠地起到保护作用,这时就要用三相结构的热继电器。

热继电器可以作为过载保护但不能作为短路保护,因其双金属片从升温到变形断开常闭触点有一个时间过程,不可能在短路瞬间迅速分断电路。

热继电器的热元件串联在接有电动机的主电路中,常闭触点串联在控制电路中。

热继电器常用型号有 JR16、JR20 等系列,其型号的含义如下:

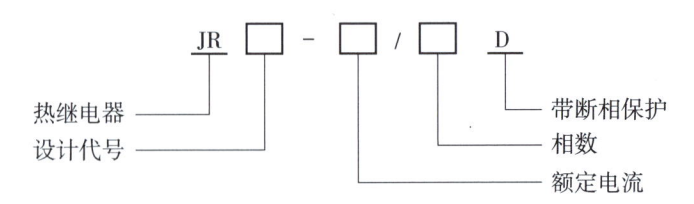

```
JR□-□/□D
│  │  │ │
│  │  │ └─带断相保护
│  │  └──相数
│  └─────额定电流
│热继电器
└设计代号
```

2. 热继电器的主要技术参数

JR20 系列热继电器的额定电流有 10A、16A、25A、63A、160A、250A、400A 及 630A,共 8 级。其整定电流范围见表 5-9。

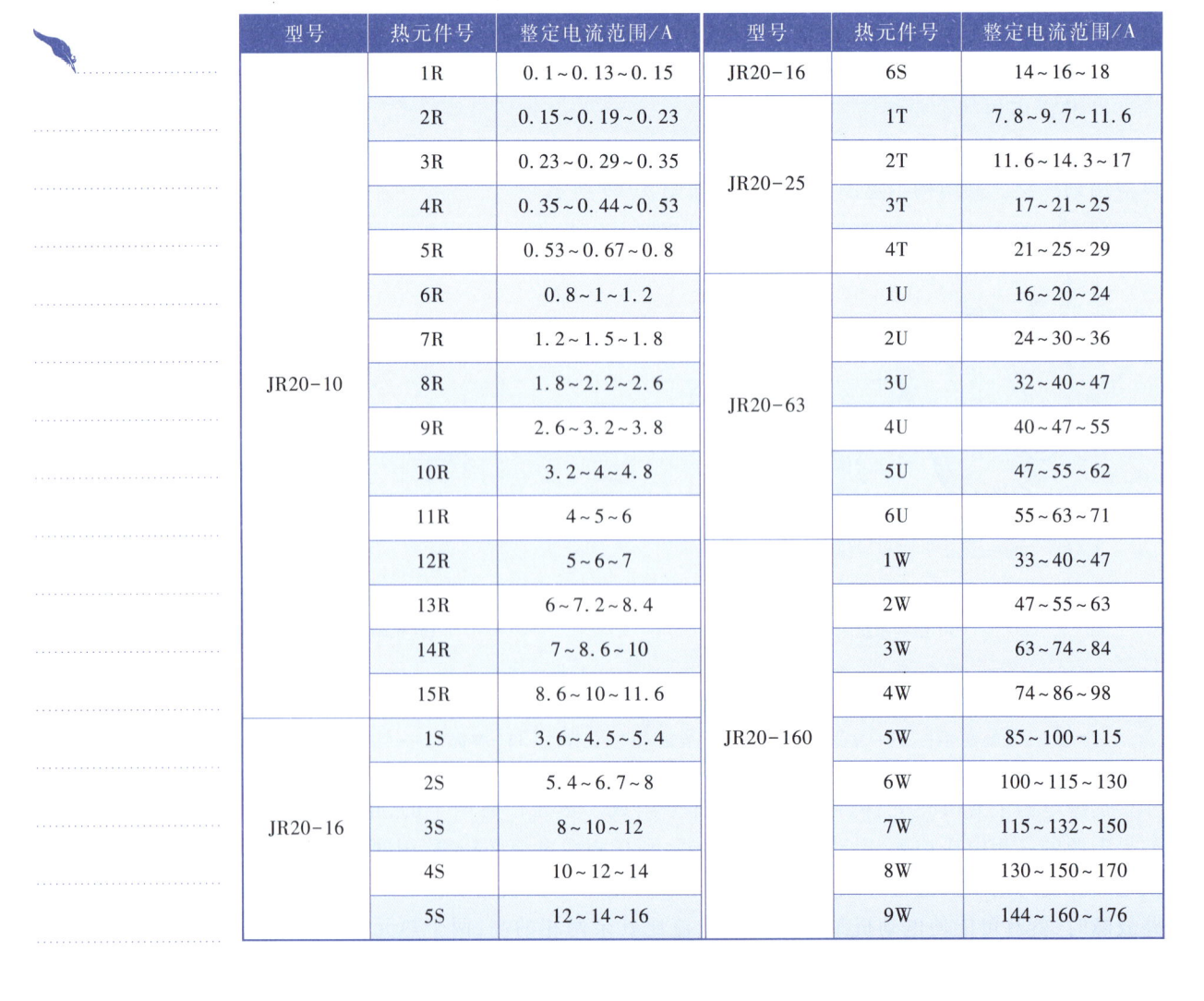

表 5-9　JR20 系列热继电器的整定电流范围

型号	热元件号	整定电流范围/A	型号	热元件号	整定电流范围/A
JR20-10	1R	0.1~0.13~0.15	JR20-16	6S	14~16~18
	2R	0.15~0.19~0.23	JR20-25	1T	7.8~9.7~11.6
	3R	0.23~0.29~0.35		2T	11.6~14.3~17
	4R	0.35~0.44~0.53		3T	17~21~25
	5R	0.53~0.67~0.8		4T	21~25~29
	6R	0.8~1~1.2	JR20-63	1U	16~20~24
	7R	1.2~1.5~1.8		2U	24~30~36
	8R	1.8~2.2~2.6		3U	32~40~47
	9R	2.6~3.2~3.8		4U	40~47~55
	10R	3.2~4~4.8		5U	47~55~62
	11R	4~5~6		6U	55~63~71
	12R	5~6~7	JR20-160	1W	33~40~47
	13R	6~7.2~8.4		2W	47~55~63
	14R	7~8.6~10		3W	63~74~84
	15R	8.6~10~11.6		4W	74~86~98
JR20-16	1S	3.6~4.5~5.4		5W	85~100~115
	2S	5.4~6.7~8		6W	100~115~130
	3S	8~10~12		7W	115~132~150
	4S	10~12~14		8W	130~150~170
	5S	12~14~16		9W	144~160~176

热继电器的整定电流,是指热继电器长期运行而不动作的最大电流。通常只要负载电流超过整定电流 1.2 倍,热继电器必须动作。整定电流的调整可通过旋转外壳上方的旋钮完成,旋钮上刻有整定电流标尺,作为调整时的依据。

正泰 NR3、NR4(JRS2)系列热继电器,适用于交流 50 Hz、额定电压 690 V/1 000 V、电流 0.1~180 A 长期工作的交流电动机的过载与断相保护,具有断相保护、温度补偿、动作指示、自动与手动复位等功能,产品动作可靠。NR4 系列热继电器的外形如图 5-26 所示。

视频
5-8 NR4-63 型热继电器检测

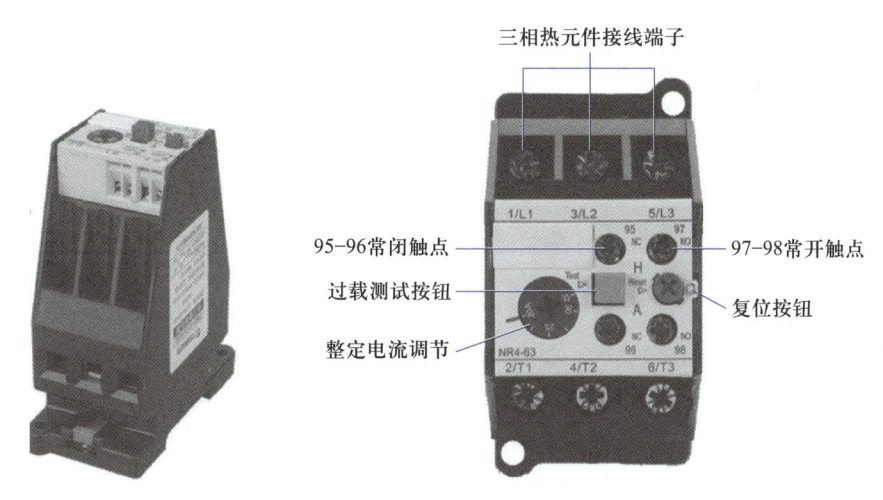

图 5-26　NR4 系列热继电器的外形

3. 热继电器的选用

① 一般情况下可选用两相结构的热继电器。对于电网电压均衡性较差、无人看管的电动机或大容量电动机共用一组熔断器的电动机,宜选用三相结构的热继电器。三相绕组成三角形联结的电动机,应采用有断相保护装置的三相热继电器作过载保护。

② 热元件的额定电流等级一般大于电动机的额定电流。热元件选定后,再根据电动机的额定电流调整热继电器的整定电流,使整定电流与电动机的额定电流基本相等。

热继电器本身的额定电流等级并不多,但其热元件编号很多。每一种编号都有一定的整定电流范围,故在使用上先应使热元件的电流与电动机的电流相适应,然后根据电动机实际运行情况做上下范围的适当调节。

③ 双金属片式热继电器一般用于轻载、不频繁起动的过载保护。对于重载、频繁起动的电动机,则可用过电流继电器(延时型)作它的过载保护。因为热元件受热变形需要时间,故热继电器不能作短路保护。

④ 对于工作时间较短,间歇时间较长的电动机,以及虽然长期工作但过载的可能性很小的电动机(例如排风机),可以不设过载保护。

热继电器尽管选用得当,但使用不当时也会造成对电动机过载保护的不可靠,因此,必须正确使用热继电器。对于点动、重载起动、频繁正反转及带反接制动等运行的电动机,一般不宜用热继电器作为过载保护。

三、任务实施

1. 识读电气原理图

主电路由电源开关 QF、熔断器 FU1、接触器 KM 的三对主触点、热继电器 FR 的三组热元件和电动机 M 组成。其中 QF 用于引入三相交流电源，FU1 作为主电路短路保护，KM 的三对主触点控制电动机的运转与停止，FR 的三组热元件用于检测流过电动机定子绕组中的电流。

控制电路由熔断器 FU2、热继电器 FR 的常闭触点、停止按钮 SB1、起动按钮 SB2 和接触器 KM 的线圈和辅助常开触点组成。其中 FU2 作为控制电路短路保护，SB2 是电动机起动按钮，SB1 是电动机停止按钮，KM 线圈控制 KM 触点的吸合和释放，KM 辅助常开触点起自锁作用。

2. 识读电路工作过程

（1）文字叙述法

起动时，合上开关 QF。按下起动按钮 SB2，接触器 KM 的线圈通电，主触点闭合，电动机接通电源直接起动运转。同时与 SB2 并联的 KM 常开触点也闭合，使接触器线圈经两条路通电，这样当 SB2 松开复位时，KM 的线圈仍可通过 KM 触点继续通电，从而保持电动机的连续运行。这种依靠接触器自身辅助常开触点使其线圈保持通电的现象称为自锁或自保，这一对起自锁作用的触点称为自锁触点。

要使电动机停止运转，只要按下停止按钮 SB1，将控制电路断开，接触器线圈 KM 断电释放，KM 的常开主触点将通入定子绕组的三相电源切断，电动机停止运转。当按钮 SB1 松开而恢复闭合时，接触器线圈已不能再依靠自锁触点通电了，因为原来闭合的自锁触点早已随着接触器的断电而断开了。

具有自锁功能的控制电路还可以依靠接触器本身的电磁机构实现电路的欠电压与失电压保护。当电源电压由于某种原因而严重欠电压或失电压时，接触器的动铁心自行释放，电动机停止运转。而当电源电压恢复正常时，接触器线圈不能自动通电，只有在操作人员再次按下起动按钮 SB2 后电动机才会起动。由此可见，欠电压与失电压保护是为了避免电动机在电源恢复时自行起动。

（2）动作流程法

主电路的识读：合上 QF，当 KM 主触点闭合时，M 起动运行。

控制电路的识读如下：

① 起动过程：

按下 SB2→KM 线圈得电→$\begin{cases} \text{KM 主触点闭合→M 起动运行} \\ \text{KM 常开触点闭合，自锁} \end{cases}$

② 停止过程：

按下 SB1→KM 线圈断电→所有触点复位→M 断电停止

3. 电路安装接线

① 绘制电气安装接线图。根据图 5-23，绘制出具有自锁功能的单向起动控制线路的电气安装接线图，如图 5-27 所示。其电器元件的布局与点动控制线路基本相同，

仅在接触器 KM 与接线端板 XT 之间增加了热继电器 FR。注意,所有接线端子标注编号应与电气原理图一致,不能有误。

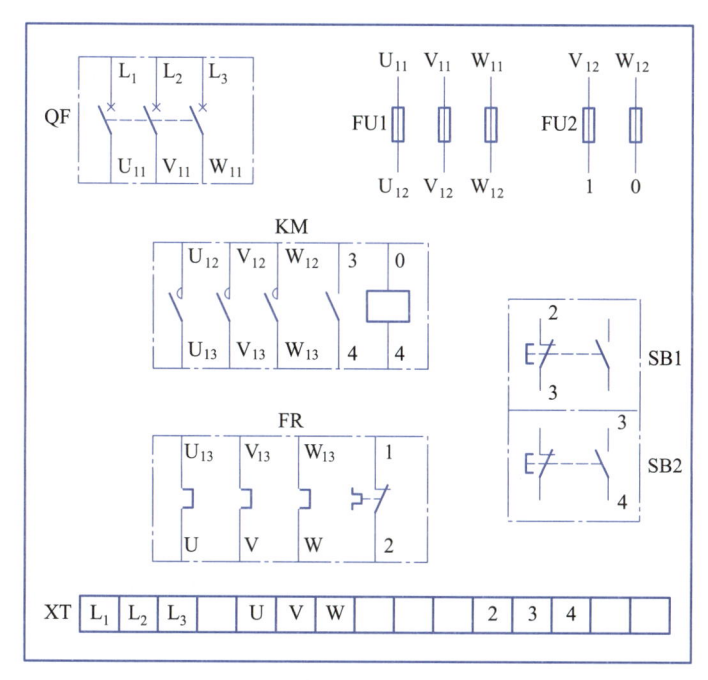

图 5-27 具有自锁功能的单向起动控制线路的电气安装接线图

② 按工艺要求完成具有自锁功能的单向起动控制线路的安装接线。

4. 电路断电检查

① 按电气原理图或电气安装接线图从电源端开始,逐段核对接线及接线端子处是否正确,有无漏接、错接之处。检查导线接点是否符合要求,压接是否牢固。

② 用万用表检查所接电路的通断情况。检查时,应选用倍率适当的电阻挡,并进行校零。

检查控制电路时,可先断开主电路,使 QF 处于断开位置,再将万用表两表笔分别搭在 FU2 的两个出线端(V_{12} 和 W_{12})上,此时读数应为"∞"。按下起动按钮 SB2 时,读数应为接触器线圈的电阻值;压下接触器 KM 动铁心时,读数也应为接触器线圈的电阻值。

检查主电路时,电源线 L_1、L_2、L_3 先不要通电,合上 QF,用手压下接触器 KM 的动铁心来代替接触器线圈得电吸合时的情况进行检查,依次测量从电源端(L_1、L_2、L_3)到电动机出线端子(U、V、W)的每一相电路的电阻值,检查是否存在开路或接触不良的现象。

5. 通电试车及故障排除

通电试车,操作相应按钮,观察电器元件动作情况。

把 L_1、L_2、L_3 三端接上电源,合上开关 QF,引入三相电源,按下起动按钮 SB2,接触器 KM 的线圈通电,动铁心吸合,主触点闭合,电动机接通电源直接起动运转。松开 SB2,KM 的线圈仍可通过 KM 常开辅助触点继续通电,从而保持电动机的连续运行。

微课
5-11 具有自锁功能的单向起动控制线路安装接线

按下停止按钮 SB1,KM 的线圈断电释放,电动机停止运行。

在操作过程中,如果出现不正常现象,应立即断开电源,分析故障原因,用万用表仔细检查电路,在指导教师认可的情况下才能再通电调试。

拓展阅读
职业素养:7S 管理

四、技能考核

1. 考核任务

在规定时间内按工艺要求完成具有自锁功能的单向起动控制线路的安装接线,且通电试验成功。

2. 考核要求及评分标准

(1)所接电路不通电检查(40分,每错一处扣10分,扣完为止)

① 主电路检查。电源线 L_1、L_2、L_3 先不要通电,使用万用表电阻挡,合上电源开关 QF,压下接触器 KM 动铁心,使 KM 主触点闭合,测量从电源端(L_1、L_2、L_3)到电动机出线端子(U、V、W)的每一相线路的电阻值,记录于表 5-10 中。

表 5-10 具有自锁功能的单向起动控制线路的不通电检查记录

操作步骤	主电路 合上 QF、压下 KM 动铁心			控制电路($V_{12}-W_{12}$) 按下 SB2	压下 KM 动铁心
电阻值	L_1-U	L_2-V	L_3-W		

② 控制电路检查。按下 SB2,测量控制电路两端($V_{12}-W_{12}$)的电阻值,记录于表 1-10 中;压下接触器 KM 动铁心,测量控制电路两端($V_{12}-W_{12}$)的电阻值,记录于表 5-10 中。

(2)通电试验(60分)

在使用万用表检测后,接入电源通电试车。考核表见表 5-11。

提示
任务完成后,整理工位,我的区域我负责

表 5-11 具有自锁功能的单向起动控制线路的通电调试考核表

评分标准	配分	得分	故障原因
一次通电成功	60分		
二次通电成功	40~50分		
三次及以上通电成功	30分		
不成功	10分		

五、拓展知识

动画
5-9 点动和连续混合控制的电路

(一)点动与连续混合控制

机床设备控制中有很多需要使用点动与连续混合控制的正转电路,例如机床设备在正常工作时,一般需要电动机处在连续运转状态,但在试车或调整刀具与工件的相对位置时又需要电动机能点动控制,实现这种工艺要求的电路就是点动与连续混合控制的正转电路。点动控制与连续控制的区别在于有无自锁电路(见图 5-28),可实现点动也可实现连续运转的控制电路,主电路与具有自锁功能的电动机正转控制线路的主电路相同。其中图 5-28(a)是用开关 SA 断开与接通自锁电路,合上 SA 时,实现连续运转控制;断开 SA 时,实现点动控制。图 5-28(b)是用复合按钮 SB3 实现点动控制,用按钮 SB2 实现连续运转控制。

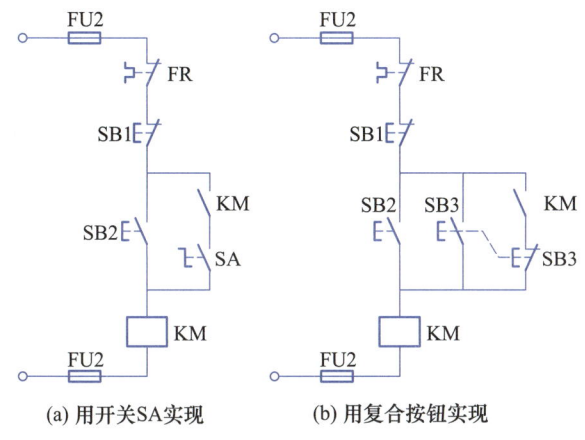

图 5-28 电动机点动与连续混合控制电路

(a) 用开关SA实现 (b) 用复合按钮实现

(二) 同一台电动机的多地控制

在一些大型生产机械和设备上,要求操作人员在不同地方都能进行操作与控制,即实现多地控制。多地控制就是可以在两地或多地操作同一台电动机的起动和停止的控制方式,它是通过多组起动按钮、停止按钮实现的。这些按钮在控制电路中连接的原则是:所有起动按钮的常开触点要并联,即形成逻辑或关系;所有停止按钮的常闭触点要串联,即形成逻辑与关系。图 5-29 所示为三相异步电动机两地控制线路的电气原理图,其中 SB1、SB3 是安装在不同地方的停止按钮,SB2、SB4 是安装在不同地方

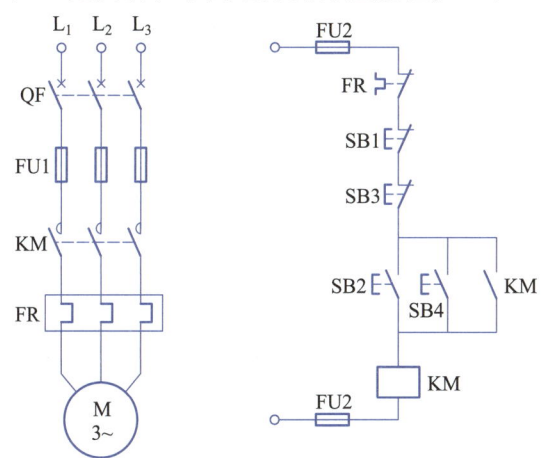

图 5-29 三相异步电动机两地控制线路的电气原理图

的起动按钮。若 SB2、SB1 是安装在甲地的一组起动、停止按钮,那么 SB4、SB3 就是安装在乙地的另一组起动、停止按钮。在甲地或乙地起动电动机后,操作甲地或乙地的停止按钮都可以使电动机停止。

六、练习题

1. 在三相异步电动机主电路中,安装了熔断器,为什么还要安装热继电器?

2. 一台长期工作的三相交流异步电动机的额定功率为 13 kW,额定电压为 380 V,额定电流为 25.5 A,试按电动机额定工作状态选择热继电器型号、规格,并说明热继电器整定电流的数值。

3. 试分析图 5-30 所示各电路中的错误,指出其工作时会出现什么现象,并加以改正。

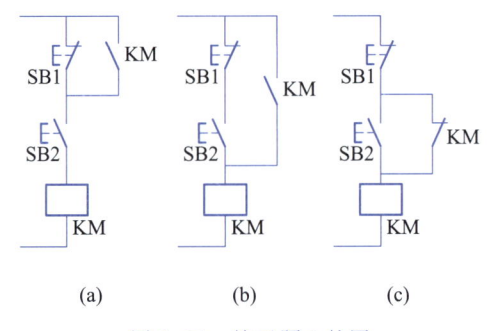

图 5-30 练习题 3 的图

思考与练习

一、单项选择题

1. 交流接触器铁心端面安装短路环的目的是(　　)。
   A. 减小铁心振动和噪声　　　　　　B. 减小铁心损耗
   C. 减小铁心发热　　　　　　　　　D. 减小磁滞损耗

2. 接触器主要由电磁机构、触点系统和(　　)等部分组成。
   A. 线圈　　　　B. 灭弧装置　　　　C. 延时机构　　　　D. 双金属片

3. 热继电器过载时双金属片弯曲是由于双金属片的(　　)不同。
   A. 机械强度　　　B. 热膨胀系数　　　C. 温差效应

4. 具有自锁功能的单向起动控制线路中,实现电动机过载保护的电器元件是(　　)。
   A. 熔断器　　　　B. 热继电器　　　　C. 接触器　　　　D. 电源开关

5. 低压断路器不能切除下面哪种故障(　　)。
   A. 过载　　　　B. 短路　　　　C. 失电压　　　　D. 欠电流

6. 接触器的自锁触点是一对(　　)。
   A. 辅助常开触点　　B. 辅助常闭触点　　C. 常开主触点　　D. 常闭主触点

7. 判断交流接触器还是直流接触器的依据是(　　)。

A. 线圈电流的性质　　　　　　　　　　B. 主触点电流的性质
C. 主触点额定电流　　　　　　　　　　D. 辅助触点电流的性质

8. 同一台三相异步电动机实现多地控制时,各地起动按钮的常开触点应(　　),各地停止按钮的常闭触点应(　　)。

A. 串联、并联　　　B. 并联、串联　　　C. 并联、并联　　　D. 串联、串联

9. 在三相异步电动机直接起动控制线路中,熔断器额定电流一般应取电动机额定电流的(　　)倍。

A. 4~7　　　　　　B. 2.5~3　　　　　C. 1　　　　　　　D. 1.5~2.5

二、判断题

1. 开启式负荷开关安装中,合闸状态时手柄应向下。(　　)
2. 熔断器的额定电流应不小于熔体的额定电流。(　　)
3. 三相异步电动机直接起动时的起动电流为额定电流的4~7倍,所以电路中配置的熔断器的额定电流也应按电动机额定电流的4~7倍来选择。(　　)
4. 在画电气安装接线图时,同一电器元件的部件都要画在一起。(　　)
5. 热继电器的额定电流就是其触点的额定电流。(　　)
6. 接触器自锁控制不仅能保证电动机连续运转,而且还兼有失电压保护作用。(　　)
7. 失电压保护的目的是防止电压恢复时电动机自行起动。(　　)
8. 一定规格的热继电器,其所装的热元件规格可能是不同的。(　　)
9. 一台额定电压为220 V的交流接触器在交流220 V和直流220 V的电源上均可使用。(　　)

项目六
三相异步电动机正反转控制线路

单向起动控制线路只能使电动机朝一个方向旋转,但在实际生产中,许多生产机械往往要求运动部件能实现正反两个方向的运动,如机床工作台的前进与后退、主轴的正转与反转、起重机吊钩的上升与下降等,这就要求电动机可以正反转。

知识目标
1. 了解三相异步电动机正反转实现方法;
2. 掌握电气互锁、按钮互锁的实现方法和作用。

能力目标
1. 会分析正反转控制线路的工作过程;
2. 会根据电气原理图绘制电气安装接线图,完成正反转控制线路的连接;
3. 能熟练使用万用表对所接电路进行故障检查。

素养目标
1. 善于小组合作,养成勤奋钻研、严谨求实的科学作风;
2. 通过接线过程中遇到的各种困难,养成面对困难和失败时沉着冷静、坚持不懈、不达目标不轻易放弃的精神。
3. 通过各小组接线板的展示,养成发现、感知、欣赏、评价美的意识和基本能力。

任务一 电气互锁的正反转控制线路的分析

三相交流电通入三相异步电动机定子绕组中,产生三相对称的正弦交变电流,三相交变电流在定子与转子间隙产生一个旋转磁场,而三相电动机转子转动方向与磁场旋转方向相同,所以改变磁场旋转方向,可改变电动机转子转动方向,即实现电动机的正反转。改变通入三相异步电动机定子绕组三相电源的相序,即把接入三相异步电动机的三相电源进线中的任意两相对调接线,就能使旋转磁场反向,从而使三相异步电动机反转。交换相序有两种方法:一种是利用倒顺开关改变通入电动机定子绕组电源的相序(见本任务中拓展知识描述);另一种是利用两个接触器的主触点改变电源相序,如图 6-1 所示,利用接触器 KM1 和 KM2 的主触点交换通入电动机定子绕组电源的相序。

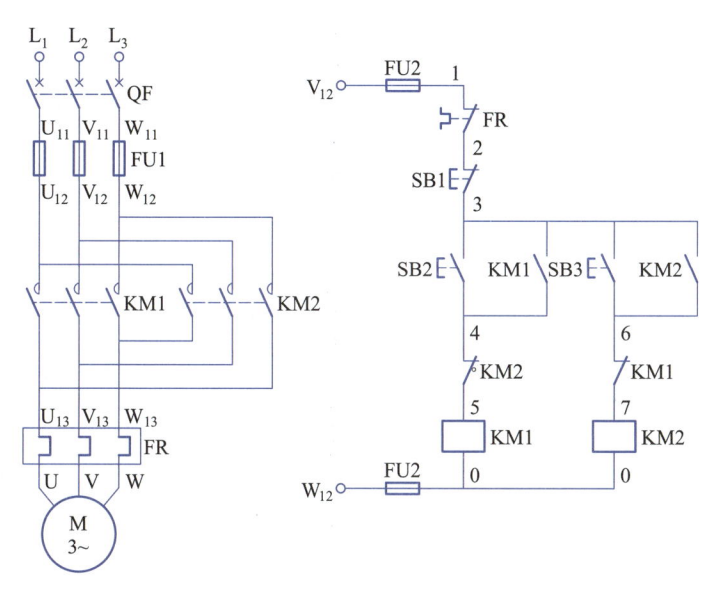

图 6-1　电气互锁的正反转控制线路的电气原理图

本任务要求识读图 6-1 所示电气互锁的正反转控制线路的电气原理图,按工艺完成电路连接,并能进行电路的检查和故障排除。

一、任务目标

① 理解电气互锁的原理、实现方法和在正反转控制线路中的作用。
② 能识读电气互锁的正反转控制线路的电气原理图,明确电路中所用电器元件的作用,会根据电气原理图绘制电气安装接线图,并按工艺要求完成安装接线。
③ 能够对所接电路进行检测和通电试验,并能用万用表检测电路和排除常见电气故障。

微课
6-1 三相异步电动机正反转的实现方法

二、任务引导

(一) 识读电气原理图

与项目五任务三中的图 5-23 比较,图 6-1 所示主电路中多了接触器 KM2 的三对主触点，用于把反相序电源接入电动机定子绕组中，控制电动机的反向运转与停止；控制电路中也增加了对接触器 KM2 线圈的控制部分。

主电路中采用 KM1 和 KM2 两只接触器，当 KM1 主触点闭合时，三相电源相序按 L₁—L₂—L₃ 接入电动机；当 KM2 主触点闭合时，三相电源相序按 L₃—L₂—L₁ 接入电动机。所以当两只接触器分别工作时，电动机的旋转方向相反。

控制电路中要求接触器 KM1 和 KM2 线圈不能同时通电，否则它们的主触点同时闭合，将造成 L₁、L₃ 两相电源短路，为此在 KM1 和 KM2 线圈各自支路中相互串联了对方的一副辅助常闭触点，以保证 KM1 和 KM2 线圈不会同时通电。KM1 和 KM2 这两副辅助常闭触点在控制电路中所起的作用称为互锁（或联锁）作用。这种利用两只接触器的常闭触点相互串接在对方线圈回路中，以保证两只接触器线圈不会同时得电的控制方法称为电气互锁。

（二）识读电路工作过程

（1）文字叙述法

合上电源开关 QF。按下正转起动按钮 SB2，此时 KM2 的辅助常闭触点没有动作，因此 KM1 线圈通电吸合并自锁，其辅助常闭触点断开，起到互锁作用。同时，KM1 主触点接通主电路，输入电源的相序为 L₁、L₂、L₃，使电动机正转。要使电动机反转时，要先按下停止按钮 SB1，使接触器 KM1 线圈断电，相应的主触点断开，电动机停转，辅助常闭触点复位，为反转起动做准备。然后再按下反转起动按钮 SB3，KM2 线圈得电，触点的相应动作同样起自锁、互锁和接通主电路作用，输入电源的相序变成了 L₃、L₂、L₁，使电动机实现反转。

（2）动作流程法

用动作流程法识读电路时，还经常采用简化写法，即线圈得电用"＋"表示、线圈断电用"－"表示。描述触点的通断情况时，通常线圈得电时常闭触点断开、常开触点闭合，线圈断电时所有触点复位（原始状态）。当电路动作较为复杂时，还必须从主电路分析入手，再分析控制电路的电器元件动作过程。

图 6-1 所示电路的工作过程识读如下：

主电路的识读：合上 QF，当 KM1 主触点闭合时，电动机正向运转；当 KM2 主触点闭合时，电动机反向运转。

控制电路的识读如下：

① 正向起动控制过程：

按下SB2 ⟶ KM1⁺ ┬⟶ KM1 常闭触点断开，对KM2互锁
　　　　　　　　　├⟶ KM1 常开触点闭合，自锁
　　　　　　　　　└⟶ KM1 主触点闭合 ⟶ M正向起动运行

② 反向起动控制过程：

先按下SB1 ⟶ KM1⁻ ⟶ KM1 所有触点复位 ⟶ M断开三相电源，停止

$$按下SB3 \longrightarrow KM2^+ \begin{cases} \longrightarrow KM2\ 常闭触点断开,对KM1互锁 \\ \longrightarrow KM2\ 常开触点闭合,自锁 \\ \longrightarrow KM2\ 主触点闭合 \longrightarrow M\ 反向起动运行 \end{cases}$$

③ 停止过程：

按下 SB1→KM1（或 KM2）线圈断电→KM1（或 KM2）所有触点复位→M 断电停止

从电路的工作过程可知，对于这种电路，要改变电动机的转向，必须先按下停止按钮，使电动机停止正转，再按下反转按钮，才能使电动机进行反转，即只能实现"正转-停止-反转"的操作流程，操作不方便。

三、任务实施

1. 绘制电气安装接线图

根据图 6-1，绘制出电气互锁的正反转控制线路的电气安装接线图，如图 6-2 所示。其电器元件的布局与具有自锁功能的单向起动控制线路基本相同，多了一个反转接触器和反转起动按钮。注意，所有接线端子标注编号应与电气原理图一致，不能有误。

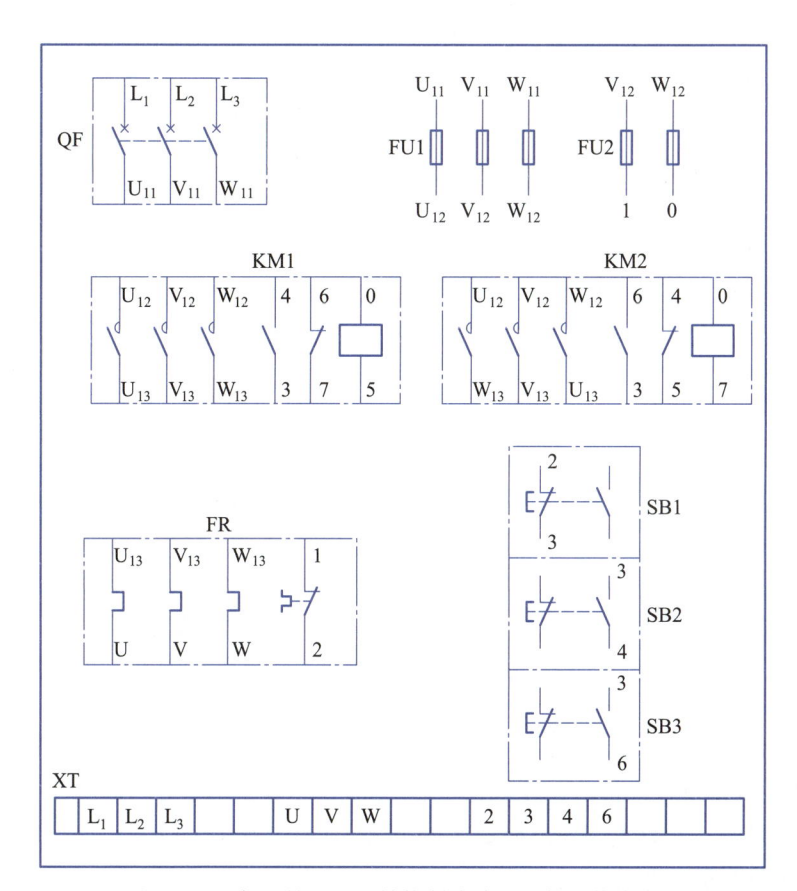

图 6-2 电气互锁的正反转控制线路的电气安装接线图

2. 安装接线

按工艺要求完成电气互锁的正反转控制线路的安装接线。

3. 电路断电检查

① 按电气原理图或电气安装接线图从电源端开始,逐段核对接线及接线端子处是否正确,有无漏接、错接之处。检查导线接点是否符合要求,压接是否牢固。

② 用万用表检查线路的通断情况。检查时,应选用倍率适当的电阻挡,并进行校零,以防短路故障发生。

检查控制电路时(可断开主电路),可用万用表两表笔分别搭在 FU2 的两个出线端(V_{12} 和 W_{12})上,此时读数应为"∞"。按下正转起动按钮 SB2 或反转起动按钮 SB3,读数应为接触器 KM1 或 KM2 线圈的电阻值;用手压下 KM1 或 KM2 的动铁心,使 KM1 或 KM2 的常开触点闭合,读数也应为接触器 KM1 或 KM2 线圈的电阻值。同时按下 SB2 和 SB3 或同时压下 KM1 和 KM2 的动铁心,万用表读数应为"∞"。

检查主电路时,电源线 L_1、L_2、L_3 先不要通电,合上 QF,用手压下接触器 KM1 或 KM2 的动铁心来代替接触器得电吸合时的情况进行检查,依次测量从电源端到电动机出线端子上的每一相线路的电阻值,检查是否存在开路现象。

4. 通电试车及故障排除

通电试车,操作相应按钮,观察电器元件动作情况。

把 L_1、L_2、L_3 三端接上电源,合上 QF,引入三相电源,按下按钮 SB2,KM1 线圈得电吸合,电动机正向起动运行;接着按下按钮 SB3,KM2 线圈不能得电吸合,必须先按下停止按钮 SB1,使 KM1 线圈断电,再按下按钮 SB3,KM2 线圈才能得电吸合,电动机反向起动运行;同时按下 SB2 和 SB3,KM1 和 KM2 线圈都不吸合,电动机不转。按下停止按钮 SB1,电动机停止。

在操作过程中,如果出现不正常现象,应立即断开电源,分析故障原因,利用万用表仔细检查线路,在指导教师认可的情况下才能再次通电调试。

四、技能考核

1. 考核任务

在规定时间内按工艺要求完成电气互锁的正反转控制线路的安装接线,且通电试验成功。

2. 考核要求及评分标准

(1)所接线路不通电检查(40 分,每错一处扣 10 分,扣完为止)

① 主电路检查。电源线 L_1、L_2、L_3 先不要通电,合上断路器 QF,压下接触器 KM1(或 KM2)的动铁心,使 KM1(或 KM2)的主触点闭合,测量从电源端(L_1、L_2、L_3)到电动机出线端子(U、V、W)的每一相线路的电阻值,记录于表 6-1 中。

② 控制电路检查。依次操作 SB2、SB3,用手压下接触器 KM1 动铁心,用手压下接触器 KM2 动铁心,测量控制电路两端的电阻值,记录于表 6-1 中。

(2)通电试验(60 分)

在使用万用表检测后,接入电源通电试车。考核表见表 6-2。

表6-1 电气互锁的正反转控制线路的不通电检查记录

操作步骤	主电路						控制电路(V_{12}-W_{12})			
	压下KM1动铁心			压下KM2动铁心			按下SB2	按下SB3	压下KM1动铁心	压下KM2动铁心
	L_1-U	L_2-V	L_3-W	L_1-W	L_2-V	L_3-U				
电阻值										

表6-2 电气互锁的正反转控制线路的通电调试考核表

评分标准	配分	得分	故障原因
一次通电成功	60分		
二次通电成功	40~50分		
三次及以上通电成功	30分		
不成功	10分		

五、拓展知识

（一）万能转换开关

万能转换开关比组合开关有更多的操作位置和触点，是一种能够连接多个电路的手动控制电器。由于它的挡位多、触点多，可控制多个电路，能适应复杂线路的要求。图6-3所示为LW12型万能转换开关的外形及凸轮通断触点示意图，它由多组相同结构的触点叠装而成，在触点盒的上方有操作机构。由于扭转弹簧的储能作用，操作呈现了瞬时动作的性质，故触点分断迅速，不受操作速度的影响。

(a) 外形　　(b) 凸轮通断触点示意图

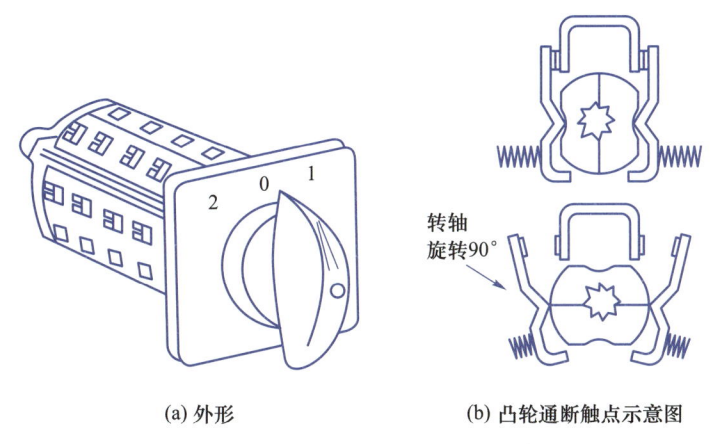

图6-3 LW12型万能转换开关外形及凸轮通断触点示意图

万能转换开关的触点通断表示如图6-4所示。图中虚线表示操作位置，而不同操作位置的各对触点通断状态与触点下方或右侧对应，规定用于虚线相交位置上的涂黑圆点表示接通，没有涂黑圆点表示断开。另一种是用触点通断状态表来表示，表中以"×"（或"+"）表示触点闭合，"无记号"（或—）表示触点分断。万能转换开关的文字符号是 SA。

触点标号	I	0	II
1-2	×		
3-4			×
5-6			×
7-8			×
9-10	×		
11-12	×		
13-14			×
15-16			×

图 6-4 万能转换开关的触点通断表示

(二) 使用万能转换开关实现电动机正反转控制

使用万能转换开关的电动机正反转控制线路的电气原理图如图 6-5 所示。与项目五任务 3 中具有自锁功能的单向起动控制线路(见图 5-23)相比,在主电路中加入万能转换开关 SA,SA 有三个工作位置、四对触点。当 SA 置于上、下方不同位置时,通过其不同触点的接通来改变定子绕组接入三相交流电源的相序,进而改变电动机的旋转方向。

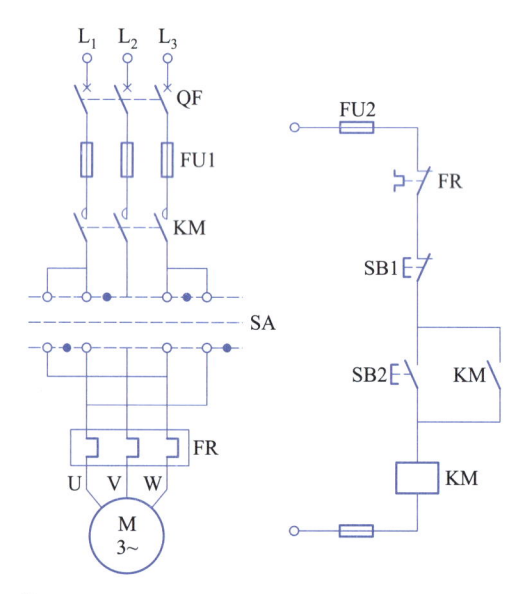

图 6-5 使用万能转换开关的电动机正反转控制线路的电气原理图

在图 6-5 中,接触器作为电路接触器使用,万能转换开关 SA 作为电动机旋转方向预选开关,由按钮来控制接触器的线圈,再由接触器主触点来接通或断开电动机三相电源,实现电动机的起动和停止。

六、练习题

1. 用什么方法可以使三相异步电动机改变转向?
2. 什么是电气互锁?在三相异步电动机正反转控制线路中是如何实现电气互锁的?为什么要设置电气互锁?
3. 如图 6-6 所示的电气互锁正反转控制线路的电气原理图中哪些地方画错了?试在图中改正,并叙述其工作原理。

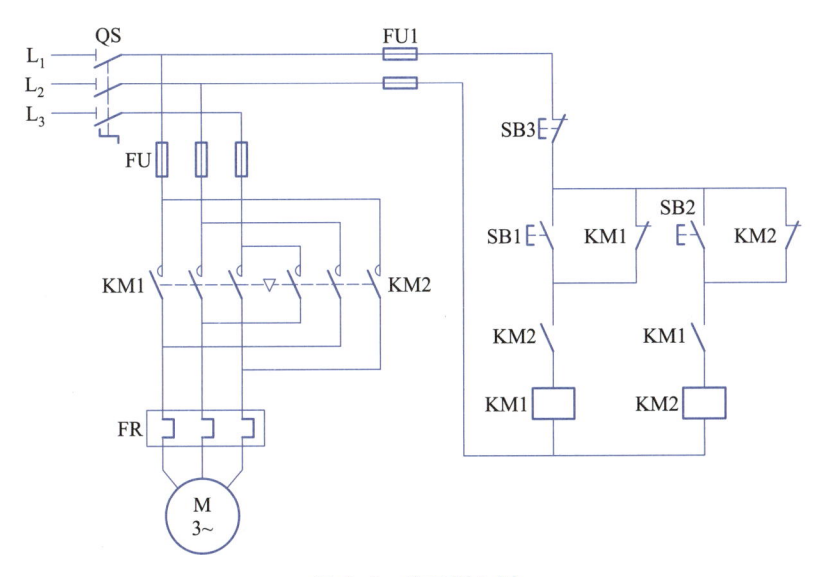

图 6-6　练习题 3 图

任务二　双重互锁的正反转控制线路的分析

电气互锁的正反转控制线路虽然可以避免主电路的电源短路事故,但是在需要电动机转向时,必须先操作停止按钮,这在某些场合使用非常不方便。在实际工作中,通常要求实现电动机正反转操作的直接切换,即要求电动机正向运转时操作正向起动按钮,而此时如果要求电动机反向运转可以直接操作反向起动按钮,无须先按下停止按钮。这是一种双重互锁的正反转控制线路,操作方便,在各种设备中得到了广泛应用。

本任务要求识读图 6-7 所示利用接触器按钮实现的双重互锁的正反转控制线路的电气原理图,按工艺完成线路连接,并能进行线路的检查和故障排除。

一、任务目标

① 理解按钮互锁的原理、实现方法和在正反转控制线路中的作用。
② 能识读双重互锁的正反转控制线路的电气原理图,明确线路中所用电器元件的

作用。会根据电气原理图绘制电气安装接线图,并按工艺要求完成安装接线。

③ 能够对所接线路进行检测和通电试验,并能用万用表检测线路和排除常见电气故障。

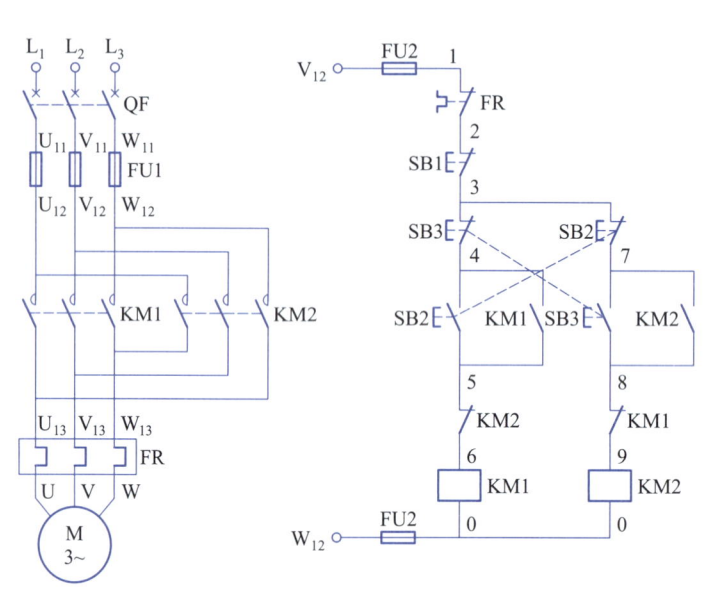

微课
6-6 "正反"任我行

图 6-7 双重互锁的正反转控制线路的电气原理图

二、任务引导

(一) 按钮互锁的正反转控制线路

在实际工作中,通常要求实现电动机正反转操作的直接切换,即要求电动机正向运转时按下正向起动按钮,而此时如果要求电动机反向运转可以直接按下反向起动按钮,无须先按下停止按钮。这就需要在控制电路中引入按钮互锁的环节。将正、反转起动按钮的常闭触点串接在反、正转接触器线圈电路中,起互锁作用,这种互锁称为按钮互锁,又称为机械互锁。图 6-8 所示为按钮互锁的正反转控制线路的电气原理图。

合上电源开关 QF。按下正转起动按钮 SB2,KM1 线圈得电自锁,其主触点闭合实现电动机正转起动运行。当需要改变电动机转向时,只要按下反转起动按钮 SB3 即可。由于复合按钮的动作特点是先断后合,即按下 SB3 时,其常闭触点先断开,使 KM1 线圈先断电;SB3 常开触点后闭合,然后才使 KM2 线圈得电自锁,其主触点闭合使电动机实现反转。这就确保了正反转接触器线圈不会因同时得电而发生两相电源短路的现象。

(二) 双重互锁的正反转控制线路

按钮互锁的正反转控制线路的优点是操作方便,当需要改变电动机转向时,不必先按下停止按钮 SB1,只要直接按下反方向起动按钮,即可实现"正—反"直接操作。

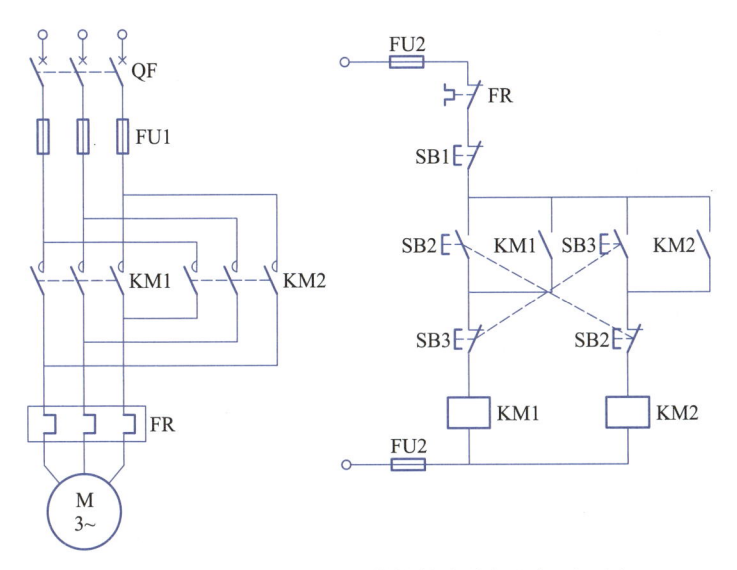

图 6-8　按钮互锁的正反转控制线路的电气原理图

但仅有按钮互锁的正反转控制线路也存在安全缺陷,当正转接触器的主触点 KM1 因故延缓释放或不能释放时,如果这时按下反转起动按钮 SB3 进行换向,则会因正反转接触器的主触点同时闭合而发生主电路电源相间短路事故。所以在实际应用中,一般采用既有电气互锁又有按钮互锁,即双重互锁的正反转控制线路,可以方便地进行正反转操作。双重互锁的正反转控制线路电气原理图如图 6-7 所示。

1. 识读电气原理图

主电路与本项目任务一相同,线路中采用 KM1 和 KM2 两只接触器,当 KM1 主触点闭合时,三相电源相序按 $L_1—L_2—L_3$ 接入电动机;当 KM2 主触点闭合时,三相电源相序按 $L_3—L_2—L_1$ 接入电动机。所以当两只接触器分别工作时,电动机的旋转方向相反。

控制电路中仍然要求接触器 KM1 和 KM2 线圈不能同时通电,否则它们的主触点同时闭合,将造成 L_1、L_3 两相电源短路,为此除了利用电气互锁,即在 KM1 和 KM2 线圈各自支路中相互串联了对方的一副辅助常闭触点,以保证 KM1 和 KM2 线圈不会同时通电外,还设置了按钮互锁,即将正反转起动按钮的常闭触点串联在反正转接触器线圈电路中,起互锁作用。

2. 识读线路工作过程

（1）文字叙述法

合上电源开关 QF。按下 SB2,KM1 线圈得电,KM1 辅助常开触点闭合实现自锁,KM1 主触点闭合,电动机正转起动运行。当需要改变电动机转向时,只要按下复合按钮 SB3 即可。由于复合按钮的动作特点是常闭触点先断开、常开触点后闭合,当按下 SB3 时,其常闭触点先断开,使 KM1 线圈失电,所有触点复位,电动机断开正向电源,SB3 常开触点后闭合,使 KM2 线圈得电,KM2 辅助常开触点闭合实现自锁,KM2 主触点闭合,电动机实现反转。这就确保了正反转接触器主触点不会因同时闭合而发生两相电源短路现象。

（2）动作流程法

主电路的识读：合上 QF，当 KM1 主触点闭合时，电动机正向起动运行；当 KM2 主触点闭合时，电动机反向起动运行。

控制电路的识读如下：

① 正向起动控制过程：

按下SB2 → KM1⁺ ┬→ KM1常闭触点断开，对KM2互锁
　　　　　　　　├→ KM1常开触点闭合，自锁
　　　　　　　　└→ KM1主触点闭合 → M正向起动运行

② 反向起动控制过程：

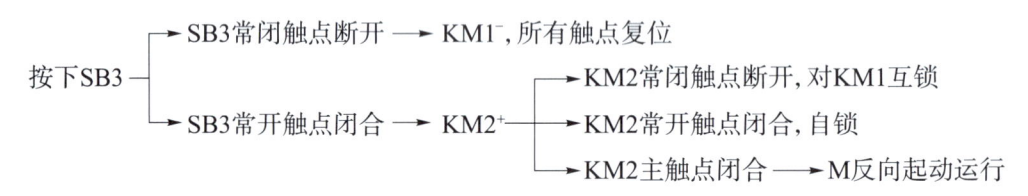

按下SB3 ┬→ SB3常闭触点断开 → KM1⁻，所有触点复位
　　　　└→ SB3常开触点闭合 → KM2⁺ ┬→ KM2常闭触点断开，对KM1互锁
　　　　　　　　　　　　　　　　　├→ KM2常开触点闭合，自锁
　　　　　　　　　　　　　　　　　└→ KM2主触点闭合 → M反向起动运行

③ 停止过程：

按下 SB1→KM1（或 KM2）线圈失电→KM1（或 KM2）所有触点复位→M 断电停止

三、任务实施

1. 绘制电气安装接线图

根据图 6-7，绘制出利用接触器按钮实现的双重互锁的正反转控制线路的电气安装接线图，如图 6-9 所示。其电器元件的布局与电气互锁的正反转控制线路基本相同，只是正反转起动按钮的常开、常闭触点都要接在控制电路中。注意，所有接线端子标注编号应与电气原理图一致，不能有误。

2. 安装接线

按工艺要求完成利用接触器按钮实现的双重互锁的正反转控制线路的安装接线。

3. 线路断电检查

① 按电气原理图或电气安装接线图从电源端开始，逐段核对接线及接线端子处是否正确，有无漏接、错之处。检查导线接点是否符合要求，压接是否牢固。

② 用万用表检查线路的通断情况。检查时，应选用倍率适当的电阻挡，并进行校零，以防短路故障发生。

检查控制电路时（可断开主电路），可用万用表两表笔分别搭在 FU2 的两个出线端（V_{12} 和 W_{12}）上，此时读数应为"∞"。按下正转起动按钮 SB2 或反转起动按钮 SB3，读数应为接触器 KM1 或 KM2 线圈的电阻值；用手压下 KM1 或 KM2 的动铁心，使 KM1 或 KM2 的常开触点闭合，读数也应为接触器 KM1 或 KM2 线圈的电阻值。同时按下 SB2 和 SB3，或者同时压下 KM1 和 KM2 的动铁心，万用表读数应为"∞"。

检查主电路时，电源线 L_1、L_2、L_3 先不要通电，合上 QF，用手压下接触器 KM1 或

KM2 的动铁心来代替接触器得电吸合时的情况进行检查,依次测量从电源端到电动机出线端子上的每一相线路的电阻值,检查是否存在开路现象。

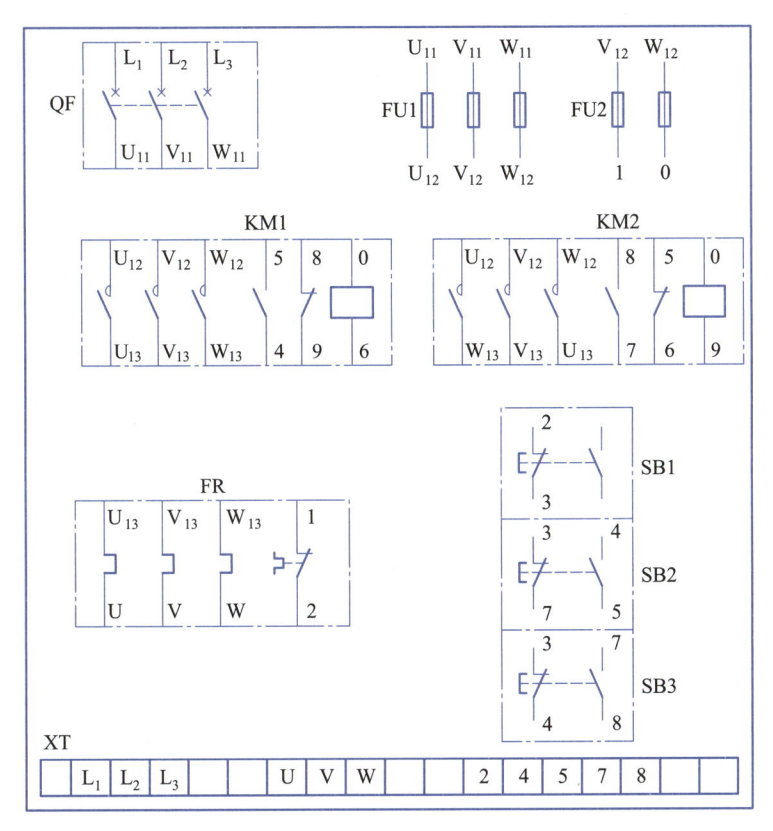

图 6-9　双重互锁的正反转控制线路的电气安装接线图

4. 通电试车及故障排除

通电试车,操作相应按钮,观察电器元件动作情况。

把 L_1、L_2、L_3 三端接上电源,合上 QF,引入三相电源,按下按钮 SB2,KM1 线圈得电吸合自锁,电动机正向起动运行;按下按钮 SB3,KM2 线圈得电吸合自锁,电动机反向起动运行;同时按下 SB2 和 SB3,KM1 和 KM2 线圈都不吸合,电动机不转。按下停止按钮 SB1,电动机停止。

在操作过程中,如果出现不正常现象,应立即断开电源,分析故障原因,利用万用表仔细检查线路,在指导教师认可的情况下才能再通电调试。

四、技能考核

1. 考核任务

在规定时间内按工艺要求完成双重互锁的正反转控制线路的安装接线,且通电试验成功。

2. 考核要求及评分标准

(1) 所接线路不通电检查(40 分,每错一处扣 10 分,扣完为止)

① 主电路检查。电源线 L₁、L₂、L₃ 先不要通电,合上断路器 QF,压下接触器 KM1(或 KM2)的动铁心,使 KM1(或 KM2)的主触点闭合,测量从电源端(L₁、L₂、L₃)到出线端子(U、V、W)的每一相线路的电阻值,记录于表 6-3 中。

② 控制电路检查。依次操作 SB2、SB3,用手压下接触器 KM1 动铁心,用手压下接触器 KM2 动铁心,测量控制电路两端的电值,记录于表 6-3 中。

表 6-3 双重互锁的正反转控制线路不通电检查记录

操作步骤	主电路						控制电路（$V_{12}-W_{12}$）			
	压下 KM1 动铁心			压下 KM2 动铁心			按下 SB2	按下 SB3	压下 KM1 动铁心	压下 KM2 动铁心
	L_1-U	L_2-V	L_3-W	L_1-W	L_2-V	L_3-U				
电阻值										

(2) 通电试验(60 分)

在使用万用表检测后,接入电源通电试车。考核表见表 6-4。

表 6-4 双重互锁的正反转控制线路的通电调试考核表

评分标准	配分	得分	故障原因
一次通电成功	60 分		
二次通电成功	40~50 分		
三次及以上通电成功	30 分		
不成功	10 分		

五、拓展知识

(一) 行程开关

行程开关常用于运料机、锅炉上煤机和某些机床进给运动的电气控制,如在万能铣床、镗床等生产机械中经常用到行程开关。行程控制电路可以使电动机所拖动的设备在每次起动后自动停止在规定位置,然后由人控制返回到规定的起始位置并停止在该位置。停止信号是由在规定位置上设置的行程开关发出的,该控制一般又称为限位控制。

行程开关又称为限位开关或位置开关,行程开关的外形如图 6-10 所示。

行程开关根据操作头的不同分为单滚轮式(能自动复位)、直动式(按钮式,能自动复位)和双滚轮式(不能自动复位,需机械部件返回时再碰撞一次才能复位)。以单滚轮式为例,当运动机械的撞铁压到行程开关的滚轮时,杠杆连同转轴一起转动,使凸轮推动撞块,当撞块被压到一定位置时,推动微动开关快速动作,使其常闭触点分断,常开触点闭合;撞铁移开滚轮后,复位弹簧就使行程开关各部分复位。

图 6-11 所示为直动式行程开关的结构示意图。行程开关的电路符号如图 6-12 所示。

项目六 三相异步电动机正反转控制线路

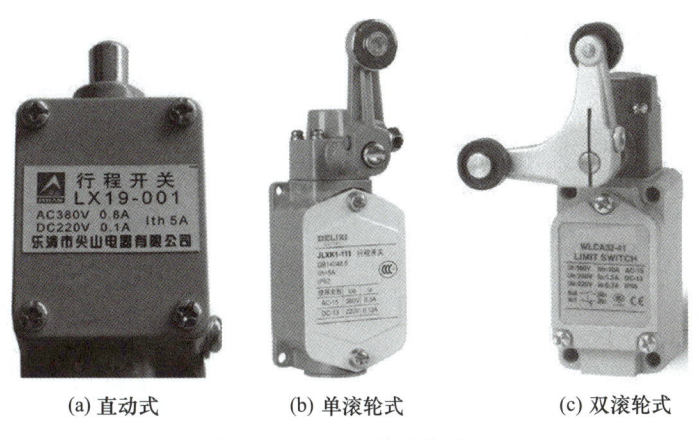

(a) 直动式　　　(b) 单滚轮式　　　(c) 双滚轮式

图 6-10　行程开关的外形

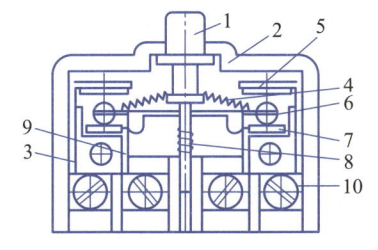

图 6-11　直动式行程开关结构示意图

1—顶杆　2—外壳　3—常开静触点　4—触点弹簧
5—静触点　6—动触点　7—静触点　8—复位弹簧
9—常闭静触点　10—螺钉和压板

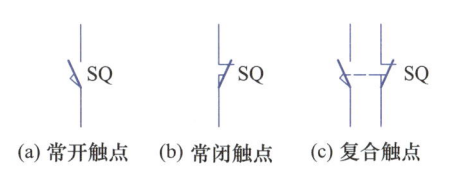

(a) 常开触点　(b) 常闭触点　(c) 复合触点

图 6-12　行程开关的电路符号

行程开关的主要结构由操作机构、触点系统和外壳组成,通常有一对常开触点和一对常闭触点,JLXK1-111 型行程开关如图 6-13 所示。

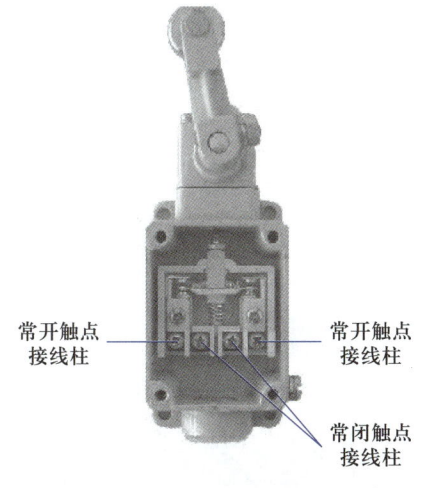

常开触点接线柱　　常开触点接线柱

常闭触点接线柱

图 6-13　JLXK1-111 型行程开关

行程开关常用型号有 JLXK1、LX19、LX21、LX22、LX29、LX32 等。行程开关型号的含义如下:

动画 6-4 行程开关的结构

动画 6-5 行程开关的工作原理

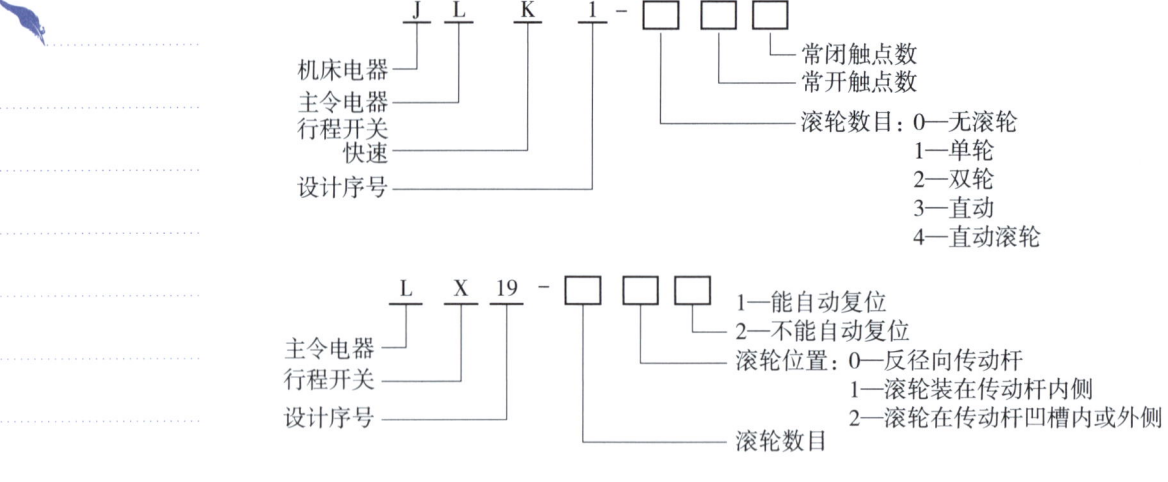

```
            J L K 1-□□□
              │ │ │ │   │└─常闭触点数
              │ │ │ │   └──常开触点数
    机床电器──┘ │ │ │
    主令电器────┘ │ │   ┌─滚轮数目：0—无滚轮
    行程开关──────┘ │   │        1—单轮
    快速──────────┘    │        2—双轮
    设计序号────────────┘        3—直动
                                 4—直动滚轮

             L X 19-□□□
               │ │    │  │ └─1—能自动复位
               │ │    │  │   2—不能自动复位
    主令电器──┘ │    │  └──滚轮位置：0—反径向传动杆
    行程开关────┘    │              1—滚轮装在传动杆内侧
    设计序号──────────┘              2—滚轮在传动杆凹槽内或外侧
                     └────滚轮数目
```

各系列行程开关的基本结构相同，区别仅在于行程开关的传动装置和动作速度不同。选择行程开关时，应考虑动作要求和触点数目。

（二）接近开关

接近开关是与（机器的）运动部件无机械接触而能操作的位置开关。当运动的物体靠近开关到一定位置时，开关发出信号，实现行程控制及计数等功能。接近开关通常用于工业自动化控制系统中，是一种无触点、非接触型的检测装置。

接近开关由工作电源、信号发生器（感测机构）、振荡器、检波器、鉴幅器和输出电路等部分组成。接近开关的种类非常多，包括用于检测金属和非金属的物体存在与否的电感式和电容式接近开关，检测可反射声音的物体存在与否的超声波式接近开关，检测物体存在与否的光电式接近开关和检测磁性物体存在与否的非机械磁性接近开关。

OBM-D04NK 型接近开关（NPN 常开）如图 6-14 所示，观察 OBM-D04NK 型接近开关的外形结构，该接近开关有 3 根引线，分别为棕色、黑色、蓝色，对于触点的检测，需要接直流 24 V 电源检测，要求棕色线接+24 V 端，蓝色线接 0 V 端，黑色线为信号线，可以作为控制器的输入点。

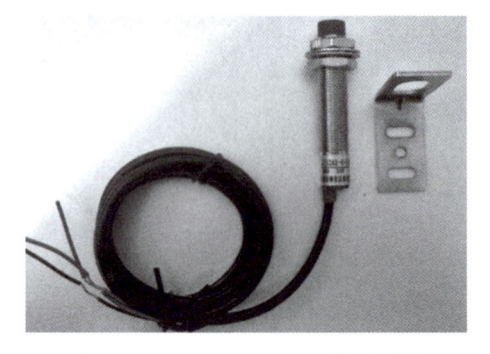

图 6-14　OBM-D04NK 型接近开关

初始状态下，将万用表调至直流电压 200 V 挡（表头示数为 0 时，表示无信号输出状态,是断路状态;表头示数为 24 V 左右时,表示有信号输出,是通路状态),用万用表两表笔测试棕色线、黑色线两端,观察万用表的示数,显示值为 0,判断此时黑色线无信号。将金属部件靠近金属探头,测试黑色线的输出情况,测试棕色线、黑色线两端,观察万用表的示数,显示值约为 24 V 左右,判断此时黑色线有信号输出。

(三)工作台自动往复循环控制线路

6-7 工作台自动往复循环控制线路

有些生产机械(如万能铣床)要求工作台在一定距离内能自动往返,通常可利用行程开关控制电动机正反转来实现工作台的自动往复运动。图 6-15 为某铣床工作台的自动往复循环控制线路,图 6-15(a)为工作台自动往复运动示意图。工作台的两端有挡铁 A 和挡铁 B,机床床身上有行程开关 SQ1 和 SQ2,当挡铁碰撞行程开关后,将自动换接电动机正反转控制电路,使工作台自动往返运行。SQ3 和 SQ4 为正反向极限保护用行程开关,若换向时行程开关 SQ1、SQ2 失灵,则由极限保护行程开关 SQ3、SQ4 实现限位保护,及时切断电源,避免运动部件因超出极限位置而发生事故。

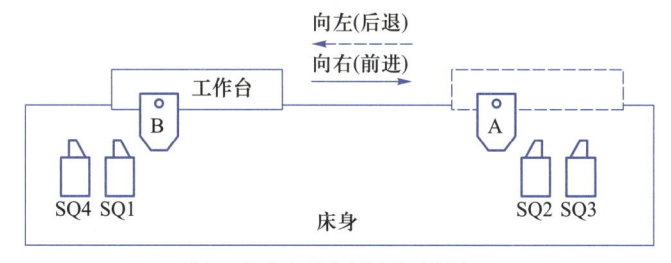

(a) 工作台自动往复运动示意图

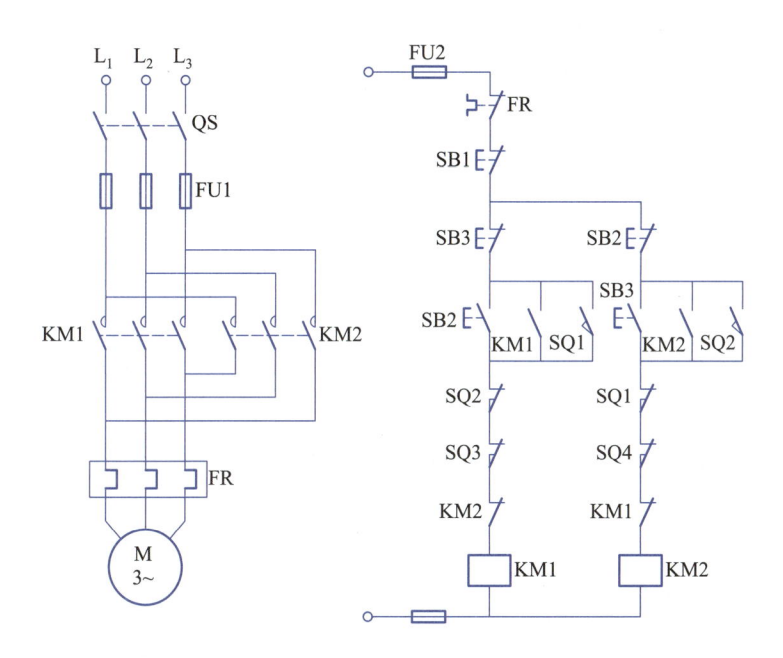

(b) 自动往复循环控制线路电气原理图

图 6-15 某铣床工作台的自动往复循环控制线路

自动往复循环控制线路电气原理图识读如下：

① 主电路的识读：合上 QS，当 KM1 主触点闭合时，电动机正转，拖动工作台前进（向右移动）；当 KM2 主触点闭合时，电动机反转，拖动工作台后退（向左移动）。

② 控制电路的识读如下：

a. 起动过程：

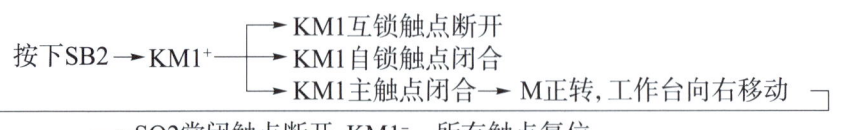

按下 SB2 → KM1⁺ → KM1 互锁触点断开
　　　　　　　　→ KM1 自锁触点闭合
　　　　　　　　→ KM1 主触点闭合 → M 正转，工作台向右移动

挡铁压下 SQ2 → SQ2 常闭触点断开，KM1⁻，所有触点复位
　　　　　　→ SQ2 常开触点闭合，KM2⁺ → KM2 互锁触点断开
　　　　　　　　　　　　　　　　　　→ KM2 自锁触点闭合
　　　　　　　　　　　　　　　　　　→ KM2 主触点闭合 → M 反转，工作台向左移动

挡铁压下 SQ1 → SQ1 常闭触点断开，KM2⁻，所有触点复位
　　　　　　→ SQ1 常开触点闭合，KM1⁺ → M 再次正转，工作台又向右移动……如此循环往复，直至按下 SB1，KM1⁻或 KM2⁻，M 停转

b. 停止过程：

按下 SB1 → KM1（或 KM2）线圈失电 → KM1（或 KM2）所有触点复位 → M 断电停止，工作台停止运动

六、练习题

1. 什么是按钮互锁？在三相异步电动机正反转控制线路中是如何实现按钮互锁的？为什么要设置按钮互锁？

2. 图 6-16 所示为某工作台自动往复运动的电气控制线路，分析 SA、SQ1~SQ4 的作用及电路的工作过程。

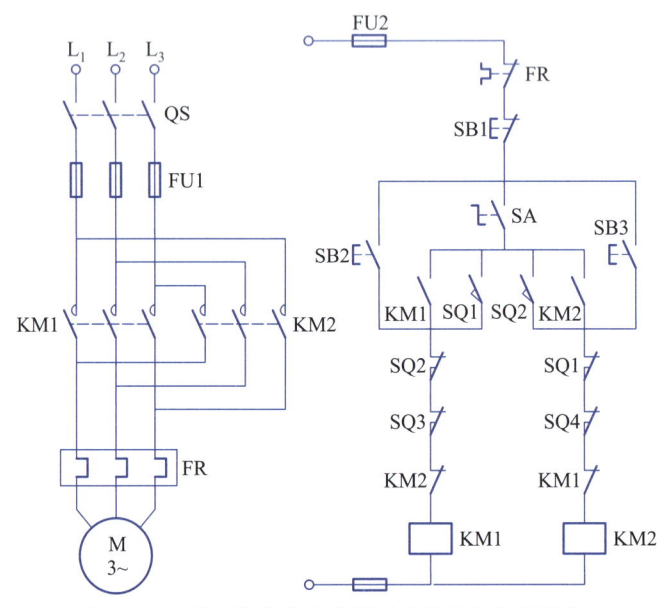

图 6-16　某工作台自动往复运动的电气控制线路

思考与练习

一、单项选择题

1. 改变通入三相异步电动机电源的相序就可以使电动机（　　）。
 A. 停速　　　　　　B. 减速　　　　　　C. 反转　　　　　　D. 减压起动
2. 要使三相异步电动机反转，只要（　　）就能完成。
 A. 降低电压　　　　　　　　　　　B. 降低电流
 C. 将任意两根电源线对调　　　　　D. 降低电路功率
3. 甲乙两个接触器，欲实现互锁控制，则应（　　）。
 A. 在甲接触器的线圈电路中串入乙接触器的动断触点
 B. 在乙接触器的线圈电路中串入甲接触器的动断触点
 C. 在两接触器的线圈电路中互串对方的动断触点
 D. 在两接触器的线圈电路中互串对方的动合触点
4. 在操作电气互锁的正反转控制线路时，要使电动机从正转变为反转，正确的操作方法是（　　）。
 A. 直接按下反转起动按钮
 B. 必须先按下停止按钮，再按下反转起动按钮
 C. 必须先按下停止按钮，再按下正转起动按钮
 D. 以上方法都可以
5. 在操作按钮接触器双重互锁的正反转控制线路时，要使电动机从正转变为反转，正确的操作方法是（　　）。
 A. 直接按下反转起动按钮
 B. 必须先按下停止按钮，再按下反转起动按钮
 C. 必须先按下停止按钮，再按下正转起动按钮
 D. 以上方法都可以
6. 完成工作台自动往复行程控制要求的主要电器元件是（　　）。
 A. 接触器　　　　　B. 行程开关　　　　　C. 按钮　　　　　D. 组合开关

二、判断题

1. 可以通过改变通入三相异步电动机定子绕组的电源相序来实现其正反转控制。（　　）
2. 在电气互锁的正反转控制线路中。正反转接触器允许同时得电。（　　）
3. 要想改变三相交流异步电动机的旋转方向，只要将电源相序 L_1—L_2—L_3 改接为 L_3—L_1—L_2 即可。（　　）
4. 三相笼型异步电动机的电气控制线路中，如果使用热继电器作过载保护，就不必再装设熔断器作短路保护。（　　）
5. 万能转换开关本身带有各种保护。（　　）
6. 双重互锁的正反转控制线路中，可以实现"正转—反转"的直接切换。（　　）
7. 在正反转控制线路中，设置按钮互锁的目的是避免正反转接触器线圈同时得电而造成主电路电源相间短路。（　　）

项目七
三相异步电动机减压起动控制线路

三相异步电动机接通电源后由静止状态逐渐加速到稳定运行状态的过程,称为起动。若将额定电压直接加到电动机的定子绕组上,使电动机起动运行,称为直接起动,又称为全压起动。直接起动的优点是所用电气设备少,电路简单;缺点是起动电流大,是额定电流的4~7倍,容量较大的电动机采用直接起动时,会使电网电压严重下跌,不仅导致同一电网上的其他电动机起动困难,而且影响其他用电设备的正常运行。

因此对于额定功率大于10 kW的三相异步电动机,一般都采用减压起动方式来起动,起动时降低加在电动机定子上的电压,起动后再将电压恢复到额定值,使之在正常电压下运行。

减压起动方法有定子回路串电阻减压起动、星-三角减压起动、自耦变压器减压起动、软起动、延边三角形减压起动等。常用的是星-三角减压起动与自耦变压器减压起动,而软起动是一种新技术,正在一些场合推广应用。

微课
7-1 三相异步电动机减压起动的目的和常用方法

知识目标

1. 熟悉三相异步电动机常用减压起动方法和适用场合;
2. 掌握时间继电器的触点和符号及时间设定方法;
3. 了解三相绕线转子异步电动机减压起动方法和工作原理。

能力目标

1. 会正确使用时间继电器,能检测其好坏;
2. 会分析三相异步电动机减压起动控制线路的工作过程;
3. 会绘制时间继电器控制的星-三角减压起动控制线路的电气安装接线图,并进行电路连接;
4. 能熟练使用万用表对所接电路进行故障检查。

素养目标

1. 学会用不同方法和策略完成任务,敢于质疑,用创新思维去解决问题;
2. 在完成任务的过程中,养成发现问题、解决问题、精益求精的工作习惯。

任务一　星-三角减压起动控制线路的分析

星-三角减压起动是指电动机起动时,把定子绕组接成星形,以降低起动电压,限制起动电流,待电动机起动后,再把定子绕组改接成三角形。只有正常运行时定子绕组接成三角形的笼型异步电动机才可以采用星-三角减压起动方法来达到限制起动电流的目的。对于功率在 4.0 kW 以上的 Y 系列笼型异步电动机,其定子绕组均为三角形联结,可以采用星-三角减压起动的方法。

本任务要求识读星-三角减压起动控制线路的电气原理图,根据图 7-1 所示的按钮切换的星-三角减压起动控制线路电气原理图,按工艺完成线路连接、线路检查和故障排除。

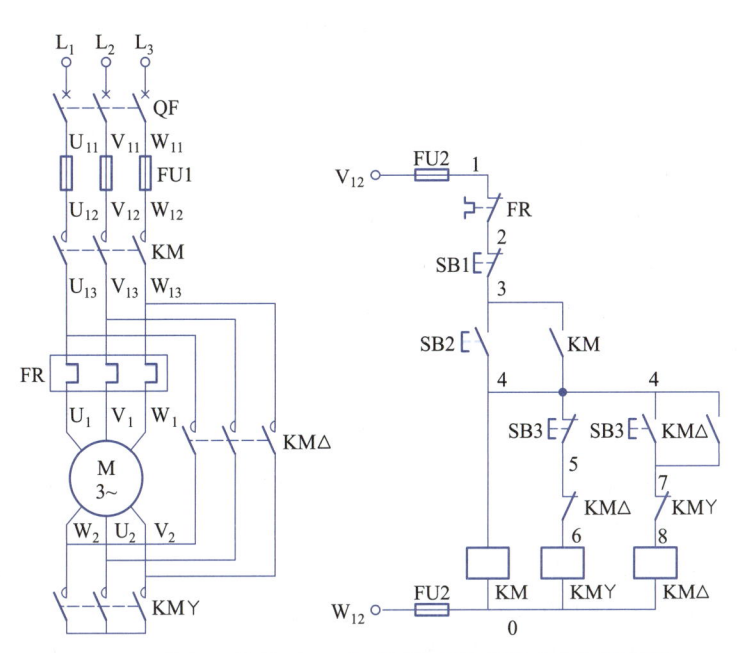

图 7-1　按钮切换的星-三角减压起动控制线路电气原理图

一、任务目标

① 理解三相异步电动机星-三角减压起动的原理和电动机定子绕组星形、三角形联结方式。

② 能识读按钮切换的星-三角减压起动控制线路的电气原理图,明确线路中所用

电器元件的作用。会根据电气原理图绘制电气安装接线图,并按工艺要求完成安装接线。

③ 能够对所接线路进行检测和通电试验,并能使用万用表检测线路和排除常见电气故障。

微课
7-2 三相异步电动机定子绕组的接线方式

二、任务引导

(一)识读电动机定子绕组的联结方式

三相异步电动机定子绕组的联结方式有星形联结和三角形联结,如图 7-2 所示。

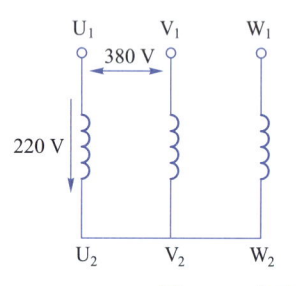

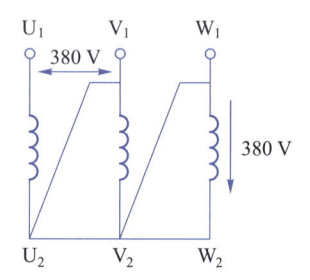

图 7-2 定子绕组星形联结与三角形联结

正常运行时定子绕组三角形联结的笼型异步电动机,若在起动时接成星形,起动电压从 380 V 变为 220 V,从而限制了起动电流。待转速上升后,再改接成三角形联结,投入正常运行。我国电网供电电压为 380 V。所以当电动机起动时接成星形联结,加在每相定子绕组上的起动电压只有三角形联结时的 $1/\sqrt{3}$。

采用星-三角减压起动方法,起动时定子绕组承受的电压是三角形联结时的 $1/\sqrt{3}$ 倍,起动电流是三角形联结时的 1/3,起动转矩也是三角形联结时的 1/3。

微课
7-3 星-三角起动减压原理

(二)识读按钮切换的星-三角减压起动控制线路

电路中采用 KM、KMY 和 KM△ 三只接触器,当 KM 主触点闭合时,接入三相交流电源;当 KMY 主触点闭合时,电动机定子绕组接成星形联结;当 KM△ 主触点闭合时,电动机定子绕组接成三角形联结。

电路要求接触器 KMY 和 KM△ 线圈不能同时通电,否则它们的主触点同时闭合,将造成主电路电源短路,为此在 KMY 和 KM△ 线圈各自支路中相互串联了对方的一副辅助常闭触点,以保证 KMY 和 KM△ 线圈不会同时通电。KMY 和 KM△ 这两副辅助常闭触点在电路中所起的作用也称为电气互锁作用。

(1)主电路的识读

合上电源开关 QF,KM、KMY 主触点闭合时,电动机定子绕组接成星形联结减压起动;KM、KM△ 主触点闭合时,电动机定子绕组接成三角形联结全压运行。

(2)控制电路的识读

① 定子绕组星形联结减压起动过程:

按下SB2 →
- KM⁺ →
  - KM常开触点闭合，自锁
  - KM主触点闭合
- KMY⁺ →
  - KMY常闭触点断开，互锁
  - KMY主触点闭合

→ 定子绕组接成星形联结，M减压起动

② 定子绕组三角形联结全压运行过程：

当减压起动一段时间，电动机转速上升到接近额定转速时，再按下 SB3 按钮，过程如下：

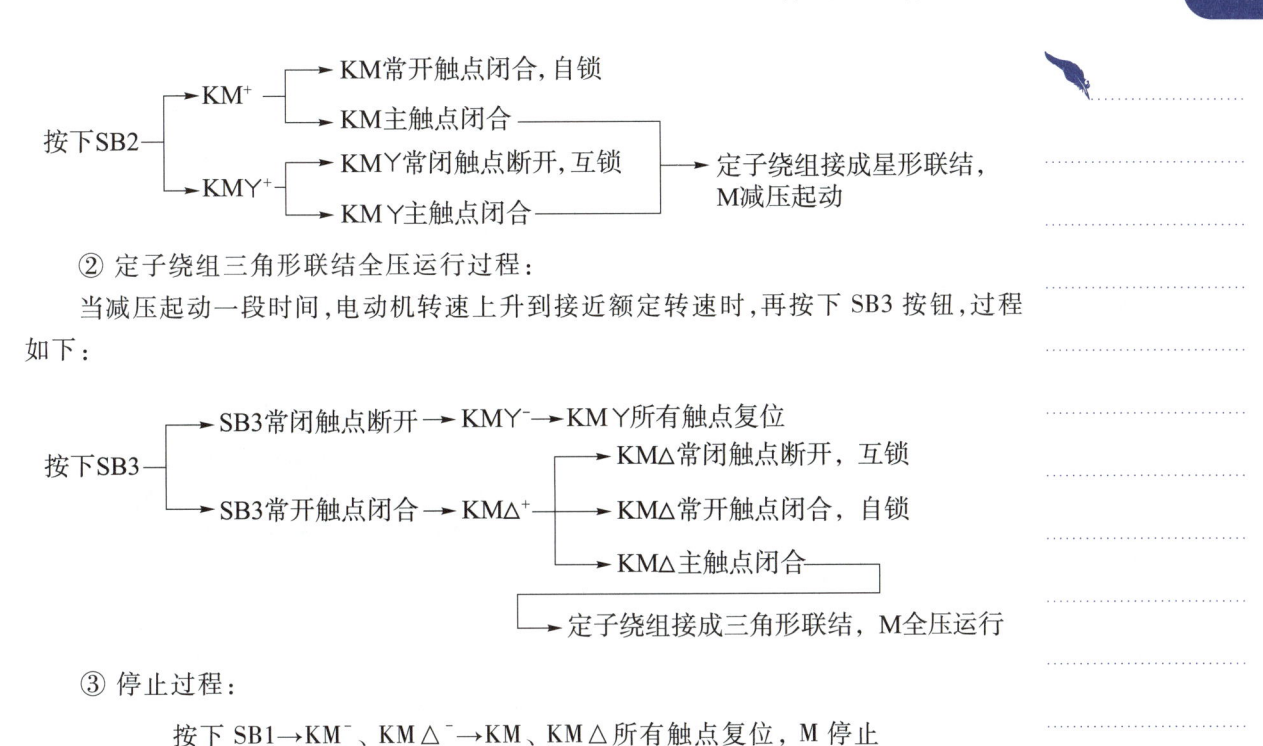

按下SB3 →
- SB3常闭触点断开 → KMY⁻ → KMY所有触点复位
- SB3常开触点闭合 → KM△⁺ →
  - KM△常闭触点断开，互锁
  - KM△常开触点闭合，自锁
  - KM△主触点闭合

→ 定子绕组接成三角形联结，M全压运行

③ 停止过程：

按下 SB1→KM⁻、KM△⁻→KM、KM△所有触点复位，M 停止

（三）识读时间继电器控制的星-三角减压起动控制线路

采用按钮切换的星-三角减压起动控制线路操作方便，但电动机要达到全压正常运行状态，必须要操作全压运行按钮，如果操作人员失误，会造成电动机长时间的欠电压运行。而采用时间继电器控制，可实现电路从减压起动状态到全压运行的自动转换。图 7-3 所示就是时间继电器控制的星-三角减压起动控制线路的电气原理图。

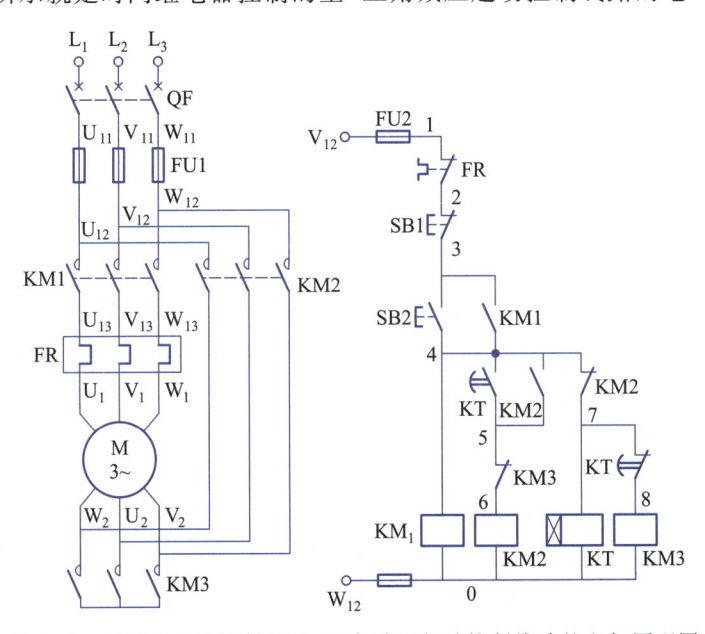

图 7-3 时间继电器控制的星-三角减压起动控制线路的电气原理图

要分析图 7-3 所示线路的工作原理,首先要认识图中新出现的电器元件——时间继电器。识读其主要结构,学会其参数调整和触点通断情况检测方法。

1. 认识时间继电器

时间继电器是指输入信号输入后,经过一定的延时才有输出信号的继电器。时间继电器种类很多,常用的有电磁式、空气阻尼式、电子式和晶体管式等。

常用时间继电器的外形如图 7-4 所示。

(a) 晶体管式　　(b) JS14S 系列电子式　　(c) ST3P 系列电子式　　(d) 空气阻尼式

图 7-4　常用时间继电器的外形

电磁式时间继电器用于直流电气控制电路中,只能直流断电延时动作。当电磁线圈通电或断电后,经一段时间,延时触点状态才发生变化,即延时触点才动作或复位。其优点是结构简单、运行可靠、寿命长,缺点是延时时间短。

空气阻尼式时间继电器利用空气阻尼作用获得延时,有通电延时型和断电延时型两种。

电子式时间继电器有 RC 晶体管式和数字式时间继电器两种。电子式时间继电器的优点是延时范围宽、精度高、体积小、工作可靠。

晶体管式时间继电器以 RC 电路电容充电时电容上的电压逐步上升的原理为基础。其电路有单结晶体管电路和场效应管电路两种。其种类有断电延时、通电延时、带瞬动触点延时三种。

这里以应用广泛、结构简单、价格低廉的空气阻尼式时间继电器和电子式时间继电器为例介绍其主要结构、工作原理和电路符号。

(1) 空气阻尼式时间继电器

空气阻尼式时间继电器在机床电气控制中应用最多,其常用型号为 JS7-A、JS23 系列。根据触点延时特点,分为通电延时(JS7-1A 和 JS7-2A)与断电延时(JS7-3A 和 JS7-4A)两种类型。

空气阻尼式时间继电器是利用空气阻尼的原理获得延时的。其主要由电磁机构、触点系统和延时装置三部分组成。电磁机构为直动式双 E 形,触点系统借用 LX5 型微动开关,延时装置采用气囊式阻尼器,其主要结构如图 7-5 所示。

根据电路需要,改变空气阻尼式时间继电器电磁机构的安装方向,即可实现通电延时和断电延时的互换。因此,使用时不要仅仅观察时间继电器上的电路符号,还要会用万用表判断其通断情况。

(a) 通电延时型　　　　　　　(b) 断电延时型

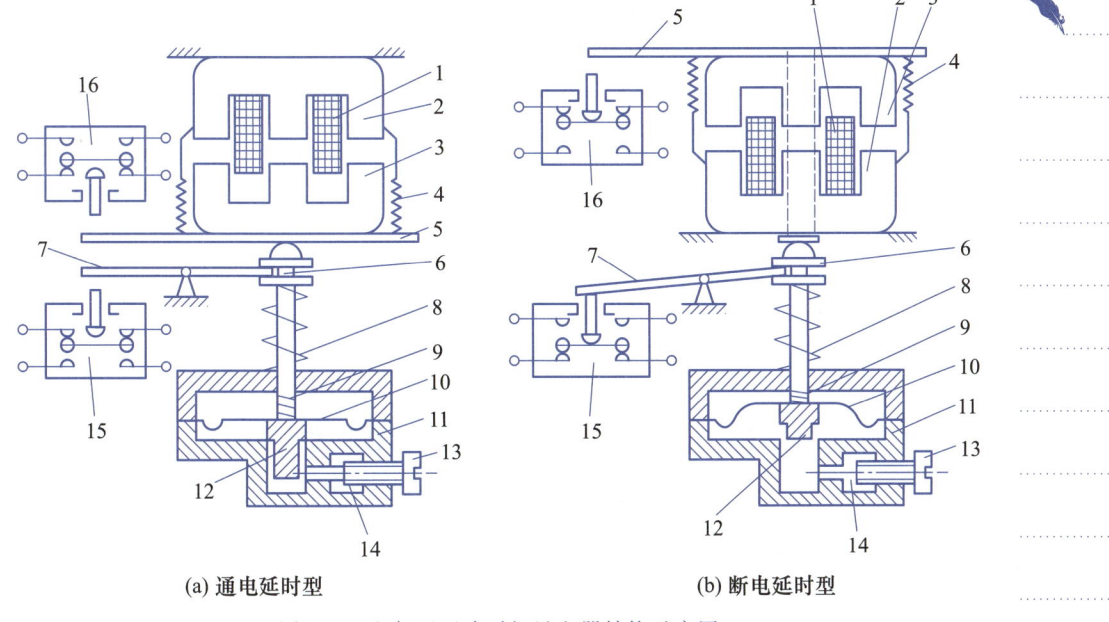

图 7-5　空气阻尼式时间继电器结构示意图

1—线圈　2—铁心　3—衔铁　4—反力弹簧　5—推板　6—活塞杆　7—杠杆　8—塔形弹簧
9—弱弹簧　10—橡皮膜　11—空气室壁　12—活塞　13—调节螺杆　14—进气孔
15—延时触点　16—瞬动触点

下面以通电延时型空气阻尼式时间继电器为例，说明其动作原理，具体如下：

当线圈1通电后，衔铁3吸合，瞬动触点16受压其触点动作无延时，活塞杆6在塔形弹簧8的作用下，带动活塞12及橡皮膜10向上移动，但由于橡皮膜10下方空气室内的空气稀薄，形成负压，因此活塞杆6只能缓慢地向上移动，其移动的速度视进气孔14的大小而定，可通过调节螺杆13进行调整。经过一定的延时后，活塞杆6才能移动到最上端。这时通过杠杆7压动延时触点15，使其常闭触点断开，常开触点闭合，起到通电延时作用。

当线圈1断电时，电磁吸力消失，衔铁3在反力弹簧4的作用下释放，并通过活塞杆6将活塞12推向下端，这时橡皮膜10下方空气室内的空气通过橡皮膜10、弱弹簧9和活塞12肩部所形成的单向阀，迅速地从橡皮膜上方的空气室缝隙中排掉，触点15、16能迅速复位，无延时。

总结时间继电器的触点动作情况如下：

通电延时型时间继电器是当线圈通电后，其瞬动触点立即动作，其延时触点经过一定延时再动作；当线圈断电后，所有触点立即复位。

断电延时型时间继电器是当线圈通电后，所有触点立即动作；当线圈断电后，其瞬动触点立即复位，其延时触点经过一定延时再复位。

这里的触点动作是指常闭触点断开，常开触点闭合。

空气阻尼式时间继电器的主要技术参数有瞬时触点数量、延时触点数量、触点额定电压、触点额定电流、线圈额定电压及延时范围等。其型号的含义如下：

```
              J S 7 - □ A
继电器 ─┘ │ │   │    └─ 结构设计稍有改动
时间 ──────┘ │   └───── 基本规格代号：1—通电延时，无瞬时触点
设计序号 ─────┘                        2—通电延时，有瞬时触点
                                      3—断电延时，无瞬时触点
                                      4—断电延时，有瞬时触点
```

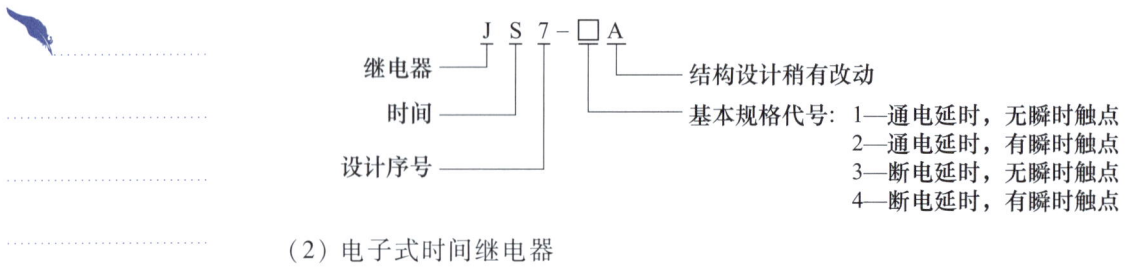

（2）电子式时间继电器

电子式时间继电器常用的产品有 JSl3、JSl4、JSl5、JSZ3、JS20、ST 系列等，ST 系列超级时间继电器是专用大规模集成电路，采用高质量薄膜电容器、金属陶瓷可变电容器、高精度振荡回路、高频率分频回路构成，元器件少、体积小、精度高、延时长、抗干扰、可靠性高。

电子式时间继电器全部元件装在印制电路板上，有装置式和面板式两种类型。装置式具有带接线端子的胶木底座，它与时间继电器本体部分采用插座连接，然后用底座上的两只尼龙锁扣卡紧。面板式采用的是通用的八个管脚的插针，可直接安装在控制台的面板上。JSZ3 型电子式时间继电器如图 7-6 所示。

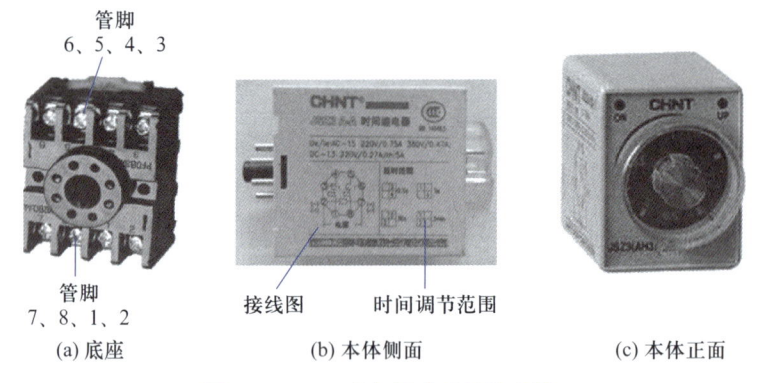

(a) 底座　　(b) 本体侧面　　(c) 本体正面

图 7-6　JSZ3 型电子式时间继电器

电子式时间继电器接线和时间调节方法用以下案例来说明。

[案例]　JSZ3 型电子式时间继电器的外壳上有图 7-7 所示的示意图，指出其含义，并说明如何实现延时 30 s 后闭合的功能。

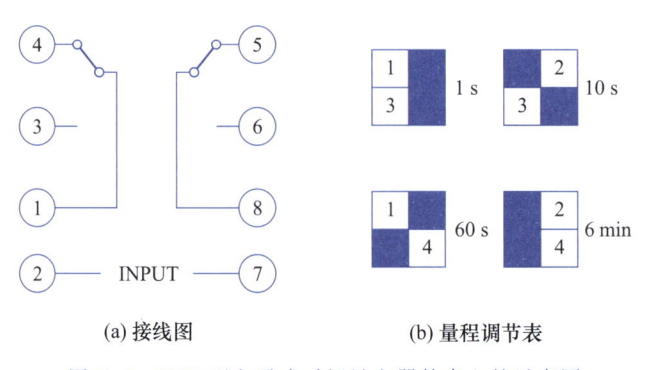

(a) 接线图　　(b) 量程调节表

图 7-7　JSZ3 型电子式时间继电器外壳上的示意图

解：图7-7(a)表示的含义是：接线端子2和7是由线圈引出的；接线端子1、3和4是"单刀双掷"触点，其中，1和4是常闭触点端子，1和3是常开触点端子；同理，接线端子5、6和8是"单刀双掷"触点，其中，5和8是常闭触点端子，6和8是常开触点端子。

图7-7(b)表示的含义是：当时间继电器上的开关指向2和4时，量程为1 s；当时间继电器上的开关指向1和4时，量程为10 s；当时间继电器上的开关指向2和3时，量程为60 s；当时间继电器上的开关指向1和3时，量程为6 min，图中的黑色表示开关被选中。

显然，触点的接线端子可以选择1和3或者6和8，线圈接线端子只能选择2和7，开关最好选择指向2和3，量程调节范围为0~60 s，调节时间至30 s刻度处。

时间继电器的电路符号如图7-8所示。

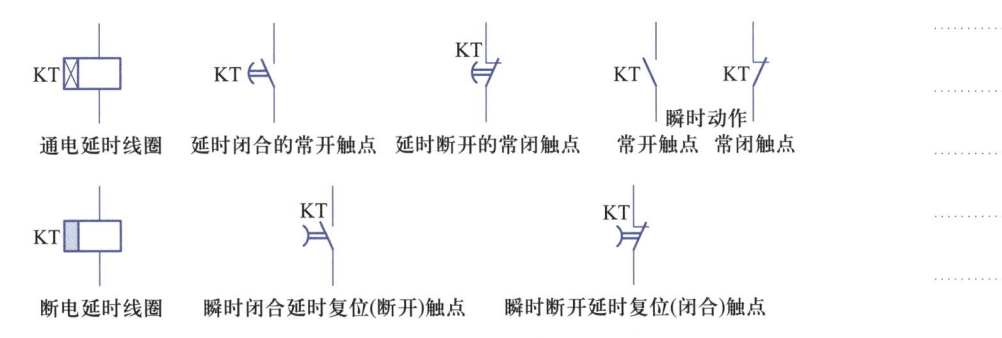

KT	KT	KT	KT KT
通电延时线圈	延时闭合的常开触点	延时断开的常闭触点	瞬时动作 常开触点 常闭触点
KT	KT	KT	
断电延时线圈	瞬时闭合延时复位(断开)触点	瞬时断开延时复位(闭合)触点	

图7-8 时间继电器的电路符号

时间继电器的选择原则是，首先按控制电路电流种类和电压等级来选用时间继电器的线圈电压值，再按控制电路要求来选择通电延时型还是断电延时型，之后根据使用场合、工作环境、延时范围和精度要求选择时间继电器类型，然后再选择触点是延时闭合还是延时断开，最后考虑延时触点数量和瞬动触点数量是否满足控制电路的要求。

对于延时要求不高的场合，通常选用电磁式或空气阻尼式时间继电器，但前者仅能获得直流断电延时，且延时时间在5 s内，故限制了应用范围，大多情况下选用空气阻尼式时间继电器和电子式时间继电器。

2. 识读电气原理图

（1）识读电路组成

电路中采用KM1、KM2和KM3三只接触器，当KM1主触点闭合时，接入三相交流电源，当KM3主触点闭合时，电动机定子绕组接成星形联结；当KM2主触点闭合时，电动机定子绕组接成三角形联结。

电路也要求接触器KM2和KM3线圈不能同时通电，否则它们的主触点同时闭合，将造成主电路电源短路，为此在KM2和KM3线圈各自支路中相互串联了对方的一副辅助常闭触点，即实现电气互锁，以保证KM2和KM3线圈不会同时通电。KM2的辅助常闭触点串联在KM3和KT线圈的公共支路中，当电动机正常全压工作时，KT线圈断电，避免时间继电器长期工作。

在控制电路中利用通电型时间继电器的延时触点实现接触器KM3与KM2线圈得

电的切换。

(2) 识读电路工作过程

① 主电路的识读:合上 QF,当 KM1、KM3 主触点闭合时,电动机定子绕组接成星形联结,电动机减压起动;当 KM1、KM2 主触点闭合时,电动机定子绕组接成三角形联结,电动机全压运行。

② 控制电路的识读如下:

a. 起动过程:

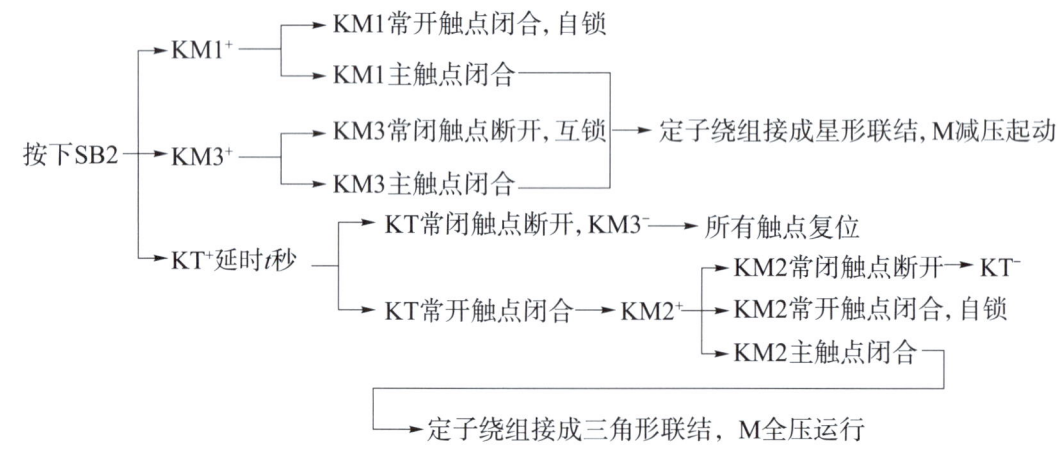

按下SB2 → KM1⁺ → KM1常开触点闭合,自锁
              → KM1主触点闭合
        → KM3⁺ → KM3常闭触点断开,互锁 → 定子绕组接成星形联结,M减压起动
              → KM3主触点闭合
        → KT⁺延时t秒 → KT常闭触点断开,KM3⁻ → 所有触点复位
                    → KT常开触点闭合 → KM2⁺ → KM2常闭触点断开 → KT⁻
                                          → KM2常开触点闭合,自锁
                                          → KM2主触点闭合
                                          → 定子绕组接成三角形联结,M全压运行

b. 停止过程:

按下 SB1→KM1⁻、KM2⁻→KM1、KM2 所有触点复位,其主触点断开→M 停止

三、任务实施

1. 绘制电气安装接线图

在图 7-3 中,主电路和控制电路中已经标注了线号,根据图 7-3 绘制时间继电器控制的星-三角减压控制线路的电气安装接线图,如图 7-9 所示。

2. 安装接线

根据图 7-9 所示电气安装接线图,完成星-三角减压起动控制线路的安装接线。接线时要保证电动机三角形联结的正确性,即接触器 KM2 主触点闭合时,应保证定子绕组的 U_2 与 V_1、V_2 与 W_1、W_2 与 U_1 相连接。

3. 电路检查及通电调试

① 不通电检查。电路全部安装完毕后,用万用表电阻挡检查主电路和控制电路接线是否正确。

检查主电路时,电源线 L_1、L_2、L_3 先不要通电,合上 QF,先用手压下接触器 KM1 的动铁心来代替接触器 KM1 得电吸合时的情况进行检查,依次测量从电源端(L_1、L_2、L_3)到电动机出线端子(U_1、V_1、W_1)之间的每一相线路的电阻值,检查是否存在开路现象。再用手压下接触器 KM2 的动铁心来代替接触器 KM2 得电吸合时的情况进行检查,依次测量从电源端(L_1、L_2、L_3)到电动机出线端子(W_2、U_2、V_2)之间的每一相线路的电阻值,检查是否存在开路现象。

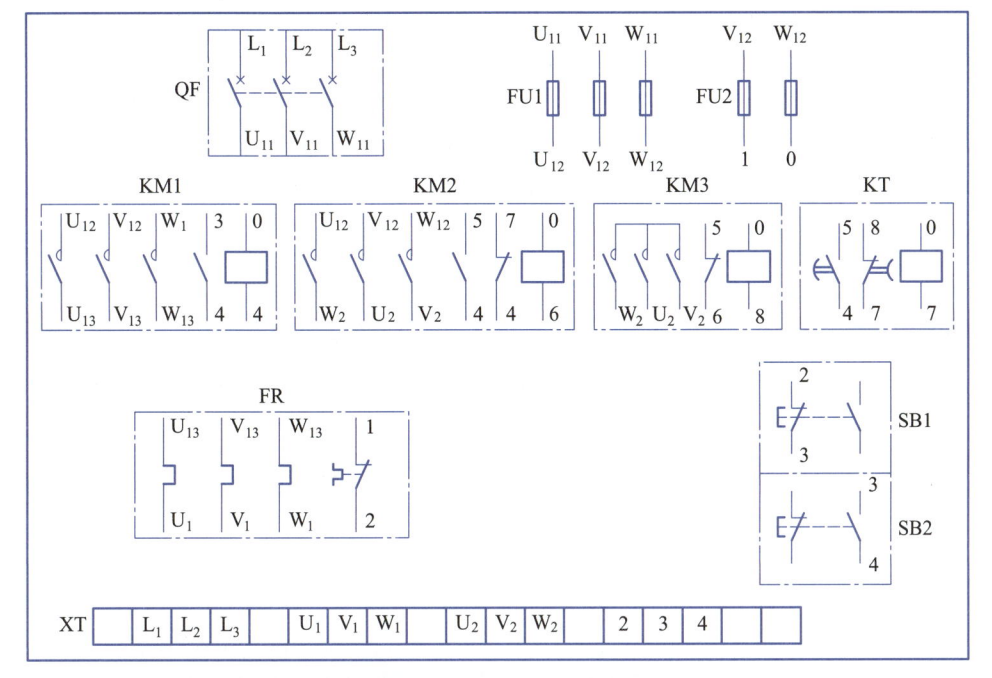

图 7-9　时间继电器控制的星-三角减压起动控制线路的电气安装接线图

检查控制电路时(可断开主电路),可用万用表两表笔分别搭在 FU2 的两个出线端(V_{12} 和 W_{12})上,此时读数应为"∞"。按下起动按钮 SB2,读数应为接触器 KM1、KM3 和 KT 三只线圈电阻的并联值;用手压下 KM1 的动铁心,使 KM1 的常开触点闭合,读数也应为接触器 KM1、KM3 和 KT 三只线圈电阻的并联值。同时压下 KM1 和 KM2 的动铁心,万用表读数应为 KM1 和 KM2 两只线圈电阻的并联值。

② 通电调试。操作相应按钮,观察电器元件动作情况。通电前首先检查一下熔体规格及时间继电器、热继电器的整定值是否符合要求。

把 L_1、L_2、L_3 三端接上电源,合上 QF,引入三相电源,按下按钮 SB2,KM1、KM3、KT 线圈得电吸合自锁,电动机减压起动;延时时间到时,KM3 线圈断电,KM2 线圈得电自锁,电动机全压运行。按下停止按钮 SB1,KM1、KM2 线圈断电,电动机停止。

四、技能考核

1. 考核任务

在规定时间内按工艺要求完成时间继电器控制的星-三角减压起动控制线路的安装接线,且通电试验成功。

2. 考核要求及评分标准

所接电路不通电检查(40 分,每错一处扣 10 分,扣完为止)。

① 主电路检查。电源线 L_1、L_2、L_3 先不要通电,使用万用表电阻挡,合上电源开关 QF,压下接触器 KM1 动铁心,使 KM1 主触点闭合,测量从电源端(L_1、L_2、L_3)到电动机出线端子(U_1、V_1、W_1)的每一相线路的电阻值,记录于表 7-1 中。

压下接触器 KM2 动铁心,使 KM2 主触点闭合,测量从电源端(L_1、L_2、L_3)到电动机出线端子(W_2、U_2、V_2)的每一相线路的电阻值,记录于表 7-1 中。

② 控制电路检查。按下 SB2,测量控制电路两端($V_{12}-W_{12}$)的电阻值,记录于表 7-1 中;压下接触器 KM1 动铁心,测量控制电路两端($V_{12}-W_{12}$)的电阻值,记录于表 7-1 中;压下接触器 KM1、KM2 动铁心,测量控制电路两端($V_{12}-W_{12}$)的电阻值,记录于表 7-1 中。

拓展阅读
引以为戒的安全事故

表 7-1　时间继电器控制的星-三角减压起动控制线路的不通电检查记录

操作步骤	主电路						控制电路两端($V_{12}-W_{12}$)		
	压下 KM1 动铁心			压下 KM2 动铁心			按下 SB2	压下 KM1 动铁心	压下 KM1、KM2 动铁心
	L_1-U_1	L_2-V_1	L_3-W_1	L_1-W_2	L_2-U_2	L_3-V_2			
电阻值									

3. 通电试验(60 分)

在使用万用表检测后,接入电源通电试车。考核表见表 7-2。

提示
若本次接线使用电子式时间继电器,测量控制电路时,必须把电子式时间继电器的本体与底座插孔对应好,正确安装才能使测量值准确。

表 7-2　时间继电器控制的星-三角减压起动控制线路的通电调试考核表

评分标准	配分	得分	故障原因
一次通电成功	60 分		
二次通电成功	40~50 分		
三次及以上通电成功	30 分		
不成功	10 分		

五、拓展知识

动画
7-3 定子回路串电阻减压起动控制线路

电动机起动时在三相定子回路中串接电阻,使电动机定子绕组的电压降低,待起动结束后将电阻短接,电动机在额定电压下正常运行。这种起动方式不受电动机接线形式的影响,设备简单,因而在中小型生产机械设备中应用较广。但其起动电阻一般采用板式电阻或铸铁电阻,电阻功率大,能量损耗较大。如果起动频繁,则电阻的温度很高,故这种减压起动的方法在生产实际中的应用已逐渐减少。

定子回路串电阻减压起动控制线路的电气原理图如图 7-10 所示。

(一) 主电路的识读

合上 QS,当 KM1 主触点闭合时,电动机 M 串电阻减压起动;当 KM2 主触点闭合时,电动机 M 全压运行。

(二) 控制电路的识读

① 起动过程:

a. 图 7-10(a)所示控制电路的识读:

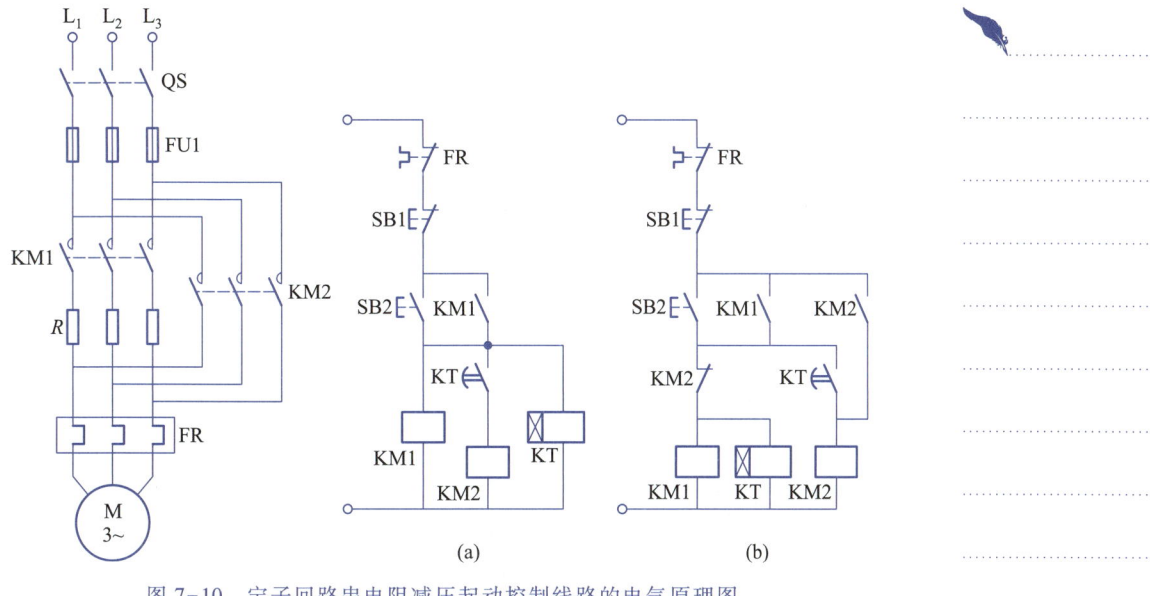

图 7-10　定子回路串电阻减压起动控制线路的电气原理图

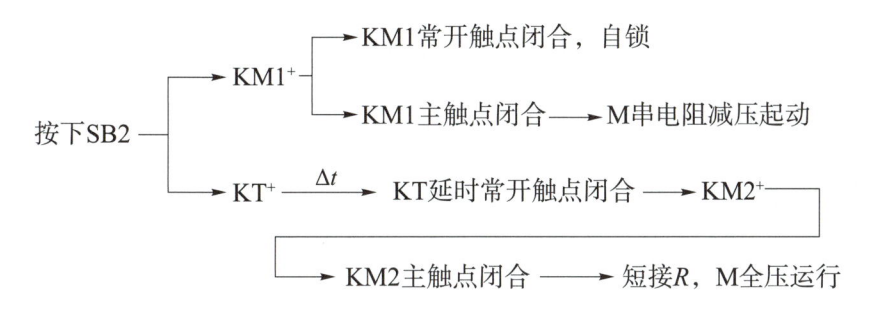

按下SB2 → KM1⁺ → KM1常开触点闭合,自锁
　　　　　　　　→ KM1主触点闭合 → M串电阻减压起动
　　　　→ KT⁺ —Δt→ KT延时常开触点闭合 → KM2⁺
　　　　　　→ KM2主触点闭合 → 短接R,M全压运行

停止过程:按下 SB1,KM1、KM2、KT 线圈断电,KM1、KM2 主触点断开,电动机 M 停止。

在图 7-10(a)中,电动机全压运行时,接触器 KM1、KM2、KT 线圈都处于长时间通电状态。其实电动机全压运行时,KM1 和 KT 线圈的通电是多余的。此时 KM1 和 KT 线圈通电不仅消耗电能,同时也会缩短电器元件的使用寿命以及增加故障发生的机会。图 7-10(b)所示控制电路解决了这个问题。当 KM2 线圈得电自锁后,其常闭触点将断开,使 KM1、KT 线圈断电。

b. 图 7-10(b)所示控制电路的识读:

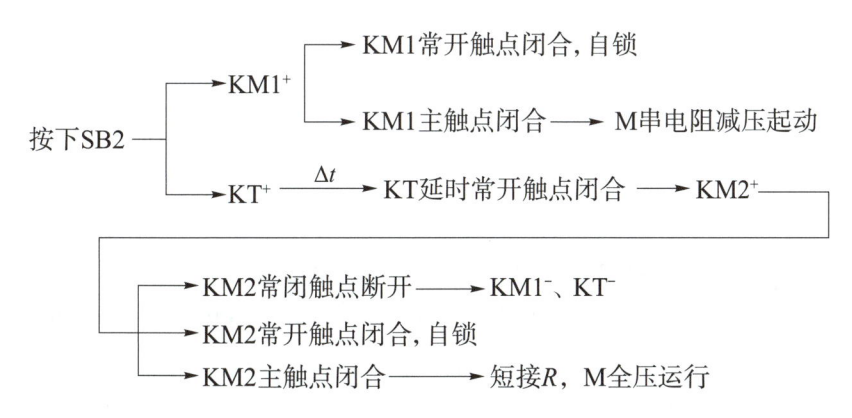

按下SB2 → KM1⁺ → KM1常开触点闭合,自锁
　　　　　　　　→ KM1主触点闭合 → M串电阻减压起动
　　　　→ KT⁺ —Δt→ KT延时常开触点闭合 → KM2⁺
　　　　　→ KM2常闭触点断开 → KM1⁻、KT⁻
　　　　　→ KM2常开触点闭合,自锁
　　　　　→ KM2主触点闭合 → 短接R,M全压运行

② 停止过程：按下 SB1，KM2 线圈断电，KM2 所有触点复位，电动机 M 停止。

六、练习题

1. 什么是减压起动？三相异步电动机常用的减压起动方法有哪些？
2. 简述星-三角减压起动的特点和适用场合。
3. 简述图 7-10 所示线路的工作原理。

任务二　自耦变压器减压起动控制线路的分析

三相异步电动机自耦变压器减压起动是指将自耦变压器一次侧接于电网上，起动时电动机定子绕组接在自耦变压器二次侧上。这样，起动时定子绕组上得到自耦变压器的二次电压，起动完毕后切除自耦变压器，额定电压直接加于定子绕组，使电动机进入全压正常运行。本任务要求识读图 7-11 所示的电气原理图。

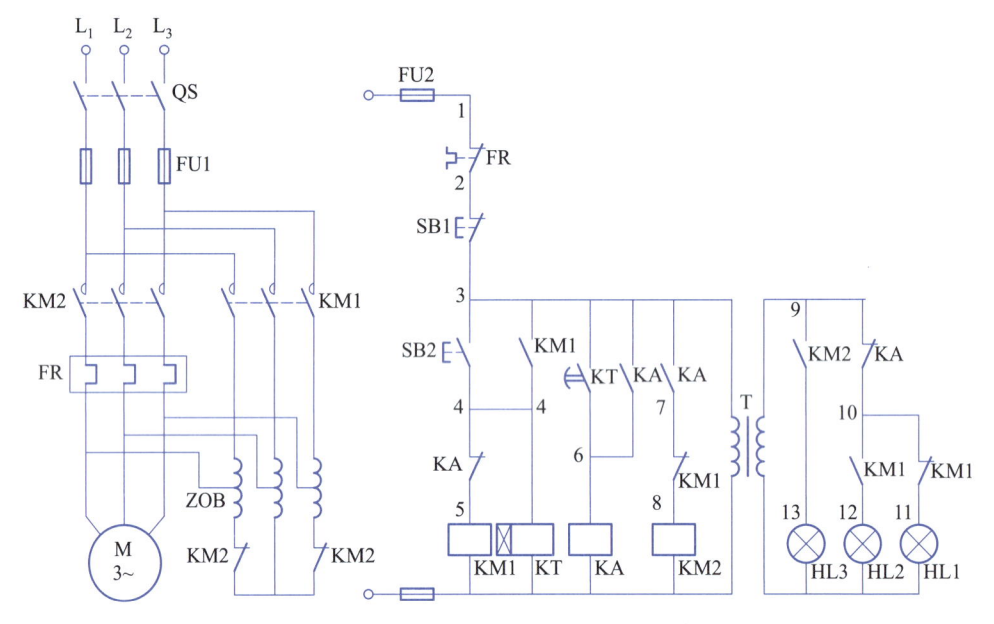

图 7-11　自耦变压器减压起动控制线路的电气原理图

一、任务目标

① 识别和使用电压继电器、电流继电器和中间继电器。
② 识读自耦变压器减压起动控制线路的电气原理图，明确电路中所用电器元件的作用。

二、任务引导

继电器是一种根据电量(电流、电压)或非电量(时间、速度、温度、压力等)的变化自动接通和断开控制电路,以完成控制或保护任务的电器。

虽然继电器和接触器都是用来自动接通或断开电路的,但是它们仍有很多不同之处。继电器可以对各种电量或非电量的变化做出反应,而接触器只有在一定的电压信号下动作;继电器用于切换小电流的控制电路,而接触器则用来控制大电流电路,因此,继电器触点容量较小(不大于5A),且无灭弧装置。

继电器用途广泛,种类繁多,其中电磁式继电器应用最广泛。电磁式继电器按输入信号的不同,可分为电压继电器、电流继电器和中间继电器;按线圈电流种类不同,可分为交流继电器和直流继电器。

电磁式继电器反映的是电信号,当线圈反映电压信号时,为电压继电器;当线圈反映电流信号时,为电流继电器。

(一) 电压继电器

根据线圈两端电压的大小通断电路的继电器称为电压继电器。由于线圈与被测电路并联,反映电路电压大小,所以线圈匝数多,导线细,阻抗大。按吸合电压相对额定电压大小可分为过电压继电器和欠电压继电器。

① 过电压继电器在电路中用于过电压保护。当线圈为额定电压时,衔铁不吸合,当线圈电压高于其额定电压值时,衔铁才吸合动作。吸合电压调节范围为$(1.05 \sim 1.2)U_N$。

② 欠电压继电器在电路中用于欠电压保护。当线圈低于其额定电压时,衔铁就吸合,而当线圈电压很低时衔铁才释放。一般直流欠电压继电器吸合电压调节范围为$(0.3 \sim 0.5)U_N$,释放电压调节范围$(0.07 \sim 0.2)U_N$。交流欠电压继电器的吸合电压与释放电压的调节范围分别为$(0.6 \sim 0.85)U_N$和$(0.1 \sim 0.35)U_N$。

电压继电器的电路符号如图7-12所示。

(a) 过电压继电器线圈 (b) 欠电压继电器线圈 (c) 常开触点 (d) 常闭触点

图7-12 电压继电器的电路符号

(二) 电流继电器

根据线圈中电流的大小通断电路的继电器称为电流继电器。电流继电器的线圈串联在被测电路中,以反映电流的变化,其触点接在控制电路中,用于控制接触器线圈或信号指示灯的通断。由于其线圈串联在被测电路中,所以线圈阻抗应比被测电路的等值阻抗小得多,以免影响被测电路的正常工作,因此,电流继电器的线圈匝数少、导线粗。电流继电器按用途可分为过电流继电器和欠电流继电器。

① 过电流继电器正常工作时,线圈流过负载电流,即便是流过额定电流,衔铁处于释放状态,不吸合;只有当线圈电流超过某一整定值时,衔铁才吸合,带动触点动作,其常闭触点断开,分断负载电路,起过电流保护作用。通常过电流继电器的吸合电流为$(1.1 \sim 3.5)I_N$。JT4系列过电流继电器如图7-13所示。

② 欠电流继电器正常工作时,线圈流过负载额定电流,衔铁吸合动作;当电流低于某一整定值时,衔铁释放,于是常开触点、常闭触点复位。欠电流继电器在电路中起欠电流保护作用,通常用欠电流继电器的常开触点串接于电路中,当欠电流释放时,常开触点复位断开电路起保护作用。欠电流继电器的外形结构和过电流继电器相似。

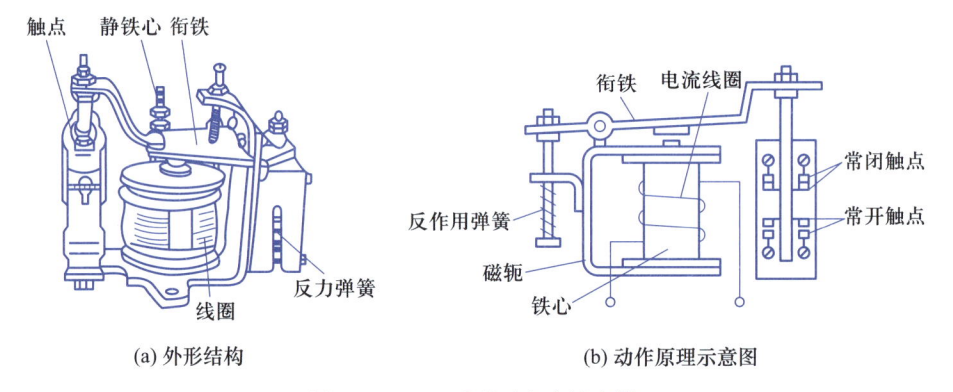

图7-13 JT4系列过电流继电器

对于交流电路没有欠电流保护,因此没有交流欠电流继电器。直流欠电流继电器的吸合电流与释放电流调节范围为$(0.3 \sim 0.65)I_N$和$(0.1 \sim 0.2)I_N$。

欠电流继电器一般用于直流电动机的励磁回路监视励磁电流,作为直流电动机的弱磁超速保护或励磁电路与其他电路之间的联锁保护。

电流继电器的电路符号如图7-14所示。

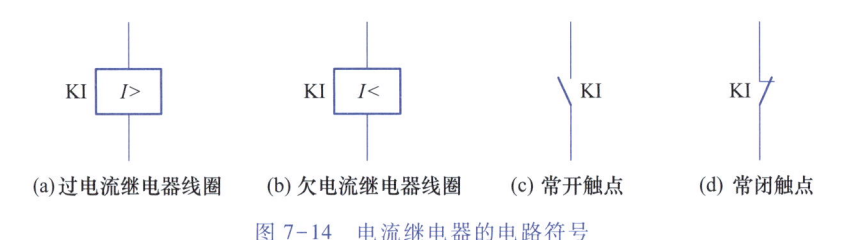

图7-14 电流继电器的电路符号

(三) 中间继电器

中间继电器在结构上是一个电压继电器。它是用来转换控制信号的中间元件,触点数量较多,各触点的电流相同;当线圈通电或断电时,有较多的触点动作。所以可以用来增加控制电路中信号的数量。它的触点额定电流比线圈大,所以又可用来放大信号。

图 7-15 所示为中间继电器的结构(以 JZ7 系列为例)与电路符号,它的结构与小型的接触器相似。其共有触点 8 对,无主副之分,可以组成 4 对常开 4 对常闭、6 对常开 2 对常闭或 8 对常开等形式,多用于交流控制电路。

中间继电器常用类型有 JZ7 和 JZ14 等系列。表 7-3 所示为 JZ7 系列中间继电器的技术参数。

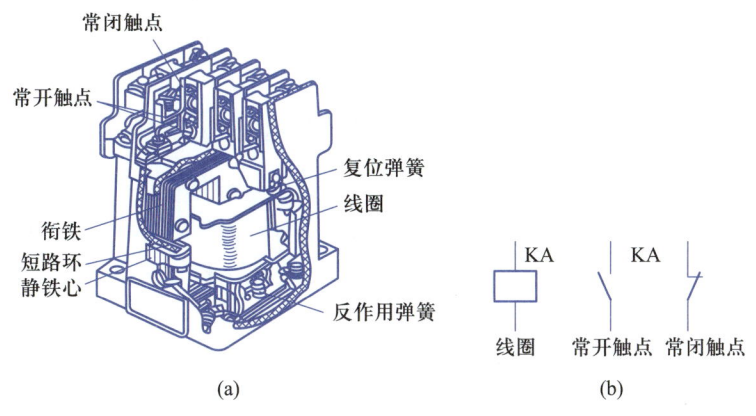

图 7-15 中间继电器的结构(以 JZ7 系列为例)与电路符号

表 7-3 JZ7 系列中间继电器的技术参数

型号	触点额定电压/V 直流	触点额定电压/V 交流	触点额定电流/A	触点数量 常开	触点数量 常闭	额定操作频率/(次/h)	吸引线圈电压/V	吸引线圈消耗功率/V·A 启动	吸引线圈消耗功率/V·A 吸持
JZ7-44	440	500	5	4	4	1 200	12、34、36、48、110、127、220、380、440、500	75	12
JZ7-62	440	500	5	6	2	1 200		75	12
JZ7-80	440	500	5	8	0	1 200		75	12

三、任务实施

1. 识读电路组成

自耦变压器减压起动控制线路的主电路有两只接触器 KM1、KM2,其中 KM1 是减压起动接触器,KM2 是全压运行接触器。主电路中的三相自耦变压器利用 KM2 辅助常闭触点接成星形联结,因为自耦变压器星形联结部分的电流是自耦变压器一、二次侧电流之差。

控制电路中,利用时间继电器实现减压起动与全压运行的切换,KA 是中间继电器。

2. 识读电路工作过程

(1) 主电路识读。合上 QS,当 KM1 主触点闭合时,电动机 M 取用自耦变压器二次电压减压起动;当 KM2 主触点闭合时,电动机 M 直接接入电网全压运行。

(2) 控制电路识读。

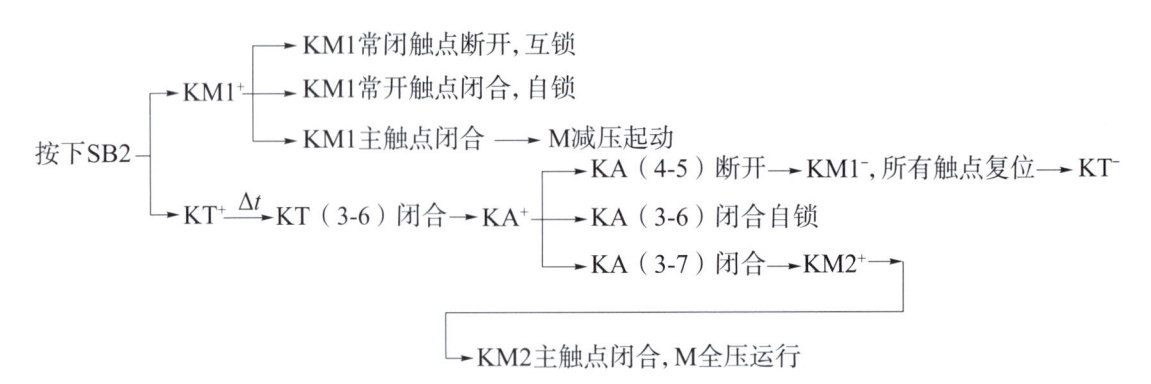

$$\text{按下SB2} \begin{cases} \text{KM1}^+ \begin{cases} \to \text{KM1常闭触点断开，互锁} \\ \to \text{KM1常开触点闭合，自锁} \\ \to \text{KM1主触点闭合} \to \text{M减压起动} \end{cases} \\ \text{KT}^+ \xrightarrow{\Delta t} \text{KT（3-6）闭合} \to \text{KA}^+ \begin{cases} \to \text{KA（4-5）断开} \to \text{KM1}^-，\text{所有触点复位} \to \text{KT}^- \\ \to \text{KA（3-6）闭合自锁} \\ \to \text{KA（3-7）闭合} \to \text{KM2}^+ \to \end{cases} \\ \to \text{KM2主触点闭合，M全压运行} \end{cases}$$

按下 SB1→KM2⁻、KA⁻→所有触点复位→电动机断电停止。

(3) 指示灯电路识读。合上 QS，HL1 灯亮，表明电源电压正常，即 HL1 是电源指示灯；当 KM1 辅助常闭触点断开、常开触点闭合时，HL1 灯灭，HL2 灯亮，显示电动机处于进行减压起动状态，即 HL2 是减压起动指示灯；当 KM2 辅助常开触点闭合时，HL3 灯亮，而此时 KA 常闭触点断开，使 HL2 灯灭，显示电动机减压起动结束，进入正常运行状态，即 HL3 是全压运行指示灯。

自耦变压器减压起动方法适用于起动较大容量的正常工作接成星形联结或三角形联结的电动机，起动转矩可以通过改变自耦变压器抽头的位置得到改变，它的缺点是自耦变压器价格较贵，而且不允许频繁起动。

四、技能考核

1. 考核任务

识读如图 7-16 所示的自耦变压器减压起动控制线路的电气原理图，口述或用流程法写出其电路的工作过程。

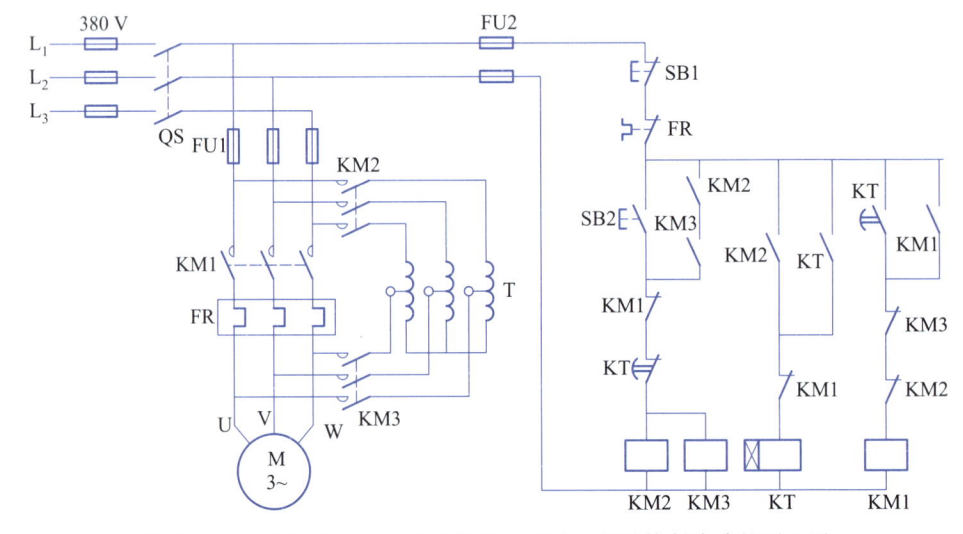

图 7-16 三只接触器控制的自耦变压器减压起动控制线路的原理图

2. 考核要求及评分标准

考核要求及评分标准见表 7-4。

表 7-4 自耦变压器减压起动控制线路的识读

序号	项目		配分	评分标准	得分	备注
1	主电路识读		20 分	主电路功能分析正确,每错误一项扣 5 分		
2	控制电路	减压起动	35 分	减压起动分析正确,每错误一项扣 5 分		
		全压运行	35 分	全压运行分析正确,每错误一项扣 5 分		
		停止	10 分	停止过程分析正确,每错误一项扣 5 分		
合计总分						

五、拓展知识

在实际生产中要求起动转矩较大且调速平滑的场合,如起重运输机械,常常采用三相绕线式异步电动机。三相绕线式异步电动机一般采用转子串电阻和转子串频敏变阻器两种方法起动,以达到减小起动电流、增大起动转矩以及平滑调速的目的。

(一)三相绕线式异步电动机转子串电阻起动控制

三相绕线式异步电动机采用转子串电阻起动时,在转子回路串入作星形联结的三相起动电阻,起动时把起动电阻放到最大位置,以减小起动电流,并获得较大的起动转矩;随着电动机转速的升高,逐渐减小起动电阻(或逐段切除);起动结束后将起动电阻全部切除,电动机在额定状态下运行。

图 7-17 所示为按时间原则控制的三相绕线式异步电动机转子串电阻起动控制线

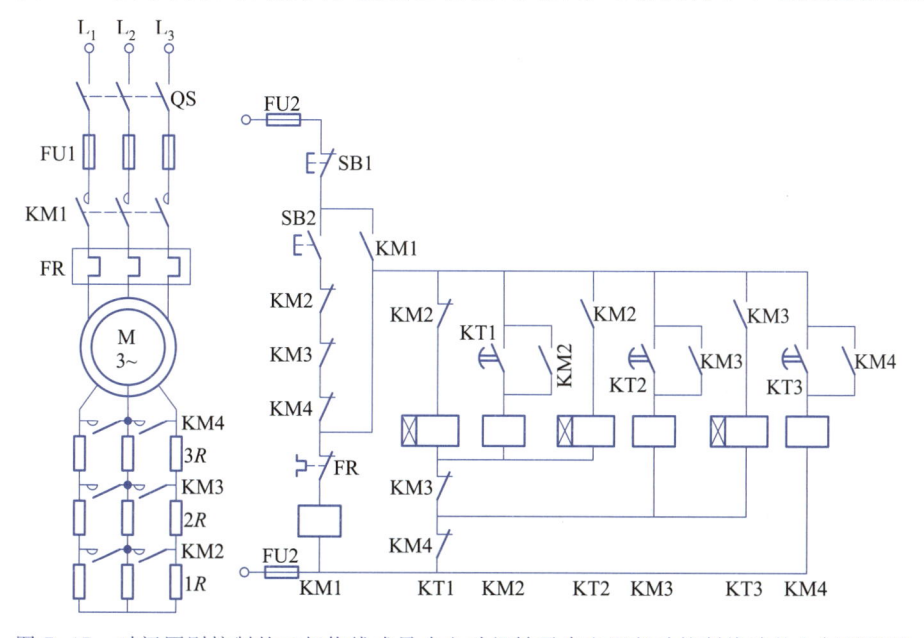

图 7-17 时间原则控制的三相绕线式异步电动机转子串电阻起动控制线路的电气原理图

路的电气原理图。起动前,起动电阻全部接入电路,随着起动过程的结束,利用时间继电器把起动电阻逐段短接。转子电路三段起动电阻的短接是依靠 KT1、KT2、KT3 三只时间继电器和 KM2、KM3、KM4 三只接触器的相互配合来完成的,线路中只有 KM1、KM4 处于长期通电状态,而 KT1、KT2、KT3、KM2、KM3 五只线圈的通电时间均被压缩到最低限度。这样做一方面节省了电能,更重要的是延长了它们的使用寿命。

电路工作过程识读如下:

① 主电路识读:合上电源开关 QS。当 KM1 主触点闭合时,电动机绕线转子串入全部电阻起动;当 KM2 主触点闭合时,切除第一级起动电阻 1R;当 KM3 主触点闭合时,切除第二级起动电阻 2R;当 KM4 主触点闭合时,切除第三级起动电阻 3R;电动机转速不断升高,最后达到额定值,起动过程全部结束。

② 控制电路识读:

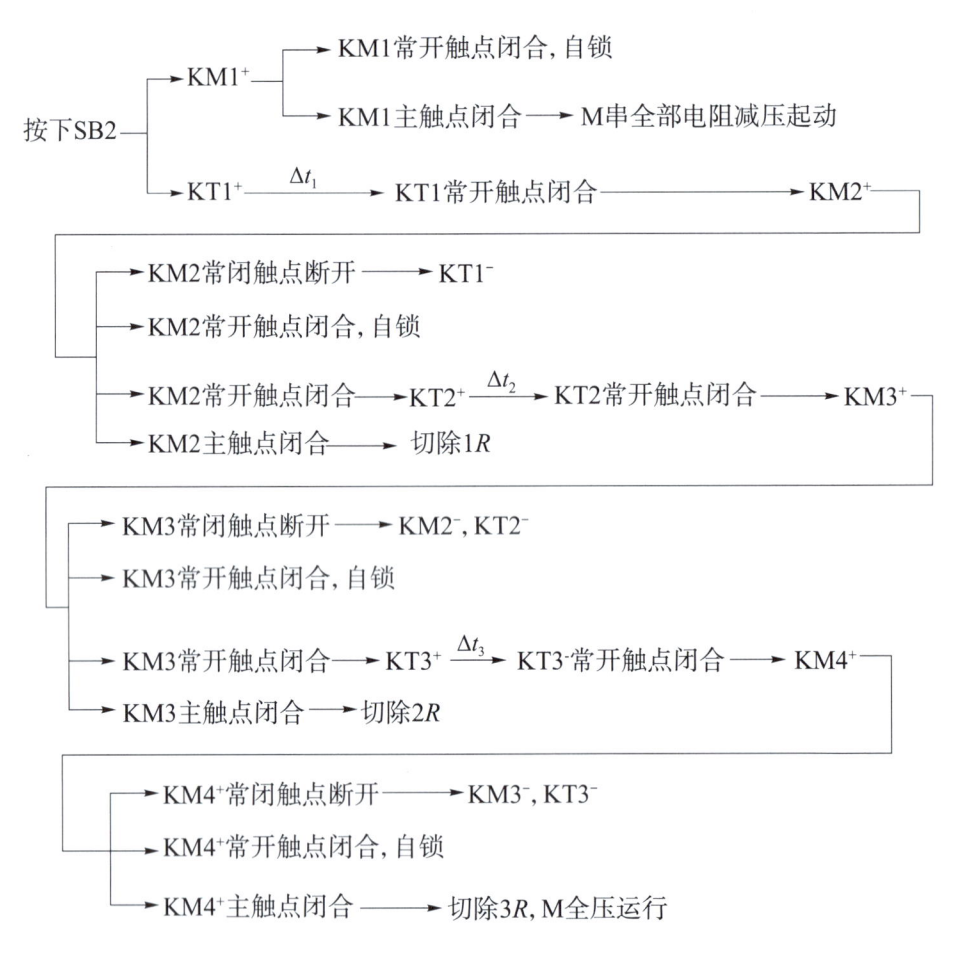

按下 SB2 → KM1$^+$ →
- KM1 常开触点闭合,自锁
- KM1 主触点闭合 → M 串全部电阻减压起动

→ KT1$^+$ $\xrightarrow{\Delta t_1}$ KT1 常开触点闭合 → KM2$^+$

- KM2 常闭触点断开 → KT1$^-$
- KM2 常开触点闭合,自锁
- KM2 常开触点闭合 → KT2$^+$ $\xrightarrow{\Delta t_2}$ KT2 常开触点闭合 → KM3$^+$
- KM2 主触点闭合 → 切除 1R

- KM3 常闭触点断开 → KM2$^-$、KT2$^-$
- KM3 常开触点闭合,自锁
- KM3 常开触点闭合 → KT3$^+$ $\xrightarrow{\Delta t_3}$ KT3 常开触点闭合 → KM4$^+$
- KM3 主触点闭合 → 切除 2R

- KM4$^+$ 常闭触点断开 → KM3$^-$、KT3$^-$
- KM4$^+$ 常开触点闭合,自锁
- KM4$^+$ 主触点闭合 → 切除 3R,M 全压运行

按下 SB1 → KM1$^-$、KM4$^-$ → 所有触点复位 → 电动机断电停止。

(二) 三相绕线式异步电动机转子串频敏变阻器起动控制

三相绕线式异步电动机转子串接电阻的起动方法,在电动机起动过程中,由于逐段减小电阻,电流和转矩突然增加,会产生一定的机械冲击。同时由于串接电阻起动线路复杂,工作很不可靠,而且电阻本身比较笨重,能耗大,控制箱体积较大。

因此,从 20 世纪 60 年代开始,我国开始推广自己独创的频敏变阻器。频敏变阻器的阻抗能够随着转子电流频率的下降自动减小,所以它是绕线转子异步电动机较为理想的一种起动设备,常用于较大容量的绕线式异步电动机的起动控制。

图 7-18 是采用频敏变阻器的三相绕线式异步电动机起动控制线路电气原理图。该电路可以实现自动和手动控制,自动控制时将开关 SA 扳向"自动"位置,当按下起动按钮 SB2,利用时间继电器 KT,控制中间继电器 KA 和接触器 KM2 的动作,在适当的时间将频敏变阻器短接。开关 SA 扳到"手动"位置时,时间继电器 KT 不起作用,利用按钮 SB3 手动控制中间继电器 KA 和接触器 KM2 的动作。起动过程中,KA 的常闭触点将热继电器的热元件 FR 短接,以免因起动时间过长而使热继电器误动作。图中 TA 是电流互感器,用于检测定子电流,流过热继电器的热元件。工作原理请读者自行分析。

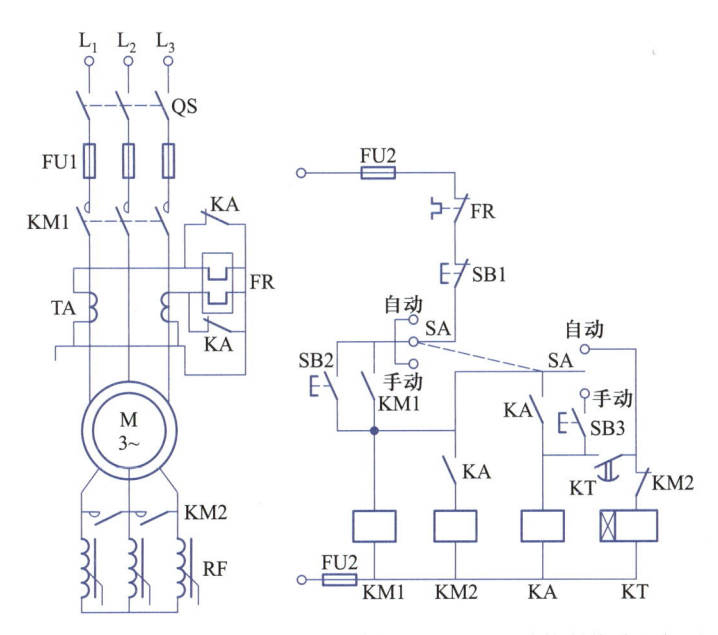

图 7-18 三相绕线式异步电动机转子串频敏变阻器起动控制线路电气原理图

在使用频敏变阻器的过程中,如遇到下列情况,可以调整匝数或气隙。起动电流过大或过小,可设法增加或减少匝数;起动转矩过大,机械有冲击,而起动完毕时的稳定转速又偏低,可增加上下铁心间的气隙,以使起动电流略微增加,起动转矩略微减小,但起动完毕时转矩增大,稳定转速可以得到提高。

六、练习题

1. 画出过电压继电器、欠电压继电器、过电流继电器、欠电流继电器的电路符号。
2. 比较中间继电器和交流接触器的不同。
3. 分析图 7-18 所示电路的工作过程。

思考与练习

一、单项选择题

1. 通电延时型时间继电器延时常开触点的动作特点是（　　）。
   A. 线圈得电后，触点延时断开　　　　　　B. 线圈得电后，触点延时闭合
   C. 线圈得电后，触点立即断开　　　　　　D. 线圈得电后，触点立即闭合

2. 空气阻尼式时间继电器断电延时型与通电延时型的原理相同，只是将（　　）翻转180°安装，通电延时型即变为断电延时型。
   A. 触点系统　　　B. 线圈　　　C. 电磁机构　　　D. 衔铁

3. 当三相异步电动机采用星-三角减压起动时，每相定子绕组承受的电压是三角形联结全压起动的（　　）倍。
   A. 2　　　B. 3　　　C. $1/\sqrt{3}$　　　D. $1/3$

4. 适用于电动机容量较大且不允许频繁起动的减压起动方法是（　　）减压起动。
   A. 星-三角　　　B. 自耦变压器　　　C. 定子串电阻　　　D. 延边三角形

5. 频敏变阻器是一种阻抗值随（　　）明显变化的无触点元件。
   A. 频率　　　B. 电压　　　C. 转差率　　　D. 电流

6. 自耦变压器减压起动方法适用于定子绕组是（　　）联结的三相异步电动机起动。
   A. 星形　　　B. 三角形　　　C. 星形或三角形

7. 电压继电器的线圈与电流继电器的线圈相比，具有的特点是（　　）。
   A. 电压继电器的线圈与被测电路串联
   B. 电压继电器的线圈匝数多、导线细、电阻大
   C. 电压继电器的线圈匝数少、导线粗、电阻小
   D. 电压继电器的线圈匝数少、导线粗、电阻大

二、判断题

1. 星-三角减压起动方法适合于各种三相异步电动机。（　　）
2. 要想使三相异步电动机能采用星-三角减压起动，电动机在正常运行时定子绕组必须是三角形联结。（　　）
3. 欠电流继电器在电路正常情况下衔铁处于吸合状态，只有当电流低于规定值时衔铁才释放。（　　）
4. 自耦变压器减压起动的方法适用于频繁起动的场合。（　　）
5. 三相异步电动机采用自耦变压器以80%抽头减压起动时，起动转矩是全压起动的80%。（　　）
6. 频敏变阻器的起动方式可以使起动更平稳，克服不必要的机械冲击力。（　　）

项目八
三相异步电动机调速与制动控制线路

在一些机床中,需要根据加工工件材料、刀具种类、工件尺寸、工艺要求等选择不同的加工速度,这就要求三相异步电动机的转速可以调节。三相异步电动机的调速方法有机械调速和电气调速。机械调速主要是通过齿轮变速,即通过不同的齿轮组合产生不同的转速,调速设备有变速箱。电气调速有变极调速、变转差率调速和变频调速。本项目主要用到的是电气调速。

三相异步电动机从断开电源到完全停止旋转,由于机械惯性总需要经过一段时间,实际中很多场合要求电动机立即停车,这就需要电动机的制动控制。制动停车的方法有机械制动和电气制动。机械制动是指切断电源后,利用机械装置使电动机迅速停车的方法。应用较普遍的机械制动装置有电磁抱闸和电磁离合器两种。电气制动是指在电动机上产生一个与原转子转动方向相反的制动转矩,迫使电动机迅速停车。常用的电气制动方法有能耗制动和反接制动。

本项目主要介绍三相异步电动机调速与制动的方法和特点,同时对变极调速、反接制动和能耗制动控制线路进行电路原理的分析。

知识目标

1. 熟悉速度继电器的基本结构、工作原理和电路符号;
2. 了解三相异步电动机常用电气调速方法与特点;
3. 了解能耗制动和反接制动的特点与适用场合。

能力目标

1. 会分析三相异步电动机变极调速控制线路的工作原理;
2. 会分析三相异步电动机反接制动、能耗制动控制线路的工作原理。

> **素养目标**
>
> 1. 具有积极的学习态度和浓厚的学习兴趣，找到适合自身的学习方法，加强自我探究、自主学习的能力；
> 2. 通过正确叙述电气控制线路工作过程的训练，加强语言表达、沟通交流的能力。

任务一　三相异步电动机变极调速控制线路的分析

三相异步电动机的转速表达式为

$$n = n_0(1-s) = \frac{60f_1}{p}(1-s) \tag{8-1}$$

式中，n_0 为电动机同步转速；p 为磁极对数；f_1 为供电电源频率；s 为转差率。

由此可见，三相异步电动机的调速方法有三种：改变磁极对数 p 的变极调速、改变转差率 s 的变转差率调速和改变电动机供电电源频率 f 的变频调速。

一、任务目标

① 理解三相异步电动机的调速方法和特点。
② 能正确分析三相异步电动机变极调速控制线路的工作原理。

二、任务引导

（一）变极调速方法

多速电动机就是通过改变磁极对数 p 来实现调速的，通常采用改变定子绕组的接法来改变磁极对数。若绕组改变一次磁极对数，可获得两个转速，称为双速电动机；改变两次磁极对数，可获得三个转速，称为三速电动机；同理有四速、五速电动机，但要受定子结构及绕组接线的限制。当定子绕组的磁极对数改变后，转子绕组必须相应地改变。由于笼型异步电动机的转子无固定的磁极对数，能随着定子绕组磁极对数的变化而变化。故变极调速只适用于笼型异步电动机。

（二）双速电动机定子绕组的接线方式

双速电动机定子绕组常用的接线方式有 D/YY 和 Y/YY 两种。如图 8-1 所示是 4/2 极双速电动机定子绕组 D/YY 联结示意图。

在图 8-1 中，定子绕组接成三角形联结，3 根电源线接在接线端 U_1、V_1、W_1 上，从每相绕组的中点引出接线端 U_2、V_2、W_2，这样定子绕组共有六个出线端，通过改变这六个出线端与电源的连接方式，就可以得到不同的转速。

(a) 每一相的两个半绕组串联　　(b) 每一相的两个半绕组并联

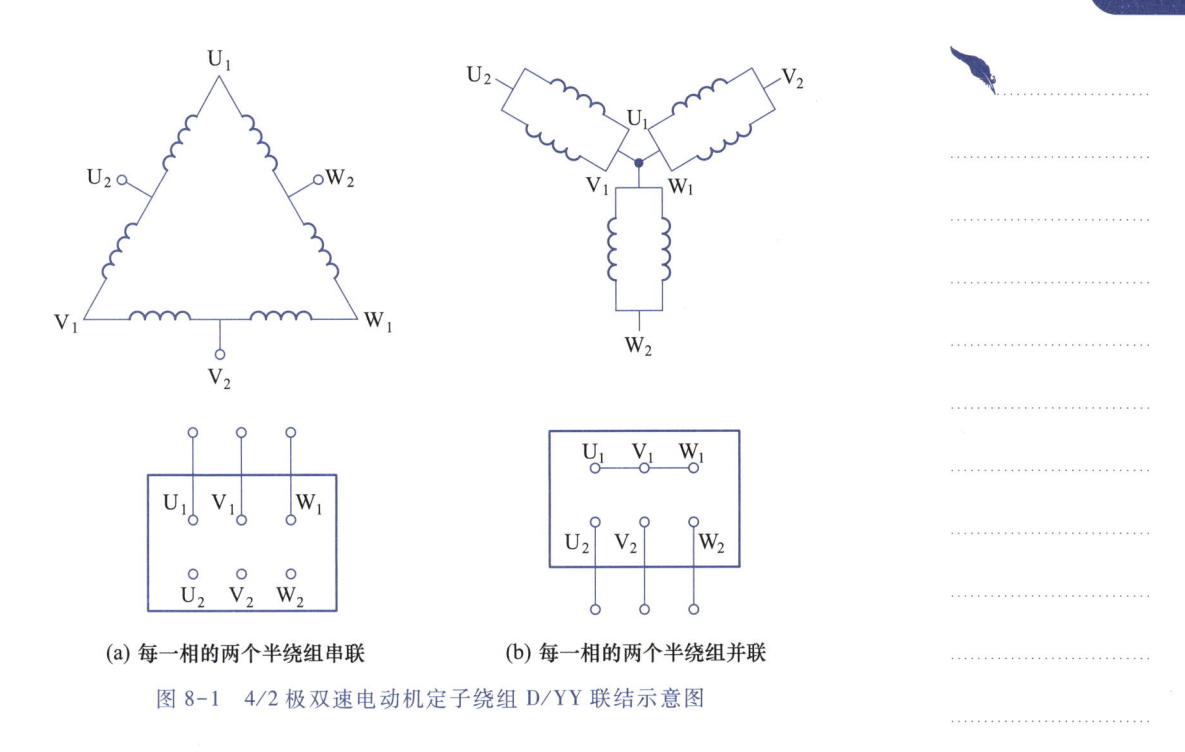

图 8-1　4/2 极双速电动机定子绕组 D/YY 联结示意图

图 8-1(a)将绕组的 U_1、V_1、W_1 三个端接三相电源,将 U_2、V_2、W_2 三个端悬空,三相定子绕组接成三角形联结。这时每一相的两个半绕组串联,电动机低速运行。

图 8-1(b)将 U_2、V_2、W_2 三个端接三相电源,将 U_1、V_1、W_1 连接在一起,三相定子绕组接成双星形联结。这时每一相的两个半绕组并联,电动机高速运行。

如图 8-2 所示是 4/2 极双速电动机定子绕组 Y/YY 联结示意图。

(a) 每一相的两个半绕组串联　　(b) 每一相的两个半绕组并联

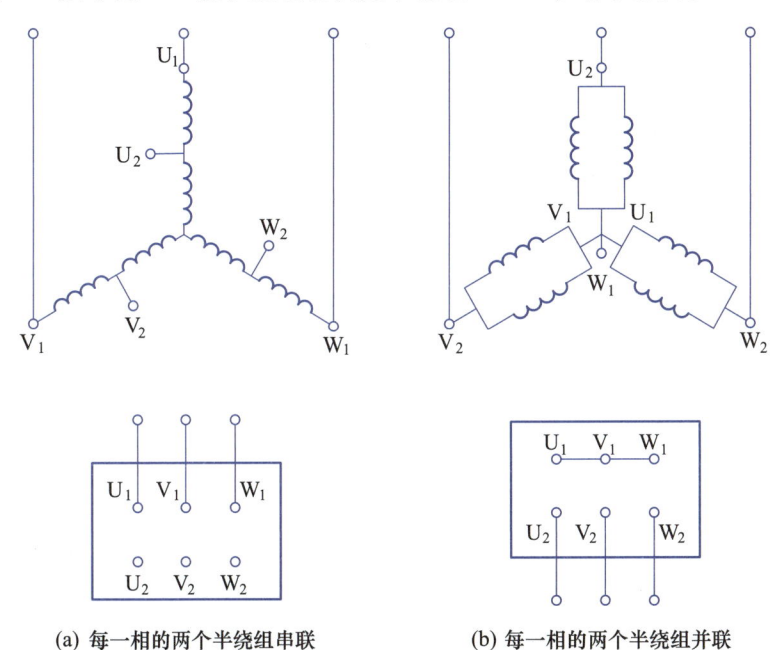

图 8-2　4/2 极双速电动机定子绕组 Y/YY 联结示意图

图 8-2(a)将绕组的 U_1、V_1、W_1 三个端接三相电源,将 U_2、V_2、W_2 三个端悬空,三相定子绕组接成星形联结。这时每一相的两个半绕组串联,电动机以四极运行,为低速。

图 8-2(b)将 U_2、V_2、W_2 三个端接三相电源,将 U_1、V_1、W_1 连接在一起,三相定子绕组接成双星形联结。这时每一相的两个半绕组并联,电动机以两极运行,为高速。

必须注意,当电动机改变磁极对数进行调速时,为保证调速前后电动机旋转方向不变,在主电路中必须交换电源相序。

虽然 D/YY 联结的转速提高一倍,但功率提高不多,属恒功率调速(调速时,电动机输出功率不变),适用于金属切削机床。

Y/YY 联结属于恒转矩调速(调速时,电动机输出转矩不变),适用于起重机、电梯、皮带运输机等。

(三)按钮控制的双速电动机控制线路

按钮控制的双速电动机控制线路电气原理图如图 8-3 所示,双速电动机定子绕组为 D/YY 联结。主电路中,当接触器 KM1 主触点闭合,KM2、KM3 主触点断开时,三相电源从接线端 U_1、V_1、W_1 进入双速电动机定子绕组中,双速电动机绕组接成三角形联结,以低速运行。而当接触器 KM1 主触点断开,KM2、KM3 主触点闭合时,三相电源从接线端 U_2、W_2、V_2 进入双速电动机定子绕组中,双速电动机定子绕组接成双星形联结,以高速运行。也就是说,SB2、KM1 控制双速电动机低速运行;SB3、KM2、KM3 控制双速电动机高速运行。

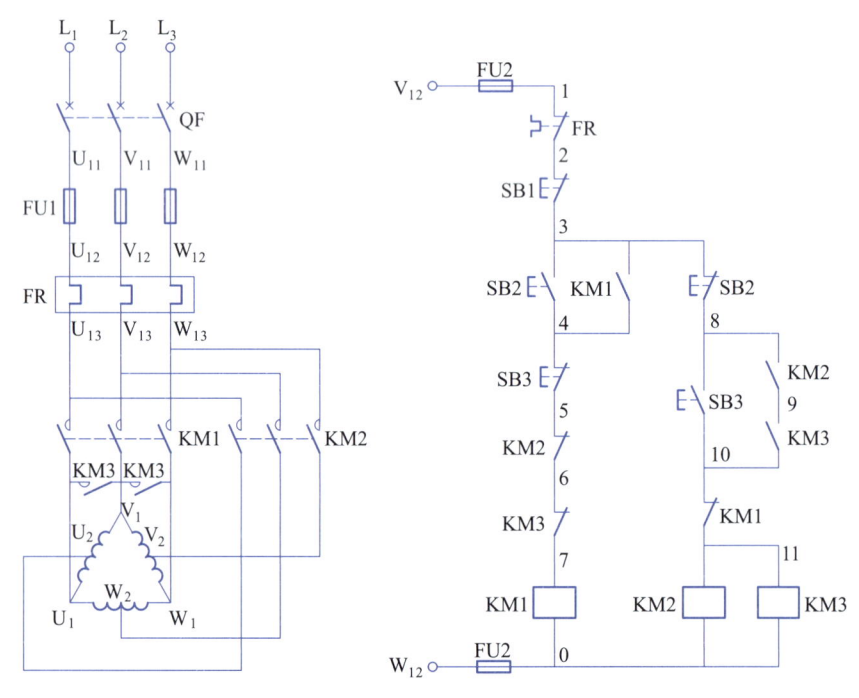

图 8-3 按钮控制的双速电动机控制线路电气原理图

（四）时间继电器控制的双速电动机控制线路

时间继电器控制的双速电动机控制线路电气原理如图 8-4 所示，图中 SA 是具有三个触点的万能转换开关，有低速、停止和高速三个位置，当 SA 扳在"高速"位置时，电动机首先以低速起动，经过一定时间，自动转为高速运转。

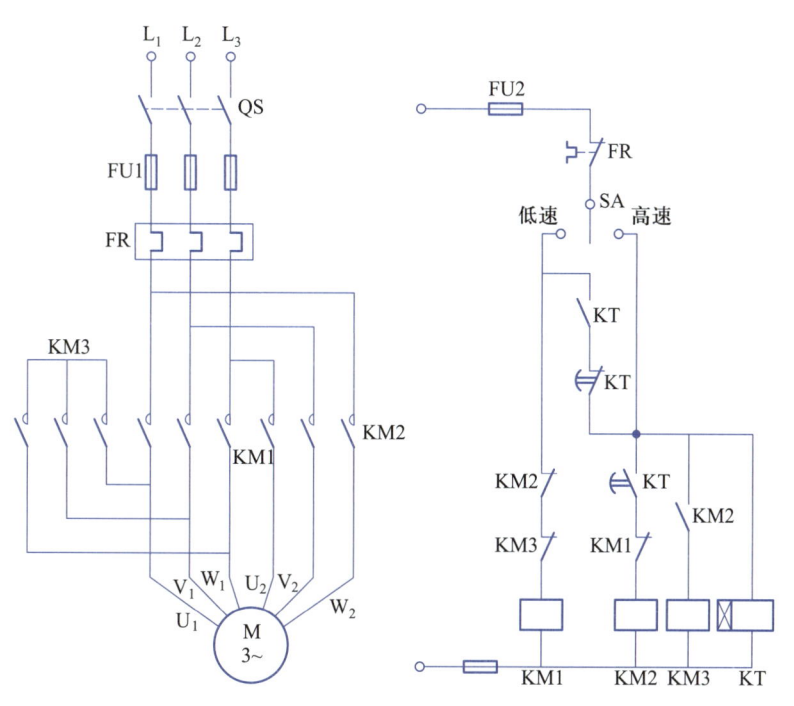

图 8-4　时间继电器控制的双速电动机控制线路的电气原理图

三、任务实施

图 8-4 所示控制线路工作过程分析如下：

（1）主电路识读

合上电源开关 QS，当 KM1 主触点闭合时，M 低速起动运行；当 KM2、KM3 主触点闭合时，M 高速起动运行。

（2）控制电路识读

① 当 SA 扳在"低速"位置时，有

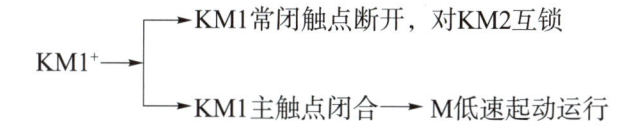

KM1$^+$ ──┬── KM1 常闭触点断开，对 KM2 互锁
　　　　　└── KM1 主触点闭合 ── M 低速起动运行

② 当 SA 扳在"高速"位置时，有

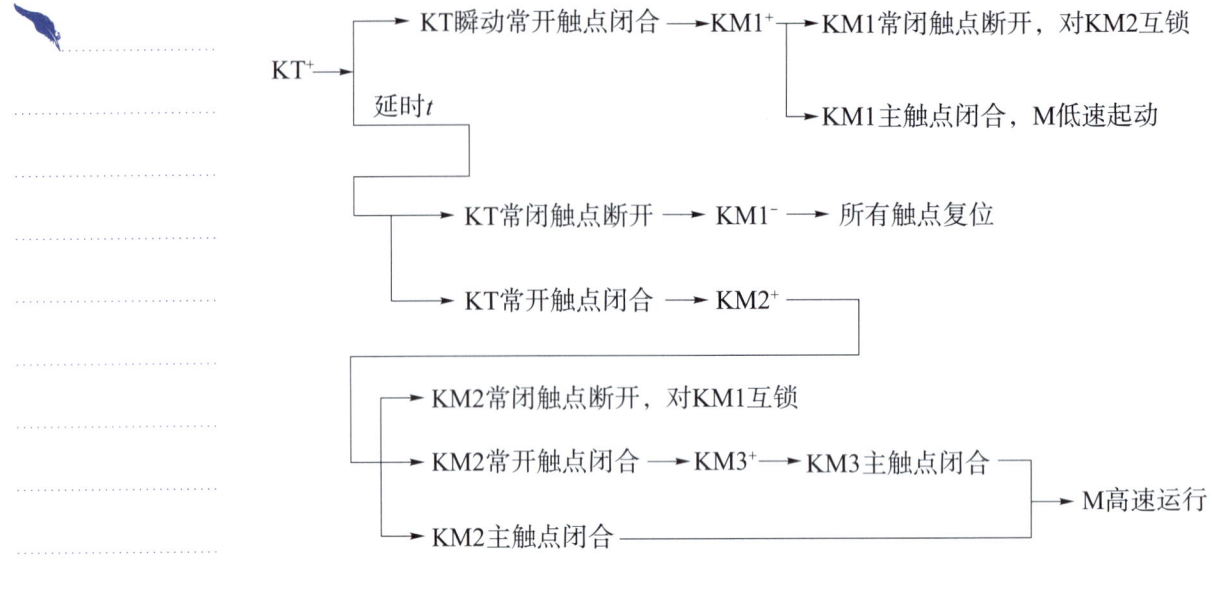

KT⁺ → KT瞬动常开触点闭合 → KM1⁺ → KM1常闭触点断开，对KM2互锁

↳ KM1主触点闭合，M低速起动

延时 t

→ KT常闭触点断开 → KM1⁻ → 所有触点复位

→ KT常开触点闭合 → KM2⁺

→ KM2常闭触点断开，对KM1互锁

→ KM2常开触点闭合 → KM3⁺ → KM3主触点闭合

→ KM2主触点闭合 → M高速运行

③ 当 SA 扳到"中间"位置时，电动机处于停止。

四、技能考核

1. 考核任务

如图 8-5 所示为双速电动机控制线路电气原理图，分析此电路的工作过程。

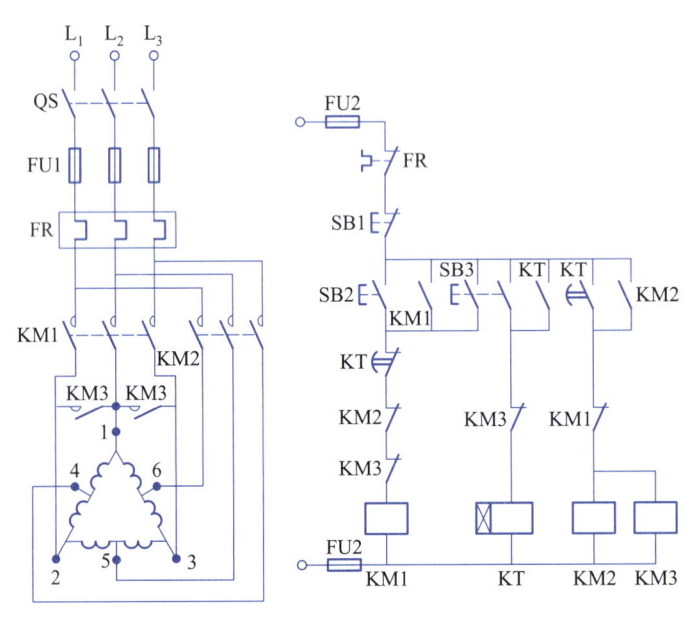

图 8-5 双速电动机控制线路电气原理图

2. 考核要求及评分标准

考核要求及评分标准见表 8-1。

表 8-1　分析双速电动机控制线路的评分表

序号	项目		配分	评分标准	得分	备注
1	主电路		20 分	主电路功能分析正确,每错误一项扣 5 分,扣完为止		
2	控制电路	低速控制	30 分	动作过程分析正确,每错误一项扣 5 分,扣完为止		
		高速控制	50 分	动作过程分析正确,每错误一项扣 5 分,扣完为止		
	合计总分					

五、拓展知识

(一) 变转差率调速

变转差率调速包括通过调节定子电压调速、改变转子电路外接电阻调速和串级调速等方法。

1. 调节定子电压调速方法

改变电动机的定子电压时,可以得到一组不同的机械特性曲线,从而获得不同转速。由于电动机的转矩与电压平方成正比,因此最大转矩下降很多,其调速范围较小,使一般笼型电动机难以应用。

为了扩大调速范围,调节定子电压调速应采用转子电阻值大的笼型电动机,如专供调节定子电压调速用的力矩电动机,或者在绕线式异步电动机上串联频敏电阻。调节定子电压调速的主要装置是一个能提供电压变化的电源,目前常用的调压方式有串联饱和电抗器、自耦变压器以及晶闸管调压等几种。晶闸管调压方式为最佳。调节定子电压调速一般适用于 100 kW 以下的生产机械。

2. 改变转子电路外接电阻调速方法

绕线式异步电动机转子串入附加电阻,使电动机的转差率加大,电动机在较低的转速下运行。串入的电阻越大,电动机的转速越低。此方法设备简单,控制方便,但转差功率以发热的形式消耗在电阻上,属于有级调速,机械特性较软。

改变转子电路外加电阻调速方法只能适用于绕线式异步电动机。串入转子电路的电阻不同,电动机工作在不同的人为机械特性上,从而获得不同的转速,达到调速的目的。尽管这种调速方法把一部分电能消耗在电阻上,降低了电动机的效率,但是由于该方法简单,便于操作,所以在吊车、起重机一类生产机械上仍被普遍地采用。

3. 串级调速方法

串级调速是指在绕线式电动机转子回路中串入可调节的附加电势来改变电动机的转差,达到调速的目的。大部分转差功率被串入的附加电势所吸收,再利用产生附加电势的装置,把吸收的转差功率返回电网或转换能量加以利用。根据转差功率吸收利用的方式,串级调速可分为电机串级调速、机械串级调速及晶闸管串级调速,晶闸管串级调速应用较多。串级调速方法适合于风机、水泵及轧钢机、矿井提升机、挤压机上使用。

（二）变频调速

变频调速是改变电动机定子电源的频率，从而改变其同步转速的调速方法。变频调速系统的主要设备是提供变频电源的变频器。变频器可分成交-直-交变频器和交-交变频器两大类，目前国内大都使用交-直-交变频器。变频调速方法适用于调速要求精度高、调速性能较好的场合。

变频调速属于无级调速，调速范围大，特性硬，精度高，应用范围广，但变频器成本大，维护检修技术复杂。

六、练习题

1. 三相交流异步电动机的调速方法有哪几种？
2. 分析图 8-4 所示电路的工作过程。

任务二　三相异步电动机反接制动控制线路的分析

当三相异步电动机断开三相交流电源后，因机械惯性不能迅速停车，此时如果立即在电动机定子绕组中接入反相序交流电源，使其产生的转矩方向与电动机的转动方向相反，可使电动机受到制动迅速停车。这就是反接制动方法。

一、任务目标

① 会识别和使用速度继电器。
② 会分析三相异步电动机反接制动控制线路的工作原理。

二、任务引导

（一）速度继电器的主要结构和工作原理

速度继电器是根据电磁感应原理制成的，其结构主要由转子、定子和触点三部分组成。其结构示意图如图 8-6 所示。转子是一块圆柱形永久磁铁，它与电动机同轴相连，用以接收转动信号。定子固定在可动支架上，是一个笼型空心圆环，由硅钢片叠成，并装有笼型绕组，定子是套在转子上的，定子上还装有胶木摆杆。触点系统有两组复合触点，每组一个簧片（动触点）和两个触点（静触点）。当电动机运转时，转子（磁铁）随着一起转动，相当于一个旋转磁场，定子绕组因切割磁场产生感应电流，此电流又受到磁场力作用，使定子也和转子同方向转动，于是胶木摆杆也转动，推动簧片离开内侧触点（常闭触点分断），而与外侧触点接触（常开触点闭合）。外侧触点作为挡块，限制了摆杆继续转动，因此，定子和摆杆只能转动一定角度。由于簧片具有一定的弹力，所以只有当电动机转速大于一定值时，摆杆才能推动簧片；当转速小于一定值时，定子产生的转矩减小，簧片（动触点）复位。

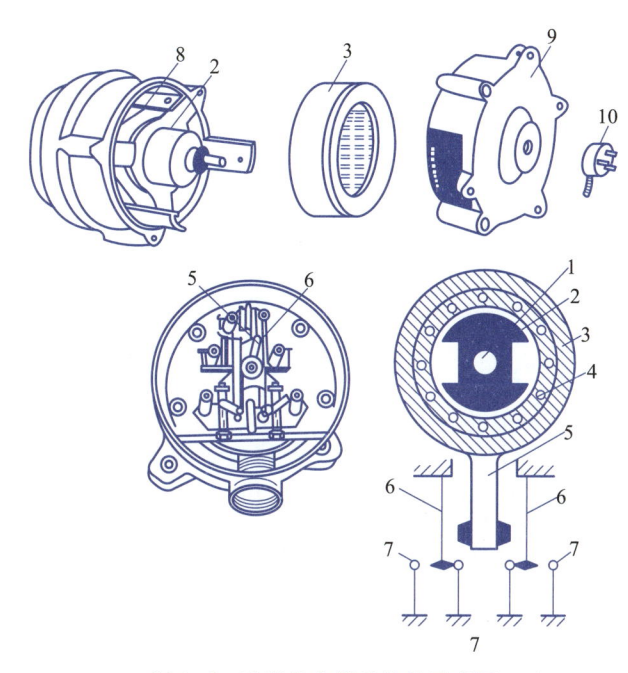

图 8-6 速度继电器的结构示意图

1—转轴　2—转子（永久磁铁）　3—定子　4—定子绕组　5—胶木摆杆　6—簧片
7—触点　8—可动支架　9—端盖　10—连接头

当调节簧片弹力时，可使速度继电器在不同转速时切换触点改变通断状态。

速度继电器的动作转速一般不低于 140 r/min，复位转速在 100 r/min 以下，该数值可以调整。工作时，允许的转速高达 1 000～3 600 r/min。由速度继电器的正转和反转切换触点的动作，来反映电动机转向和速度的变化。常用的型号有 JY1 和 JFZ0 型。它们共有两对常开触点和两对常闭触点，触点额定电压为 380 V，额定电流为 2 A。速度继电器主要根据电动机的额定转速和控制要求来选择。

速度继电器的电路符号如图 8-7 所示，文字符号为 KS。

（二）反接制动的原理和实现要求

1. 反接制动的原理

反接制动是利用改变电动机电源的相序，使定子绕组产生的旋转磁场与转子惯性旋转方向相反，因而产生制动作用。反接制动的原理如图 8-8 所示。

当合上 QS 时，电动机以转速 n_2 旋转。当电动机需要停车时，可先断开正转接法的电源开关 QS，使电动机与三相电源脱离，而转子由于惯性仍按原方向旋转。随后将开关 QS 迅速投向反接制动位置，使 U、V 两相电源进行对调，产生的旋转磁场 $\varPhi$ 方向与原来的方向正好相反。因此，在电动机转子中就产生了与原来方向相反的电磁转矩，即制动转矩，使电动机受制动而停止转动。

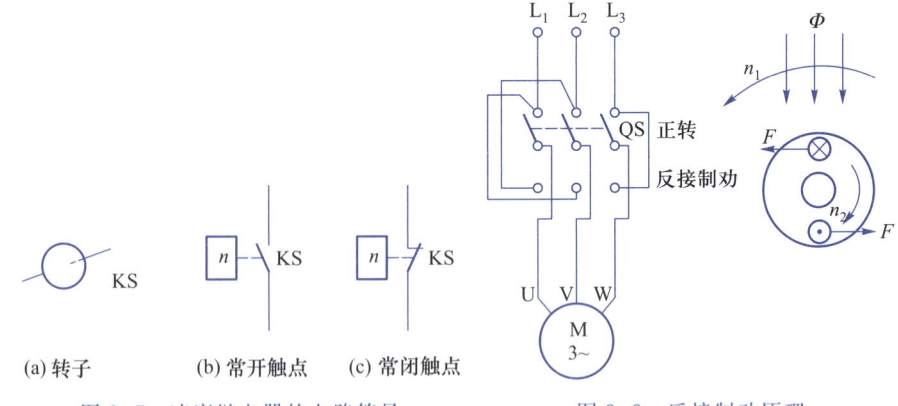

图 8-7　速度继电器的电路符号

(a) 转子　(b) 常开触点　(c) 常闭触点

图 8-8　反接制动原理

2. 反接制动的控制要求

反接制动时，转子与旋转磁场的相对速度接近于两倍的同步转速，所以定子绕组中流过的反接制动电流相当于全电压直接起动时电流的两倍，因此反接制动特点之一是制动迅速、效果好、冲击大，通常适用于 10 kW 以下的小容量电动机。为了减少冲击电流，通常要求串接一定的电阻以限制反接制动电流，这个电阻称为反接制动限流电阻。

反接制动限流电阻的接线方法有对称和不对称两种接法。显然采用对称电阻接法在限制制动转矩的同时，也限制了制动电流，而采用不对称电阻的接法，只限制了制动转矩，未加制动电阻的那一相，仍具有较大的电流，因此一般采用对称接法。

反接制动的另一个要求是在电动机转速接近于零时，要及时切断反相序的电源，以防止电动机反向起动。这里可以采用速度继电器检测电动机的速度变化。

3. 反接制动的特点和适用场合

反接制动的特点是制动迅速、效果好，但制动过程中冲击强烈，易损坏传动部件，制动准确性差，制动过程中能量损耗大，不宜经常制动。反接制动一般适用于要求制动迅速、小容量电动机不频繁制动的场合。

（三）单向反接制动控制线路

三相异步电动机单向反接制动控制线路电气原理图如图 8-9 所示。主电路由两部分构成，其中电源开关 QS、熔断器 FU1、接触器 KM1 的三对主触点、热继电器 FR 的热元件和电动机组成单向直接起动电路，而接触器 KM2 的三对主触点和制动电阻 R 和速度继电器 KS 组成反接制动电路。接触器 KM2 的三对主触点引入反相序交流电源，制动电阻 R 起到限制制动电流的作用，速度继电器 KS 的转子与电动机的轴相连接，用来检测电动机的转速。

在控制电路中，用两只接触器 KM1 和 KM2 分别控制电动机的起动运行与制动。SB1 是停止按钮，SB2 是起动按钮。KM1 与 KM2 线圈回路互串了对方的常闭触点，起电气互锁作用，避免 KM1 和 KM2 线圈同时得电而造成主电路中电源短路事故。

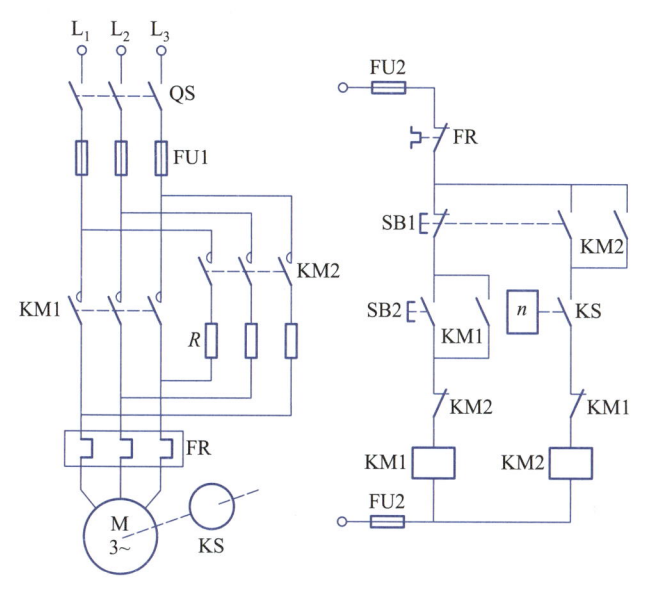

图 8-9　三相异步电动机单向反接制动控制线路电气原理图

动画
8-1　单向运行反接制动控制线路

三、任务实施

识读电路工作过程如下：

（1）主电路分析。QS 合上，当 KM1 主触点闭合时，M 起动运行；当 KM2 主触点闭合时，M 串电阻反接制动。

（2）控制电路分析。

① 起动过程。

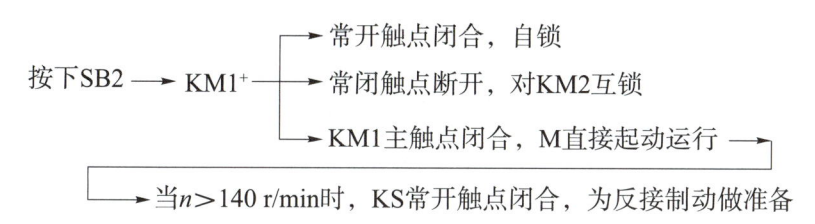

按下SB2 ⟶ KM1⁺ ⟶ 常开触点闭合，自锁
　　　　　　　　⟶ 常闭触点断开，对KM2互锁
　　　　　　　　⟶ KM1主触点闭合，M直接起动运行 ⟶
　　　　⟶ 当 n＞140 r/min 时，KS常开触点闭合，为反接制动做准备

② 反接制动过程。

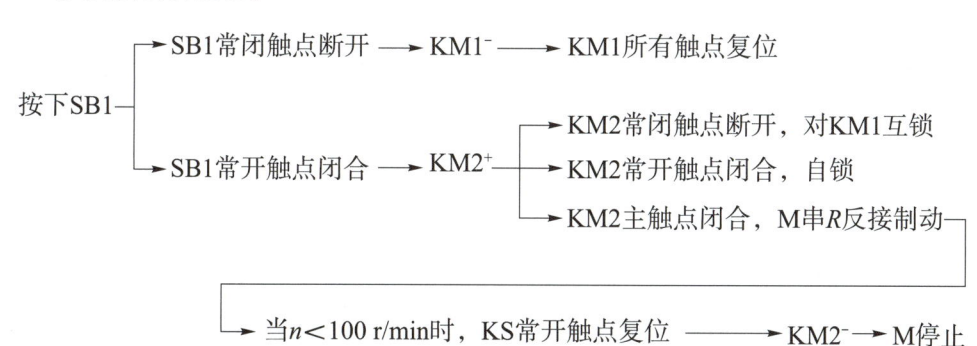

按下SB1 ⟶ SB1常闭触点断开 ⟶ KM1⁻ ⟶ KM1所有触点复位
　　　　⟶ SB1常开触点闭合 ⟶ KM2⁺ ⟶ KM2常闭触点断开，对KM1互锁
　　　　　　　　　　　　　　　　　　⟶ KM2常开触点闭合，自锁
　　　　　　　　　　　　　　　　　　⟶ KM2主触点闭合，M串R反接制动 ⟶
　　⟶ 当 n＜100 r/min 时，KS常开触点复位 ⟶ KM2⁻ ⟶ M停止

四、技能考核

1. 考核任务

分析如图 8-10 所示按时间原则控制的三相异步电动机单向反接制动控制线路电气原理图的工作原理。

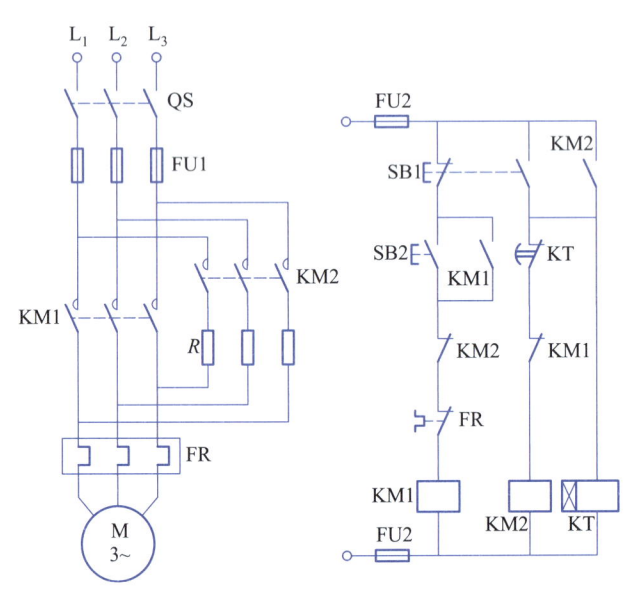

图 8-10 时间原则控制的三相异步电动机单向反接制动控制线路电气原理图

2. 考核要求及评分标准

考核要求及评分标准见表 8-2。

表 8-2 按分析时间原则控制三相异步电动机单向反接制动控制线路的考核要求及评分标准

序号	项目		配分	评分标准	得分	备注
1	主电路		20 分	主电路功能分析正确,每错误一项扣 5 分,扣完为止		
2	控制电路	起动过程	40 分	起动过程分析正确,每错误一项扣 5 分,扣完为止		
		反接制动过程	40 分	反接制动过程分析正确,每错误一项扣 5 分,扣完为止		
合计总分						

五、练习题

1. 在三相异步电动机单向反接制动控制线路中,若速度继电器触点接错,常开触点错接成常闭触点将出现什么现象?为什么?

2. 如何采用时间原则实现电动机单向反接制动控制？画出其电气原理图。
3. 简述三相异步电动机反接制动定义、特点和适用场合。
4. 分析图 8-9 所示控制线路的工作过程。

任务三　三相异步电动机能耗制动控制线路的分析

当电动机断开三相交流电源后，因惯性不能迅速停车，此时如果立即在电动机定子绕组中接入直流电源，使其产生的转矩方向与电动机的转动方向相反，从而使电动机受到制动迅速停车。

一、任务目标

① 理解三相异步电动机能耗制动的原理和控制要求。
② 会分析三相异步电动机能耗制动控制线路的工作原理。

二、任务引导

（一）能耗制动的原理

所谓能耗制动，就是在电动机脱离三相交流电源之后，在电动机定子绕组上立即加一个直流电压，利用转子感应电流与静止磁场的作用产生制动转矩以达到制动的目的制动方法。

图 8-11 所示为能耗制动的原理示意图。制动时，先断开 QS，切断电动机的交流电源，转子因惯性继续转动。随后立即合上开关 SA，电动机的定子绕组则接入一个直流电源，绕组中流过直流电流，使定子中产生一个恒定的静止磁场，这样将使做惯性转动的转子切割静止磁场的磁力线而在转子绕组中产生感应电流。根据右手定则可判断出感应电流方向上面为 $\otimes$，下面为 $\odot$。这样的电流一旦产生，立即又受到静止磁场

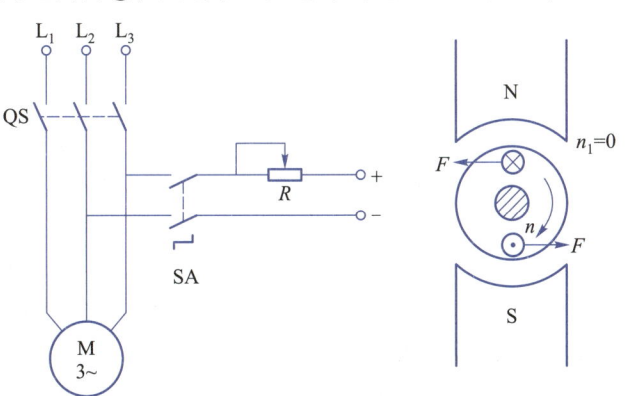

图 8-11　能耗制动的原理示意图

的作用而产生电磁转矩。根据左手定则,可判断其方向正好与电动机的旋转方向相反,因此是一个制动转矩,能使电动机迅速停止转动。由于这一制动方法实质上是将转子机械能转变成电流,又消耗在转子的制动上,因此称为能耗制动。

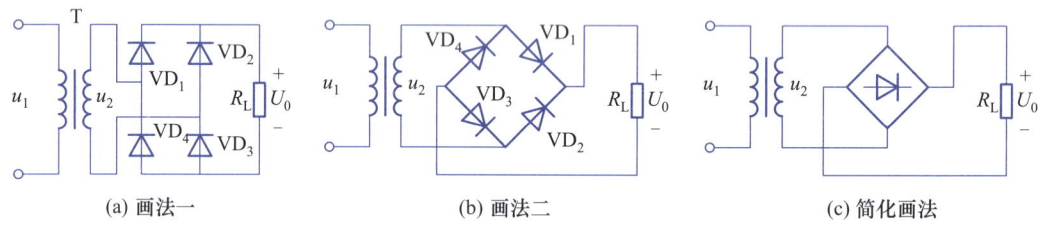

(二) 能耗制动的实现方法

1. 需要直流电源

直流电源的获取可以利用具有单向导电性能的整流元件二极管,将交流电转换成单向脉动的直流电。将交流电整流成直流电的电路称为整流电路,整流电路按输入电源相数可分为单相整流电路和三相整流电路;按输出波形又可分为半波整流电路和全波整流电路。目前广泛使用的是单相桥式整流电路,如图 8-12 所示。

(a) 画法一　　(b) 画法二　　(c) 简化画法

图 8-12　单相桥式整流电路

对三相异步电动机,增大制动转矩只能靠增大通入电动机的直流电流来实现,而通入电动机的直流电流如果太大,将会烧坏定子绕组。因此能耗制动时所需的直流电压和直流电流可按如下经验公式进行计算,即

$$I_{DC} = (3 \sim 5) I_0 \tag{8-2}$$

或

$$I_{DC} = 1.5 I_N \tag{8-3}$$

式中,I_{DC} 为能耗制动时所需的直流电流(A);I_N 为电动机的额定电流(A);I_0 为电动机空载时的线电流(A),一般取 U_{DC} 为能耗制动时所需的直流电压(V)。

$$I_0 = (0.3 \sim 0.4) I_N \tag{8-4}$$

2. 直流电压的切除方法

当电动机转速降至零时,转子导体与磁场之间无相对运动,感应电流消失,制动转矩变为零,电动机停车,制动结束,此时需要将直流电源切除。直流电压的切除方法有采用时间继电器控制与采用速度继电器控制两种形式。

采用时间继电器控制,就是利用时间继电器的延时断开常闭触点使控制直流电源的接触器线圈断电,从而断开直流电,这种方法属于时间原则控制。时间原则控制的能耗制动,一般适用于负载转矩和负载转速较为稳定的电动机,这样使时间继电器的调整值比较固定。

采用速度继电器控制,就是利用速度继电器的常开触点在速度接近零时自动复位(断开),使控制直流电源的接触器线圈断电,从而断开直流电,这种方法属于速度原则控制。速度原则控制的能耗制动,适用于能通过传动系统来实现负载速度变换的生产机械。

(三) 能耗制动的特点和适用场合

能耗制动的特点是制动平稳，但需附加直流电源装置，设备费用较高，制动力较小，特别是到低速阶段时，制动力矩更小。能耗制动一般适用于较大容量的异步电动机频繁制动的场合，如磨床、立式铣床等设备的控制线路中。

(四) 单相全波整流能耗制动控制线路

单相全波整流能耗制动控制线路的电气原理图如图 8-13 所示。其主电路由两部分构成，其中电源开关 QS、熔断器 FU1、接触器 KM1 的三对主触点、热继电器 FR 的热元件和电动机组成直接起动电路，而接触器 KM2 的三对主触点、变压器 TC、单相整流桥 VC 和限流电阻 R 组成能耗制动电路，而接触器 KM2 的两对主触点引入直流电源，单相整流桥提供直流电压，控制变压器的二次侧交流电压经整流桥，变成适当的直流电供能耗制动使用。

动画
8-2 能耗制动电路

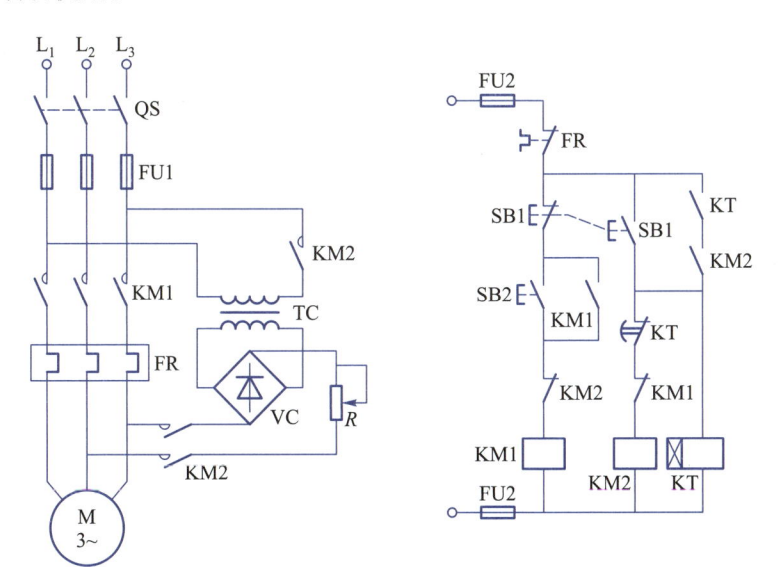

图 8-13 单相全波整流单向能耗制动控制线路的电气原理图

因此，电路中采用 KM1 和 KM2 两只接触器，当 KM1 主触点接通时，电动机 M 接通三相电源起动运行；当 KM2 主触点接通时，电动机 M 接通直流电实现能耗制动。

在控制电路中，利用 KM1 和 KM2 的常闭触点互串在对方线圈支路中，起到电气互锁的作用，以避免两个接触器同时得电造成主电路电源短路。时间继电器 KT 控制 KM2 线圈通电的时间，从而控制电动机通入直流电进行能耗制动的时间。

(五) 单相半波整流能耗制动控制线路

对于 10 kW 以下的三相异步电动机，在制动要求不高时，可采用无变压器的单相半波整流能耗制动控制线路，其电气原理如图 8-14 所示。其主电路由两部分构成，其中电源开关 QF、熔断器 FU1、接触器 KM1 的三对主触点、热继电器 FR 的热元件和电动机组成直接起动电路，而接触器 KM2 的三对主触点、二极管 VD 和限流电阻 R 组成能耗制动电路,该电路整流电源电压为220V,由KM2主触点接至电动机定子绕组,经整流二极管VD接至电源中性线N构成闭合电路,如图8-14(c)所示。

与图8-13相同,电路中采用KM1和KM2两只接触器,当KM1主触点接通时,电动机M接通三相电源起动运行;当KM2主触点接通时,电动机M接通直流电实现单管能耗制动。

在控制电路中,利用KM1和KM2的常闭触点互串在对方线圈支路中,起到电气互锁的作用,以避免两个接触器同时得电造成主电路电源短路。时间继电器KT控制KM2线圈通电的时间,从而控制电动机通入直流电进行能耗制动的时间。

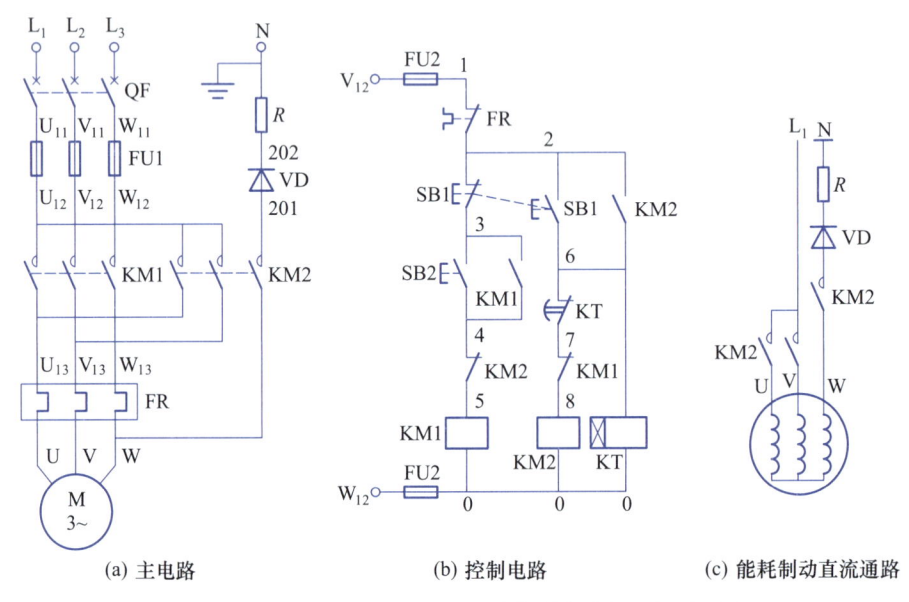

(a) 主电路　　　　　　　(b) 控制电路　　　　　(c) 能耗制动直流通路

图 8-14　单相半波整流能耗制动控制线路的电气原理图

三、任务实施

单相桥式整流能耗制动控制线路的分析如下:

(1) 主电路分析

QF合上,当KM1主触点闭合时,M直接起动运行;当KM2主触点闭合时,M能耗制动。

(2) 控制电路分析

① 单向起动过程:

按下SB2 → KM1+ → KM1常闭触点断开,互锁
　　　　　　　　　→ KM1常开触点闭合,自锁
　　　　　　　　　→ KM1主触点闭合 → 电动机起动运行

② 能耗制动过程:

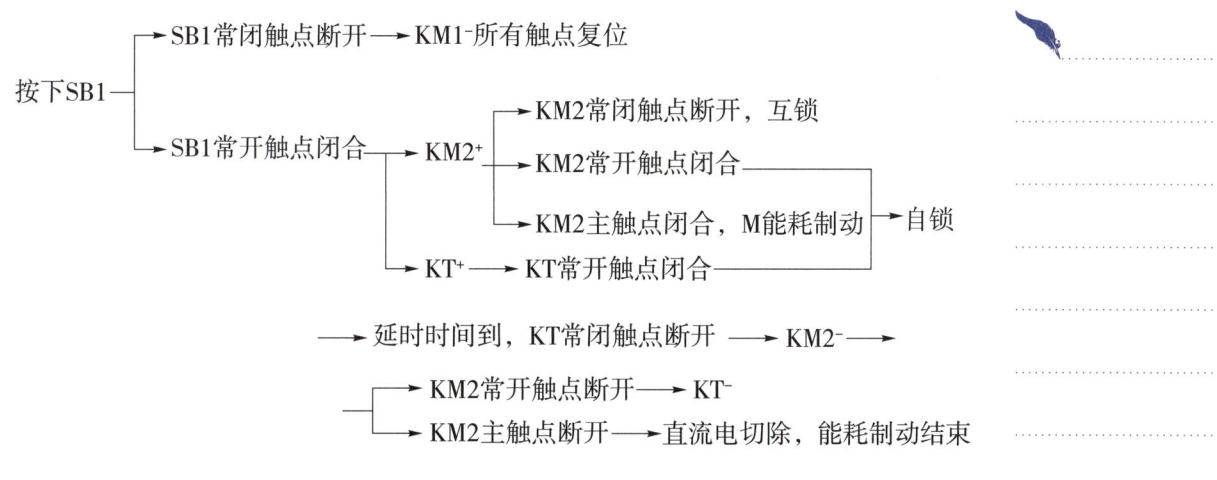

按下SB1 ─┬─→ SB1常闭触点断开 ─→ KM1⁻所有触点复位
         │
         └─→ SB1常开触点闭合 ─┬─→ KM2⁺ ─┬─→ KM2常闭触点断开，互锁
                              │   ├─→ KM2常开触点闭合 ─────────┐
                              │   └─→ KM2主触点闭合，M能耗制动 ─→ 自锁
                              └─→ KT⁺ ─→ KT常开触点闭合 ─────────────┘

─→ 延时时间到，KT常闭触点断开 ─→ KM2⁻ ─┬─→ KM2常开触点断开 ─→ KT⁻
                                         └─→ KM2主触点断开 ─→ 直流电切除，能耗制动结束

在图 8-13 中，KT 的瞬动常开触点与 KM2 自锁触点串联，其作用是当发生 KT 线圈断线或机械卡住等故障，致使 KT 通电延时断开常闭触点断不开，瞬动常开触点也合不上时，只要按下停止按钮 SB1，就成为点动能耗制动。若无 KT 瞬动常开触点串接 KM2 常开触点，在发生上述故障时，按下停止按钮 SB1 后，将使 KM2 线圈长期通电吸合，使电动机两相定子绕组长期接入直流电源。

所以，在 KT 发生故障后，该电路还具有手动控制能耗制动的能力，即只要使停止按钮处于按下的状态，电动机就能实现能耗制动。

四、技能考核

1. 考核任务

分析如图 8-15 所示的按速度原则控制的三相异步电动机能耗制动控制线路的工作原理。

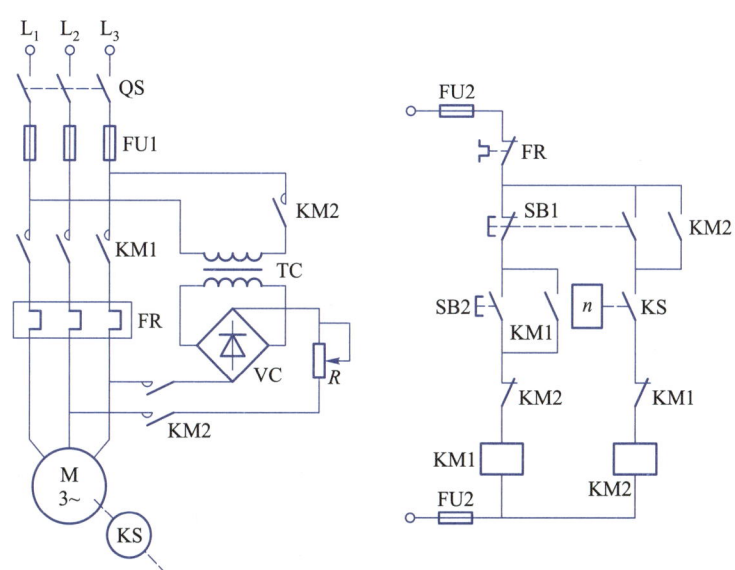

图 8-15 按速度原则控制的三相异步电动机能耗制动控制线路的电气原理图

2. 考核要求及评分标准

考核要求及评分标准见表8-3。

表8-3 按速度原则控制三相异步电动机能耗制动控制线路识读的考核要求及评分标准

序号	项目		配分	评分标准	得分	备注
1	主电路识读		20分	主电路功能分析正确,每错误一项扣5分,扣完为止		
2	控制电路	起动过程	40分	起动过程分析正确,每错误一项扣5分,扣完为止		
		能耗制动过程	40分	能耗制动过程分析正确,每错误一项扣5分,扣完为止		
			合计总分			

五、拓展知识

常用的机械制动装置有电磁抱闸和电磁离合器。电磁离合器的结构和工作原理将在项目九任务二中介绍,下面主要介绍电磁抱闸及其制动控制线路的工作原理和特点。

(一) 电磁抱闸

电磁抱闸是应用普遍的机械制动装置,它具有较大的制动力,能准确及时地使被制动的对象停止运动。特别在起重机械的提升机构中,如果没有电磁抱闸,则所吊起的重物会因自重而自动高速下降,会造成设备损坏和人身伤害事故。电磁抱闸的结构示意图如图8-16所示。

电磁抱闸主要由制动电磁铁和闸瓦制动器两部分构成。制动电磁铁由铁心、衔铁和线圈三部分组成,并有单相和三相之分。闸瓦制动器包括闸轮、闸瓦、杠杆和弹簧等部分组成,闸轮与电动机装在同一根转轴上。制动强度可通过调整机械结构来改变。电磁抱闸可分为断电型和通电型两种。如果弹簧选用拉簧,则闸瓦平时处于"松开"状态,称为通电型电磁抱闸;如果弹簧选用压簧,则闸瓦平时处于"抱住"状态,称为断电型电磁抱闸。

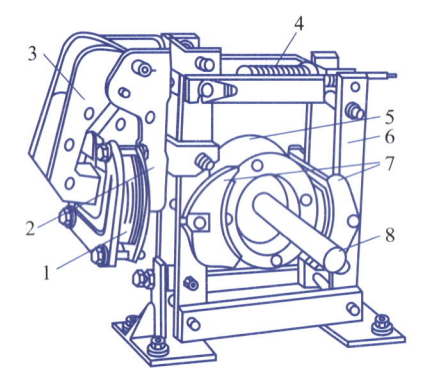

图8-16 电磁抱闸的结构示意图
1—线圈 2—铁心 3—衔铁 4—弹簧
5—闸轮 6—杠杆 7—闸瓦 8—轴

断电型电磁抱闸的性能:当线圈得电时,闸瓦与闸轮分开,无制动作用;当线圈失电时,闸瓦将紧抱闸轮进行制动。

通电型电磁抱闸的性能:当线圈得电时,闸瓦紧紧抱住闸轮制动;当线圈失电时,闸瓦与闸轮分开,无制动作用。

初始状态不同,相应的控制线路也就不同。但无论是通电型电磁抱闸还是断电型电磁抱闸,有一个原则是相同的,即电动机在运转时,闸瓦应松开;电动机停转时,闸瓦应抱住。

常用的电磁抱闸有MJDI型单相交流短行程制动电磁铁制动器和MJSI型三相交

流长行程制动电磁铁制动器。

(二) 电磁抱闸制动控制线路

1. 断电型电磁抱闸制动控制线路

在电梯、起重机、卷扬机等一类升降机械中,采用的制动闸是断电时处于"抱住"状态的制动装置。其控制线路电气原理图如图 8-17 所示。

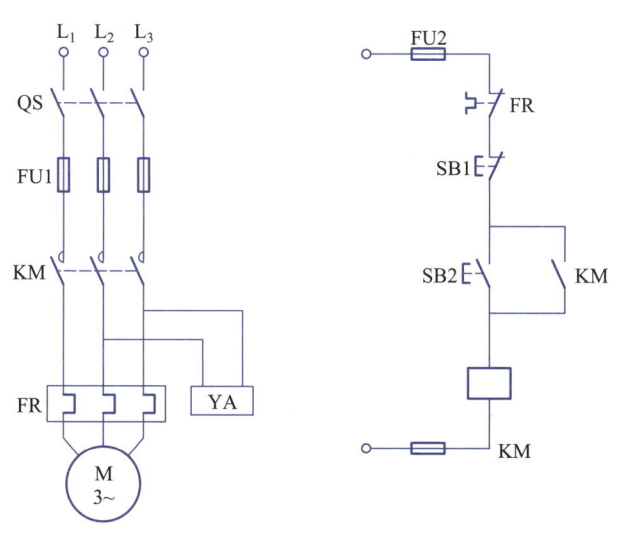

图 8-17 断电型电磁抱闸制动控制线路电气原理图

(1) 起动过程

起动过程与具有自锁的电动机单向起动控制线路相同。按下 SB2→KM 线圈得电自锁,M 起动运行,同时 YA 线圈得电→制动闸松闸。

(2) 制动过程

按下 SB1→KM、YA 线圈断电释放→制动闸抱闸实现制动。

(3) 特点

这种制动方法不会因中途断电或电气故障的影响而造成事故,比较安全可靠。缺点是切断电源后,电动机轴就被制动刹住不能转动,不便调整,而有些生产机械(如机床等),有时还需要用人工将电动机的转轴转动,应采用通电型电磁抱闸制动控制电路。

2. 通电型电磁抱闸制动控制线路

机床等经常需要调整加工工件位置的机械设备,采用的制动闸平时处于"松开"状态,属于通电型电磁抱闸其制控制线路电气原理图如图 8-18 所示。

(1) 起动过程

按下 SB2→KM1 线圈得电自锁,M 起动运行。

(2) 制动过程

按住 SB1→KM1 线圈断电释放,同时 KM2、YA 线圈得电→制动闸抱闸制动;松开 SB1→KM2、YA 线圈断电释放,制动闸松闸。

(3) 特点

这种制动方法,在电动机不转动时,电磁抱闸线圈无电流,抱闸与闸轮也处于松开状态。如用于机床，在电动机未通电时，可以用手扳动主轴以调整和对刀。

图 8-18　通电型电磁抱闸制动控制线路电气原理图

只有将停止按钮 SB1 按到底，接通 KM2 线圈电路时才有制动作用，如只要停车而不需制动时，可按 SB1 不到底。这样就可以根据实际需要，掌握制动与否，从而延长电磁抱闸装置的使用寿命。

六、练习题

1. 简述三相异步电动机能耗制动的定义、特点及适用场合。
2. 直流电源能否长时间加在交流电动机的定子绕组中？一般采用哪些方法及时断开直流电？
3. 分析图 8-19 所示的控制线路的工作过程。

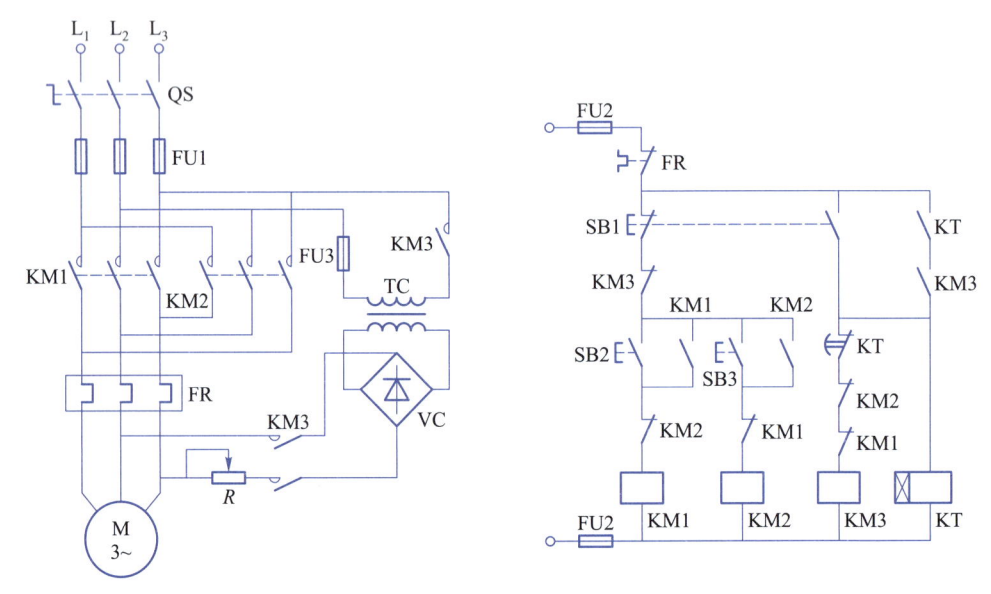

图 8-19　练习题 3 图

思考与练习

一、判断题

1. 三相异步电动机的变极调速属于有级调速。（　　）
2. 变频调速只适用于三相笼型异步电动机的调速。（　　）
3. 在三相绕线式异步电动机转子电路中接入调速电阻，通过改变电阻大小，就可平滑调速。（　　）
4. 在三相绕线式异步电动机转子电路中接入电阻调速，属于变转差率调速方法。（　　）
5. 改变定子电压调速只适用于三相笼型异步电动机的调速。（　　）
6. 速度继电器的触点状态决定于其线圈是否得电。（　　）
7. 三相异步电动机采用制动措施的目的是为了停车平稳。（　　）
8. 在反接制动控制线路中，必须采用时间变化参量进行控制。（　　）
9. 反接制动时由于制动电流较大，对电动机产生的冲击比较大，因此应在定子回路中串入限流电阻，而且仅适用于小功率异步电动机的制动。（　　）
10. 能耗制动比反接制动所消耗的能量小，制动平稳。（　　）
11. 能耗制动的制动转矩与通入定子绕组中的直流电流成正比，因此电流越大越好。（　　）
12. 在时间原则控制的能耗制动控制线路中，时间继电器整定时间过长会引起定子绕组过热。（　　）

二、单项选择题

1. 三相异步电动机变极调速的方法一般只适用于（　　）。
   A. 笼型异步电动机　　　　　　　　B. 绕线式异步电动机
   C. 同步电动机　　　　　　　　　　D. 滑差电动机
2. 双速电动机的调速属于（　　）调速方法。
   A. 变频　　　　B. 改变转差率　　　　C. 改变磁极对数　　　　D. 降低电压
3. 定子绕组三角形联结的4极电动机，接成YY后，磁极对数为（　　）。
   A. 1　　　　B. 2　　　　C. 4　　　　D. 5
4. 4/2极双速异步电动机的出线端分别为 U_1、V_1、W_1 和 U_2、V_2、W_2，当它为4极时与电源的接线为 U_1-L_1、V_1-L_2、W_1-L_3。当它为2极时为了保证电动机的转向不变，则接线应为（　　）。
   A. U_2-L_1、V_2-L_2、W_2-L_3
   B. U_2-L_3、V_2-L_1、W_2-L_2
   C. U_2-L_3、V_2-L_2、W_2-L_1
   D. U_2-L_2、V_2-L_3、W_2-L_1
5. 三相异步电动机的反接制动方法是指制动时，向三相异步电动机定子绕组中通入（　　）。
   A. 单相交流电　　　B. 三相交流电　　　C. 直流电　　　D. 反相序三相交流电
6. 三相异步电动机采用反接制动，切断电源后，应将电动机（　　）。
   A. 转子回路串电阻　　　　　　　　B. 定子绕组两相绕组反接
   C. 转子绕组进行反接　　　　　　　D. 定子绕组送入直流电
7. 反接制动时，旋转磁场反向，与电动机转动方向（　　）。
   A. 相反　　　　B. 相同　　　　C. 不变　　　　D. 不确定

8. 三相异步电动机的能耗制动方法是指制动时,向三相异步电动机定子绕组中通入(　　)。
A. 单相交流电　　　B. 三相交流电　　　C. 直流电　　　D. 反相序三相交流电

9. 三相异步电动机采用能耗制动,切断电源后,应将电动机(　　)。
A. 转子回路串电阻　　　　　　　　　　B. 定子绕组两相绕组反接
C. 转子绕组进行反接　　　　　　　　　D. 定子绕组送入直流电

10. 能耗制动适用于三相异步电动机(　　)的场合。
A. 容量较大、制动频繁　　　　　　　　B. 容量较大、制动不频繁
C. 容量较小、制动频繁　　　　　　　　D. 容量较小、制动不频繁

项目九
典型机床电气控制线路分析与故障检修

在实际工业生产中,电气控制设备种类繁多,其控制方式和控制线路也各不相同,但电气控制线路分析与故障检查的方法基本相同。

本项目通过两个典型机床设备电气控制线路的分析,培养识读机床电气原理图的能力,掌握电路故障检修的常用方法,为电气控制系统的设计、安装、调试和维护打下基础。

知识目标

1. 了解机床电气控制线路的分析方法和步骤;
2. 掌握机床电气控制线路故障检查的常用方法。

能力目标

1. 会分析典型机床电气控制线路的工作原理;
2. 会根据故障现象分析典型机床电气控制线路的故障原因和范围;
3. 会用电阻法或电压法检查常见电气故障。

素养目标

1. 通过分组练习排除故障,养成分工配合、协调完成任务的团队合作习惯;
2. 分组模拟演练,做到诚实守信、踏实细致,提高分析问题和解决问题的能力。

任务一　C6140T 型车床电气控制线路分析与故障检修

一、任务目标

① 了解分析机床电气控制线路的一般方法和步骤。
② 能熟练分析 C6140T 型车床电气控制线路的工作原理。
③ 会根据车床故障现象，分析故障范围，并能使用仪表排除 C6140T 型车床常见电气故障。

二、任务引导

（一）车床的主要结构和运动形式

车床是一种应用极为广泛的金属切削机床，主要用来车削外圆、内圆端面、螺纹和成形表面等。C6140T 型车床主要构造由床身、主轴变速箱、进给箱、溜板及刀架、尾座、丝杠、光杠等部分组成，其外形结构如图 9-1 所示。

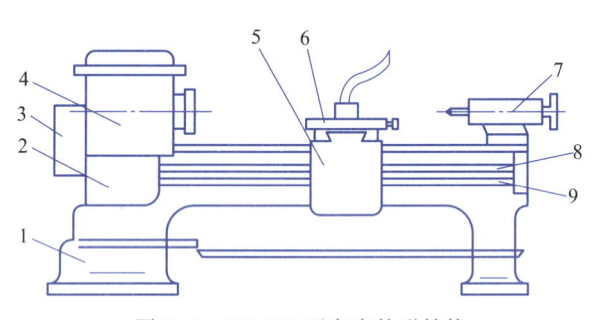

图 9-1　C6140T 型车床外形结构
1—床身　2—进给箱　3—挂轮箱　4—主轴变速箱　5—溜板箱
6—溜板及刀架　7—尾座　8—丝杠　9—光杠

车床的运动形式有主运动、进给运动和辅助运动。

车床的主运动为工件的旋转运动，它是由主轴通过卡盘或顶尖带动工件旋转，承受车削加工时的主切削功率。车削加工时，应根据被加工工件材料、刀具种类、工件尺寸、工艺要求等选择不同的切削速度。其主轴正转速度有 24 种（10～1 400 r/min），反转速度有 12 种（14～1 580 r/min）。

车床的进给运动是溜板箱带动刀架的纵向或横向直线运动。溜板箱把丝杠或光杠的转动传递给刀架部分，变换溜板箱外的手柄位置，经刀架部分使车刀做纵向或横向进给。

车床的辅助运动有刀架的快速移动、尾架的移动以及工件的夹紧与放松等。

（二）分析车床加工对控制线路的要求

① 加工螺纹时，工件的旋转速度与刀具的进给速度应保持严格的比例，因此，主运动和进给运动由同一台电动机拖动，一般采用三相笼型异步电动机。

② 根据工件材料、尺寸加工工艺等不同，切削速度应不同，因此要求主轴的转速也不同，这里采用机械调速。

③ 车削螺纹时，要求主轴反转来退刀，因此要求主轴能正反转。车床主轴的旋转方向可通过机械手柄来控制。

④ 主轴电动机采用直接起动，为了缩短停车时间，主轴停车时采用能耗制动。

⑤ 进行车削加工时，由于刀具与工件温度高，所以需要冷却。为此，设有冷却泵电动机且要求冷却泵电动机应在主轴电动机起动后选择起动与否；当主轴电动机停车时，冷却泵电动机应立即停车。

⑥ 为实现溜板箱的快速移动，由单独的快速移动电动机拖动，采用点动控制。

⑦ 应配有安全照明电路和必要的联锁保护环节。

总结：C6140T 型车床由 3 台三相笼型异步电动机拖动，即主电动机 M1、冷却泵电动机 M2 和刀架快速移动电动机 M3。

（三）C6140T 型车床电气控制线路电气原理图

C6140T 型车床电气控制线路电气原理图如图 9-2 所示。合上断路器 QF1，将三相交流电源引入。主轴电动机 M1 由交流接触器 KM1 控制，实现直接起动。由交流接触器 KM4 和二极管 VD 组成单管能耗制动回路，实现快速停车。另外，通过电流互感器 TA 接入电流表监视加工过程中电动机工作电流。

冷却泵电动机 M2 由 KM2 和断路器 QF2 控制。刀架快速移动（快进）电动机 M3 由交流接触器 KM3 控制，并由熔断器 FU1 实现短路保护。

控制电路的电源由控制变压器 TB 供给控制电路交流电压 127 V，照明电路交流电压为 36 V，指示灯电路交流电压为 6.3 V，即采用 380 V/127 V，36 V，6.3 V 的变压器。

C6140T 型车床电气控制线路有以下特点：

① 主轴电动机采用单向直接起动，单管能耗制动。能耗制动时间用断电延时型时间继电器控制。

② 主轴电动机和冷却泵电动机在主电路中应保证顺序联锁关系。

③ 用电流互感器 TA、电流表 A 检测、显示电流，监视电动机的工作电流。

④ 断路器 QF1，实现主轴电动机和冷却泵电动机的短路和长期过载保护。

（四）机床电气设备故障的诊断步骤

（1）故障调查

问：机床发生故障后，首先应向操作者了解故障发生的前后情况，这有利于根据电气设备的工作原理来分析发生故障的原因。一般询问的内容有：故障发生在开车前、开车后，还是发生在运行中；是运行中自行停车，还是发现异常情况后由操作者停下来的；发生故障时，机床工作在什么工作顺序，按动了哪个按钮，扳动了哪个开关；故障发

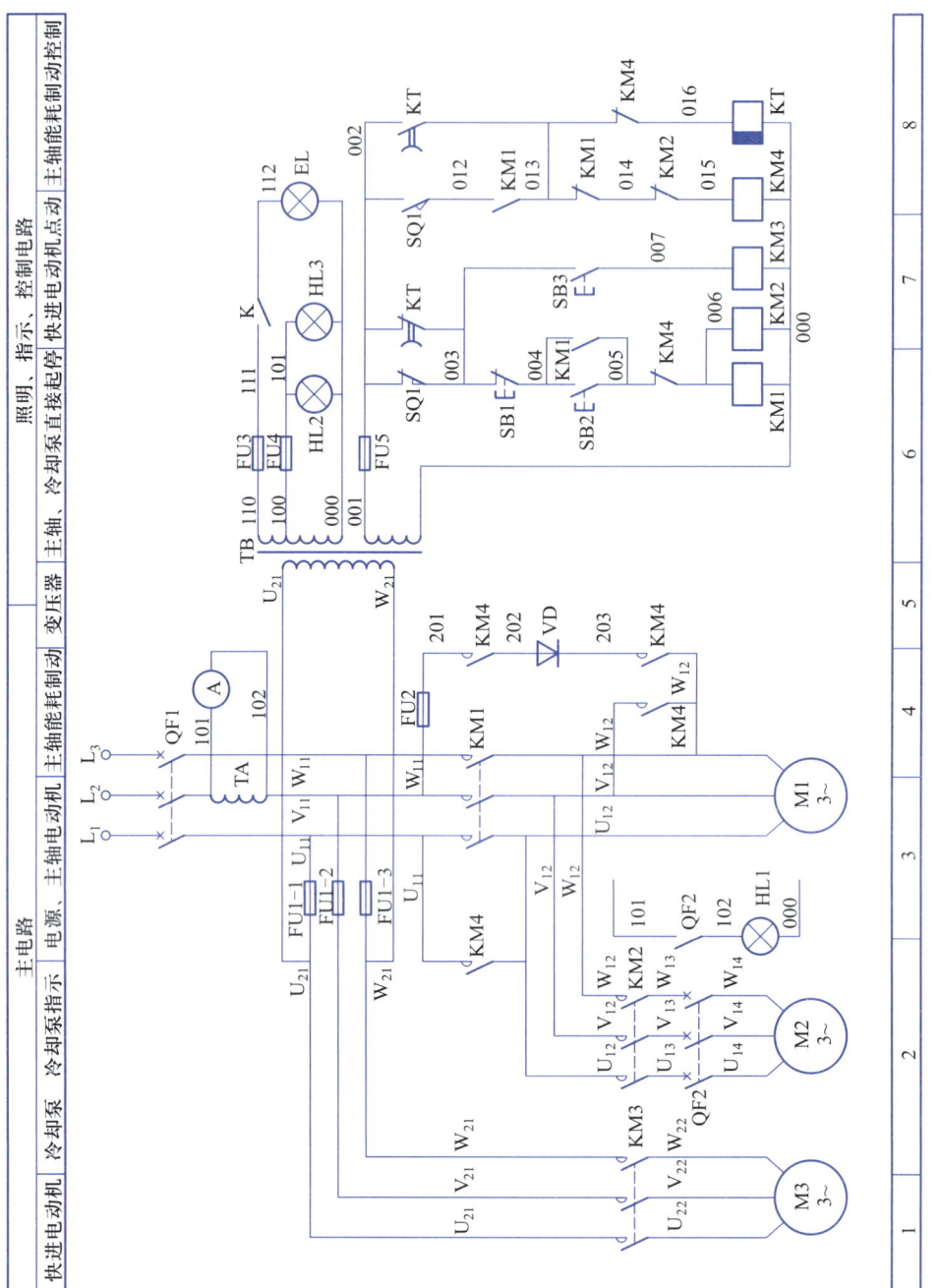

图 9-2 C6140T 型车床电气控制线路电气原理图

生前后,设备有无异常现象(如响声、异味、冒烟或冒火等);以前是否发生过类似的故障,是怎样处理的等。

看:熔断器内熔丝是否熔断,其他电器元件有无烧坏、发热、断线,导线连接螺钉有无松动,电动机的转速是否正常。

听:电动机、变压器和有些电器元件在运行时声音是否正常,可以帮助寻找故障的部位。

摸:电动机、变压器和电器元件的线圈发生故障时,温度显著上升,可切断电源后用手去触摸。

(2) 电路分析

根据调查结果,参考该电气设备的电气原理图进行分析,初步判断出故障产生的部位,然后逐步缩小故障范围,直至找到故障点并加以消除。

分析故障时应有针对性,如接地故障一般先考虑电气柜外的电气装置,后考虑电气柜内的电器元件。断路和短路故障,应先考虑动作频繁的电器元件,后考虑其余电器元件。

(3) 断电检查

检查前先断开机床总电源,然后根据故障可能产生的部位,逐步找出故障点。检查时应先检查电源线进线处有无碰伤而引起的电源接地、短路等现象,螺旋式熔断器的熔断指示器是否跳出,热继电器是否动作。然后检查电气设备外部有无损坏,连接导线有无断路、松动,绝缘有否过热或烧焦。

(4) 通电检查

进行断电检查后仍未找到故障时,可对电气设备进行通电检查。

在通电检查时要尽量使电动机和其所传动的机械部分脱开,将控制器和转换开关置于零位,行程开关还原到正常位置。然后万用表检查电源电压是否正常,有否断相或严重不平衡。再进行通电检查,检查的顺序为:先检查控制电路,后检查主电路;先检查辅助系统,后检查主传动系统;先检查交流系统,后检查直流系统;合上开关,观察各电器元件是否按要求动作,是否有冒火、冒烟、熔断器熔断的现象,直至找到发生故障的部位。

(五) 机床电气故障常用检修方法

机床电气故障的检修方法较多,常用的有电压测量法、电阻测量法和短接法等。

1. 电压测量法

电压测量法指利用万用表的电压挡测量机床电气线路上某两点间的电压值,从而判断故障点的范围或故障元件的方法。

① 电压分阶测量法。电压分阶测量法如图 9-3 所示。

图 9-3 所示电路故障现象是,断开主电路,接通控制电路的电源时,若按下起动按钮 SB2,接触器 KM1 线圈不能得电吸合。这说明控制电路有故障。

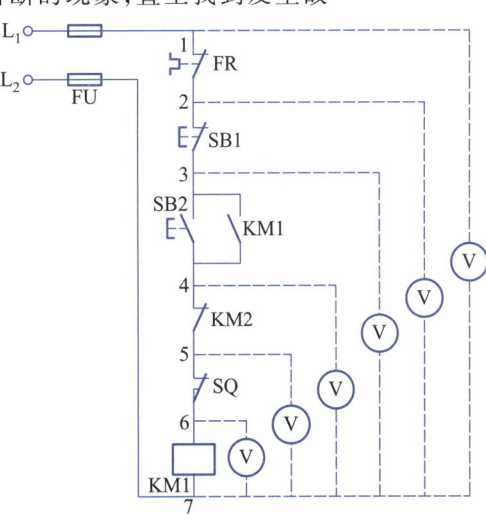

图 9-3 电压分阶测量法

检查时，首先用万用表测量1、7两点间的电压，若电路正常应为380 V。然后按住起动按钮SB2不放，同时将黑色表笔接到点7上，红色表笔依次接到2、3、4、5、6各点上，分别测量2—7、3—7、4—7、5—7、6—7两点间的电压。根据其测量结果即可找出故障原因，见表9-1。

表9-1 电压分阶测量法查找故障原因

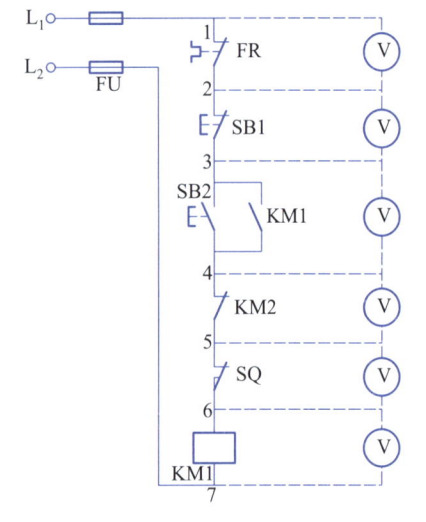

故障现象	测试状态	2—7	3—7	4—7	5—7	6—7	故障原因
按下SB2时，KM1不吸合	按下SB2不放	0					FR常闭触点接触不良
		380 V	0				SB1常闭触点接触不良
		380 V	380 V	0			SB2常开触点接触不良
		380 V	380 V	380 V	0		KM2常闭触点接触不良
		380 V	380 V	380 V	380 V	0	SQ常闭触点接触不良
		380 V	380 V	380 V	380 V	380 V	KM1线圈断路

图9-4 电压分段测量法

这种测量方法如台阶一样依次测量电压，所以称为电压分阶测量法。

② 电压分段测量法。电压分段测量法如图9-4所示。

检查时，首先用万用表测量1、7两点间的电压，若电压为380 V，说明控制电路的电源正常。然后按住起动按钮SB2不放，同时用万用表的红、黑表笔逐段测量相邻两点1—2、2—3、3—4、4—5、5—6、6—7间的电压。根据其测量结果即可找出故障原因，见表9-2。

2. 电阻测量法

电阻测量法指利用万用表的电阻挡来测量机床电气线路上某两点间的电阻值，从而判断故障点的范围或故障元件的方法。

① 电阻分阶测量法。电阻分阶测量法如图9-5所示。

按下起动按钮SB2，接触器KM1不吸合，该电路有断路故障。用万用表的电阻挡检测前应先断开电源，然后按下SB2不放松，先测量1—7两点间的电阻，如电阻值为无穷大，说明1—7之间的电路有断路。然后分别测量1—2、1—3、1—4、1—5、1—6各点间电阻值。若电路正常，则两点间的电阻值为"0"；当测量到某标号间的电阻值为无穷大，则说明两表笔刚跨过的触点或连接导线断路。

表9-2 电压分段测量法查找故障原因

故障现象	测试状态	1—2	2—3	3—4	4—5	5—6	6—7	故障原因
按下SB2时，KM1不吸合	按下SB2不放	380 V						FR常闭触点接触不良
		0	380 V					SB1常闭触点接触不良
		0	0	380 V				SB2常开触点接触不良
		0	0	0	380 V			KM2常闭触点接触不良
		0	0	0	0	380 V		SQ常闭触点接触不良
		0	0	0	0	0	380 V	KM1线圈断路

电阻分阶测量法,根据其测量结果即可找出故障原因,见表9-3。

② 电阻分段测量法。电阻分段测量法如图9-6所示。

检查时,先切断电源,按下起动按钮SB2,然后依次逐段测量相邻两标号点1—2、2—3、3—4、4—5、5—6间的电阻。若电路正常,除6—7两点间的电阻值为KM1线圈电阻外,其余各标号间电阻均应为零。如测得某两点间的电阻力无穷大,说明这两点间的触点或连接导线断路。例如当测得2—3两点间电阻值为无穷大时,说明停止按钮SB1或连接SB1的导线断路。

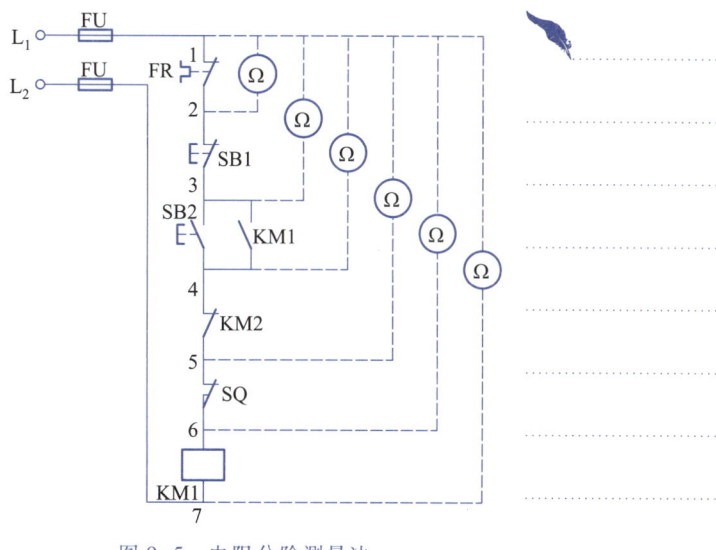

图 9-5 电阻分阶测量法

表 9-3 电阻分阶测量法查找故障原因

故障现象	测试状态	1—2	1—3	1—4	1—5	1—6	故障原因
按下SB2时,KM1不吸合	按下SB2不放	∞					FR 常闭触点接触不良
		0	∞				SB1 常闭触点接触不良
		0	0	∞			SB2 常开触点接触不良
		0	0	0	∞		KM2 常闭触点接触不良
		0	0	0	0	∞	SQ 常闭触点接触不良

电阻分段测量法,根据其测量结果即可找出故障原因,见表9-4。

电阻测量法要注意以下方面:

a. 用电阻测量法检查故障时一定要断开电源。

b. 如被测的电路与其他电路并联时,必须将该电路与其他电路断开(即断开寄生回路),否则所测得的电阻值是不准确的。

c. 测量高电阻值的电器元件时,把万用表的选择开关旋转至合适电阻挡位。

3. 短接法

短接法是指用导线将机床线路中两等电位点短接,以缩小故障范围,从而确定故障范围或故障点。

① 局部短接法。局部短接法如图9-7所示。

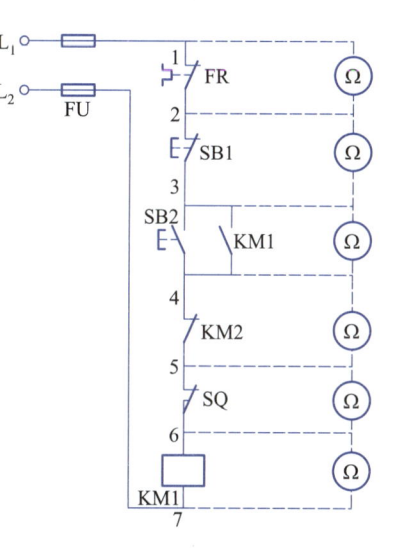

按下起动按钮SB2时,接触器KM1不吸合,说明该电路有断路故障。检查前先用万用表测量1—7两点间的电压值,若电压正常,可按下起动按钮SB2不放松,然后用一根绝缘良好的导线,分别短接标号相邻的两点,如短接1—2、2—3、3—4、4—5、5—6。当短接到某两点时,接触器KM1吸合,说

图 9-6 电阻分段测量法

明断路故障就在这两点之间。

表 9-4　电阻分段测量法查找故障原因

故障现象	测试状态	1—2	2—3	3—4	4—5	5—6	故障原因
按下 SB2 时，KM1 不吸合	按住 SB2 不放	∞					FR 常闭触点接触不良
		0	∞				SB1 常闭触点接触不良
		0	0	∞			SB2 常开触点接触不良
		0	0	0	∞		KM2 常闭触点接触不良
		0	0	0	0	∞	SQ 常闭触点接触不良

② 长短接法。长短接法如图 9-8 所示。

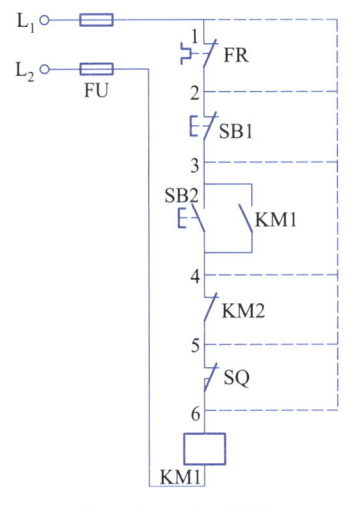

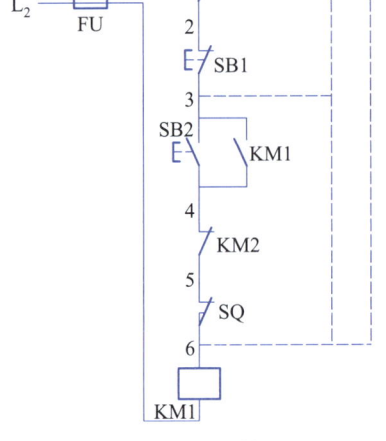

图 9-7　局部短接法　　　图 9-8　长短接法

长短接法是指一次短接两个或多个触点，检查断路故障的方法。

当 FR 的常闭触点和 SB1 的常闭触点同时接触不良，如用上述局部短接法短接 1—2 点，按下起动按钮 SB2，KM1 仍然不会吸合，故可能会造成判断错误。而采用长短接法将 1—6 短接，如 KM1 吸合，说明 1—6 这段电路中有断路故障，然后再短接 1—3 和 3—6。若短接 1—3 时 KM1 吸合，则说明故障在 1—3 段范围内。再用局部短接法短接 1—2 和 2—3，能很快地排除电路的断路故障。

短接法检查要注意以下方面：

a. 短接法是用手拿绝缘导线带电操作的，所以一定要注意安全，避免发生触电事故。

b. 短接法只适用于检查电压降极小的导线和触点等的断路故障。对于电压降较大的电器，如电阻、线圈、绕组等，其断路故障不能采用短接法，否则会出现短路故障。

c. 对于机床的某些重要部位，必须保障电气设备或机械部位不会出现事故的情况下才能使用短接法。

三、任务实施

1. 分析电路工作过程

（1）主电路分析

合上 QF1，当 KM1 主触点闭合时，M1 直接起动运行；当 KM4 主触点闭合时，M1 能耗制动。合上 QF2，当 KM2 主触点闭合时，M2 直接起动运行。当 KM3 主触点闭合时，M3 直接起动运行。

（2）控制电路分析

① M1、M2 直接起动过程：合上 QF1→按下 SB2→KM1、KM2 线圈得电自锁→KM1 主触点闭合→M1 直接起动。

KM2 主触点闭合→合上 QF2→M2 直接起动。

② M3 直接起动过程：合上 QF1→按下 SB3→KM3 线圈得电→KM3 主触点闭合→M3 直接起动（点动）。

③ M1 能耗制动过程：压入 SQ1→SQ1（002-003）断开，SQ1（002-012）闭合→KT 线圈通过支路 002—012—013—016—000 得电→KT（002-003）断开，KM1、KM2 线圈断电，KT（002—013）触点闭合，KT 线圈得电自锁→KM4 线圈通过支路 002—013—014—015—000 得电→KM4 常开触点闭合，M1 通入直流电实施能耗制动，同时 KM4 常闭触点（013—016）断开，KT 线圈失电，延时 t 后，KT 触点复位，KT 常开触点（002—013）断开，KM4 线圈失电，主触点断开直流通电，能耗制动结束。

2. 分析 C6140T 型车床常见电气故障

（1）主轴电动机 M1 不能起动

如果供电电源指示灯 HL2 不亮，检查熔断器 FU1-1、FU1-3 熔断体是否完好；检查熔断器 FU5 熔断体是否完好；检查变压器 T 的一、二次绕组是否完好。

在供电电源指示灯 HL2 指示正常的情况下，按下起动按钮 SB2，接触器 KM1、KM2 线圈不得电，故障必定在控制电路，如 SQ1 常闭触点、按钮 SB1、SB2 的触点、接触器 KM4 辅助常闭触点接触不良，接触器 KM1 线圈断线，就会导致 KM1 线圈不能得电。可用电阻法依次测量支路 001—002—003—004—005—006—000。

在实际检测中应在充分试车情况下尽量缩小故障区域。对于电动机 M1 不能起动的故障现象，若刀架快速移动正常，故障将限于 003—004—005—006—000 之间。若 KM2 线圈得电，说明接触器 KM1 线圈断线。故障将限于 006—000 之间。

当按 SB2 后，若接触器 KM1 吸合，但主轴电动机不能起动，故障原因必定在主电路中，可依次检查进线电源、QF1、接触器 KM1 主触点及三相电动机的接线端子等是否接触良好。

电动机接线盒处测量电压，三个线电压如都是 380 V，说明电动机 M1 内部故障。

在故障测量时，对于同一线号至少有两个相关接线连接点的，应根据电路逐一测量，判断是属于连接点故障还是同一线号两连接点之间导线故障。

（2）主轴电动机能运转不能自锁

当按下按钮 SB2 时，电动机能运转，但放松按钮后电动机即停转，这是由于接触器

KM1 的辅助常开触点接触不良或位置偏移、卡阻现象引起的故障。这时只要将接触器 KM1 的辅助常开触点进行修整或更换即可排除故障。辅助常开触点的连接导线松脱或断裂也会使电动机不能自锁,这时用电阻法测量 004—005 号的连接情况。

（3）主轴电动机不能停车

造成这种故障的原因可能有接触器 KM1 的主触点熔焊;停止按钮 SB1 常闭触点或线路中 003,004 两点连接导线短路;接触器铁心表面油污或黏有污垢。

可采用下列方法判明是哪种原因造成电动机 M1 不能停车:若断开 QF1,接触器 KM1 释放,则说明故障为 SB1 常闭触点或导线短路;若接触器过一段时间释放,则故障为铁心表面黏有污垢;若断开 QF1,接触器 KM1 不释放,则故障为主触点熔焊,打开接触器灭弧罩,可直接观察到该故障。根据具体故障情况采取相应措施。

（4）快进电动机 M3 不能运转

按下点动按钮 SB3,接触器 KM3 线圈未得电吸合,故障必然在控制电路中,这时可检查按钮 SB3 常开触点闭合时接触是否良好,接触器 KM3 的线圈是否断路,并用电阻法检测 003-007-000 之间的连接情况。

按下点动按钮 SB3,接触器 KM3 线圈得电吸合,故障必然在主电路。检查熔断器 FU1-1、FU1-2、FU1-3 熔断体是否完好;接触器 KM3 主触点接触不良;电动机 M3 自身内部故障。

（5）M1 能起动,不能能耗制动

起动主轴电动机 M1 后,若要实现能耗制动,只需按下行程开关 SQ1 即可。若按下行程开关 SQ1,不能实现能耗制动,其故障现象通常有两种:一种是电动机 M1 能自然停车;另一种是电动机 M1 不能停车,仍然转动不停。

按下行程开关 SQ1,不能实现能耗制动,其故障可能出现在主电路,也可能出现在控制电路。可使用以下三种方法加以判别:

① 由故障现象确定。当按下行程开关 SQ1 时,若电动机能自然停车,说明控制电路中时间继电器延时常闭触点 KT(002-003)能断开,时间继电器 KT 线圈得过电,不能制动的原因在于接触器 KM4 是否动作。KM4 动作,故障点在主电路中;KM4 不动作,故障点在接触器 KM4 线圈相关电路中。

当按下行程开关 SQ1 时,若电动机能不能停车,说明控制电路中 KT(002-003)不能断开,致使接触器 KM1 线圈不能断电释放,从而造成电动机不停车,其故障点在控制电路中,这时可以检查继电器 KT 线圈是否得电。

② 由电器的动作情况确定。当按下行程开关 SQ1 进行能耗制动时,反复观察继电器 KT 和 KM4 的衔铁有无吸合动作。若 KT 和 KM4 的衔铁先后吸合,则故障点肯定在主电路的能耗制动支路中;KT 和 KM4 的衔铁只要有一个不吸合,则故障点必在控制电路的能耗制动支路中。

3. 车床常见电气故障检修

下面举例说明发生能耗制动故障时的故障检修过程。

（1）主电路故障的排除

在主电路中,通过单管整流,把交流电变成直流电,接入电动机的定子绕组,产生一个与电动机转子旋转方向相反的制动力矩,从而使电动机迅速停车。能耗制动故障在主电路中常见的有熔断器 FU2 和二极管 VD 的损坏或接触不良、KM4 的各触点及各连接点的接触不良,这时用万用表逐一检查即可查出故障点。

[例 9-1] 若主电路中 KM4(203—W$_{12}$)上 203 线松脱,造成不能能耗制动,用电阻法查找此故障点。

选择万用表的 R×10 电阻挡,将一支表笔(因二极管具有单向导电性,故在此选择红表笔)放在 V$_{11}$ 点不动,另一支表笔(即黑表笔)从 201 点逐步往下移动,并在经过 KM4 触点时,强行使 KM4 触点闭合(只需按住 KM4 的衔铁不放)。若在测量过程中,测量到 V$_{11}$ 与某点间(如 KM4 上的 203 点)的电阻值为无穷大时,则该点(KM4 上的 203 点)或该元件(KM4 触点)即为故障点。

(2) KT 线圈支路故障的排除

KT 线圈通电的路径是:001→FU5→002→SQ1(002—012)→KM1(012—013)→KM4(013—016)→KT 线圈→000。

[例 9-2] KT 线圈不得电,若故障点在 KT 线圈上的 016 号线,用电压法查找此故障点。

选择万用表的交流电压 250 V 量程,将一支表笔放在 002 线不动,另一支表笔依次放在 012、013、016、000 号线上,当万用表有电压指示(此处为 127 V)时,故障点也就是该点或前一个连接点。本例中当另一支表笔移至 KT 上的 016 号线时,万用表仍无电压指示,而移至 KT 上的 000 号线时,会有 127 V 的电压指示,此时即可确定故障点为 KT 上的 016 号线(测量过程中按下 SQ1)。

(3) KM4 线圈支路故障的排除

KM4 线圈通电的路径是:001→FU5→002→KT(002—013)→KM1(013—014)→KM2(014—015)→KM4 线圈→000。

[例 9-3] KM4 线圈不得电,若故障点在触点 KM1(013—014)上的 014 号线上,用短路法查找此故障点。

因 KT 能得电,若线路中只有一个故障点,则此时故障现象应是 KT 吸合不释放,可将等电位点 013 号线与 015 号线短接,若此时 KM4 线圈能得电,说明故障范围在 013 号线与 015 号线之间,可在断电情况下,用电阻法很快可查找到此故障点。

四、技能考核

1. 考核任务

在 30 min 内排除车床电气控制线路的两个常见电气故障,要求写出故障现象,通过操作,由电气原理图分析并确定故障范围,并利用万用表检测故障点。

2. 考核要求及评分标准

考核要求及评分标准见表 9-5。

表 9-5 车床排除故障的考核要求及评分标准

序号	项目	评分标准	配分	扣分	得分
一	观察故障现象	两个故障,观察不出故障现象,每个扣 10 分	20 分		

续表

序号	项目	评分标准	配分	扣分	得分
二	故障分析	分析和判断故障范围,每个故障占20分。每一个故障,范围判断不正确每次扣10分;范围判断过大或过小,每超过一个电器元件扣5分,扣完这个故障的20分为止	40分		
三	故障排除	正确排除两个故障,不能排除故障,每个扣20分	40分		
四	其他	不能正确使用仪表扣10分;拆卸无关的电器元件、导线端子,每次扣5分;扩大故障范围,每个故障扣5分;违反电气安全操作规程,造成安全事故者酌情扣分;修复故障过程中超时,每超时5 min扣5分计算	从总分倒扣		
开始时间		结束时间		成绩	评分人

五、练习题

1. 操作C6140T型普通车床,熟悉机床各电器元件位置和正常动作情况。
2. 试述C6140T型普通车床的能耗制动工作过程。
3. 分别操作主轴电动机的停止按钮SB1和制动手柄SQ1,观察主轴电动机的停止情况。
4. 调节时间继电器的定时时间,观察主轴电动机M1的停止情况和电器KT、KM4的动作。
5. C6140T型车床主轴电动机能起动,但快进电动机M3不能起动,分析其原因。
6. 如果按下SQ1时,KT能吸合,试分析主轴电动机不能进行能耗制动的原因。

任务二　X6132型万能卧式铣床电气控制线路分析与故障检修

一、任务目标

① 进一步掌握分析机床电气控制线路的一般方法和步骤。
② 能熟练分析X6132型万能铣床电气控制线路的工作原理。
③ 会根据X6132型万能铣床故障现象,分析故障范围,选择适当的故障检测方法,利用万用表检测并排除X6132型万能卧式铣床电气控制线路的常见故障。

二、任务引导

（一）铣床的主要结构与运动形式

1. X6132型万能铣床的结构认识

X6132型万能卧式铣床主要由床身、悬架及刀杆支架、工作台、溜板和升降台等组成，其外形结构如图9-9所示。箱形的床身固定在底座上，在床身内装有主轴传动机构及主轴变速操纵机构。在床身的顶部有水平导轨，其上装有带着一个或两个刀杆支架的悬架。刀杆支架用来支承安装铣刀心轴的一端，而铣刀心轴的另一端则固定在主轴上。在床身的前方有垂直导轨，一端悬挂的升降台可沿之上下移动。在升降台上面的水平导轨上，装有可沿平行于主轴轴线方向移动（横向移动）的溜板。工作台可沿溜板上部转动部分的导轨在垂直与主轴轴线的方向移动（纵向移动）。这样，安装在工作台上的工件可以在三个方向调整位置或完成进给运动。此外，由于转动部分对溜板可绕垂直轴线以一定角度（通常为±45°）转动，这样，工作台在水平面上除能平行或垂直于主轴轴线方向进给外，还能在倾斜方向进给，从而完成铣螺旋槽的加工。

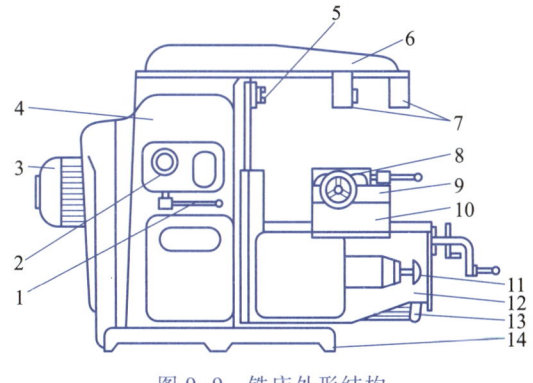

图9-9 铣床外形结构

1—主轴变速手柄 2—主轴变速盘 3—主轴电动机 4—床身 5—主轴 6—悬架 7—刀架支杆
8—工作台 9—转动部分 10—溜板 11—进给变速手柄及变速盘 12—升降台 13—进给电动机 14—底座

2. 铣床的运动形式

铣床的运动形式有主运动、进给运动和辅助运动。

主运动是铣刀的旋转运动。进给运动有普通工作台的直线进给移动和圆工作台的旋转进给移动，普通工作台的直线进给移动是工件相对于铣刀的移动，即工作台的左右、上下和前后进给移动。旋转进给移动要装上附件圆工作台。

工作台用来安装夹具和工件。在横向溜板上的水平导轨上，工作台沿导轨可左、右移动。在升降台的水平导轨上，使工作台沿导轨前、后移动。升降台依靠下面的丝杠，沿床身前面的导轨同工作台一起上、下移动。

为了使主轴变速、进给变速时变换后的齿轮能顺利地啮合，主轴变速时主轴电动机应能转动一下，进给变速时进给电动机也应能转动一下。这种变速时电动机稍微转动一下称为变速冲动。

其他辅助运动有进给几个方向的快速移动；工作台上下、前后、左右的手摇移动；回转盘使工作台向左、右转动±45°；悬架及刀杆支架的水平移动。除进给几个方向的快移运动由电动机拖动外，其余均为手动。

进给速度与快移速度的区别是进给速度低，快移速度高，在机械方面通过电磁离合器改变传动链来实现。

（二）分析铣床加工对电气控制线路的要求

1. 铣刀的旋转运动

为能满足顺铣和逆铣两种铣削加工方式的需要，要求主轴电动机能够实现正、反转，但旋转方向不需要经常改变，仅在加工前预选主轴转动方向而在加工过程中不变换旋转方向。X6132型万能铣床主轴电动机在主电路中采用倒顺开关改变电源相序。

铣削加工是多刀多刃不连续切削，负载波动。为减轻负载波动的影响，往往要在主轴传动系统中加入飞轮，使转动惯量加大，但为实现主轴快速停车，主轴电动机应设有停车制动。同时，主轴在上刀时，也应使主轴制动。为此本铣床采用电磁离合器控制主轴停车制动和主轴上刀制动。

为适应铣削加工需要，主轴转速与进给速度应有较宽的调节范围。X6132型万能铣床采用机械变速，通过改变变速箱的传动比来实现变速，为保证变速时齿轮易于啮合，减少齿轮端面的冲击，要求变速时电动机有冲动控制。

2. 工件相对于铣刀的进给运动

工作台的垂直、横向和纵向三个方向的运动由同一台进给电动机拖动，而三个方向的选择是由操纵手柄改变传动链来实现的。由于每个方向又有正反向的运动，这就要求进给电动机能正、反转。而且，同一时间只允许工作台只有一个方向的移动，故应有联锁保护。

纵向、横向、垂直方向与圆工作台的联锁：为了保证机床、刀具的安全，在铣削加工时，只允许工作台作一个方向的进给运动。在使用圆工作台加工时，不允许工件作纵向、横向和垂直方向的进给运动。为此，各方向进给运动之间应具有联锁环节。

在铣削加工中，为了不使工件和铣刀碰撞发生事故，要求进给拖动一定要在铣刀旋转时才能进行，因此要求主轴电动机和进给电动机之间要有可靠的联锁，即进给运动要在铣刀旋转之后进行，加工结束必须在铣刀停转前停止进给运动。

为供给铣削加工时冷却液，应有冷却泵电动机拖动冷却泵，供给冷却液。

为适应铣削加工时操作者的正面与侧面操作要求，机床应对主轴电动机的起动与停止及工作台的快速移动控制，具有两地操作的性能。

工作台上下、左右、前后六个方向的运动应具有终端限位保护。

在铣削加工中，根据不同的工件材料，也为了延长刀具的寿命和提高加工质量，需要切削液对工件和刀具进行冷却润滑，而有时又不采用，因此采用转换开关控制冷却泵电动机单向旋转。

此外，还应配有安全照明电路。

（三）X6132型万能卧式铣床控制线路电气原理图

X6132型万能卧式铣床控制线路电气原理图如图9-10所示，共有三台三相异步

工程案例
电磁抱闸在电梯中的作用

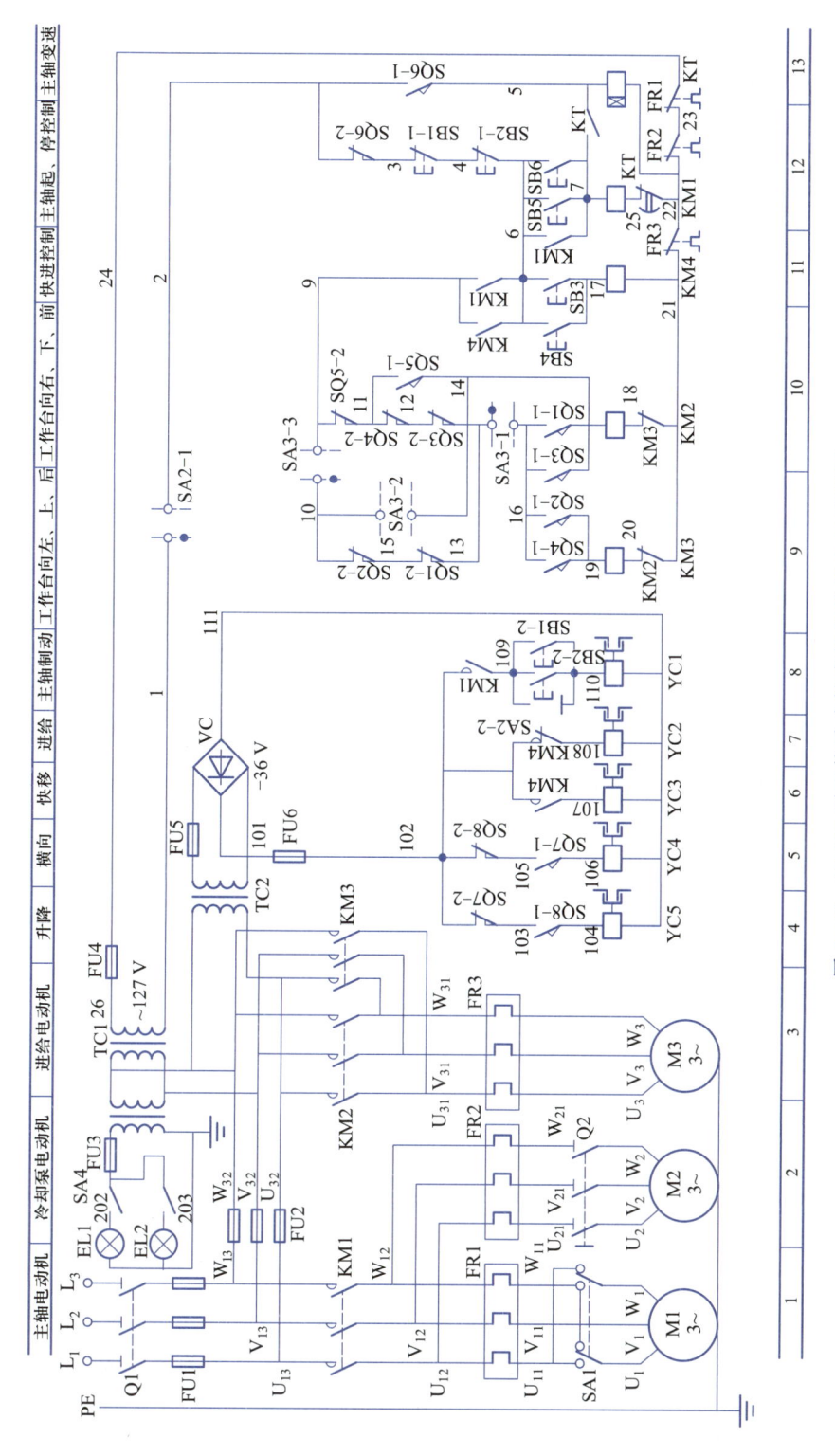

图 9-10 X6132 型万能卧式铣床控制线路电气原理图

电动机，其中主轴电动机 M1 采用直接起动，起动前通过转换开关预先选择正转或反转。冷却泵电动机 M2 在主轴电动机 M1 起动后，通过开关 Q2 选择是否运行。进给电动机 M3 通过两个接触器 KM2 和 KM3 实现正、反转。表 9-6 给出了 X6132 型万能铣床的主要电器元件及用途。

表 9-6　X6132 型万能卧式铣床的主要电器元件表

序号	符号	名称及用途
1	M1	主轴电动机
2	M2	冷却泵电动机
3	M3	进给电动机
4	Q1	电源开关
5	Q2	冷却泵电动机起停用转换开关
6	SA1	主轴正反转用转换开关
7	SA2	主轴制动和松开用主令开关
8	SA3	圆工作台转换开关
9	SB1	主轴停止制动按钮
10	SB2	主轴停止制动按钮
11	SB3	快速移动按钮
12	SB4	快速移动按钮
13	SB5	主轴起动按钮
14	SB6	主轴起动按钮
15	SQ1	向右用微动开关
16	SQ2	向左用微动开关
17	SQ3	向下、向前用微动开关
18	SQ4	向上、向后用微动开关
19	SQ5	进给变速冲动微动开关
20	SQ6	主轴变速冲动微动开关
21	SQ7	横向微动开关
22	SQ8	升降微动开关
23	YC1	主轴制动离合器
24	YC2	进给电磁离合器
25	YC3	快速移动电磁离合器
26	YC4	横向进给电磁离合器
27	YC5	升降电磁离合器

电磁离合器种类很多，这里仅介绍摩擦片式电磁离合器。它是利用表面摩擦来传递或隔离两根转轴的运动和转矩，以改变所控制机械装置的运动状态。其结构示意图和电路符号如图 9-11 所示。

电磁离合器主要由制动电磁铁（包括铁心、衔铁和线圈）、内摩擦片、外摩擦片和制动弹簧等组成。由于电磁离合器传递转矩大，体积小，制动方便，较平稳迅速，易于安装在机床内部,所以在机床上经常采用。

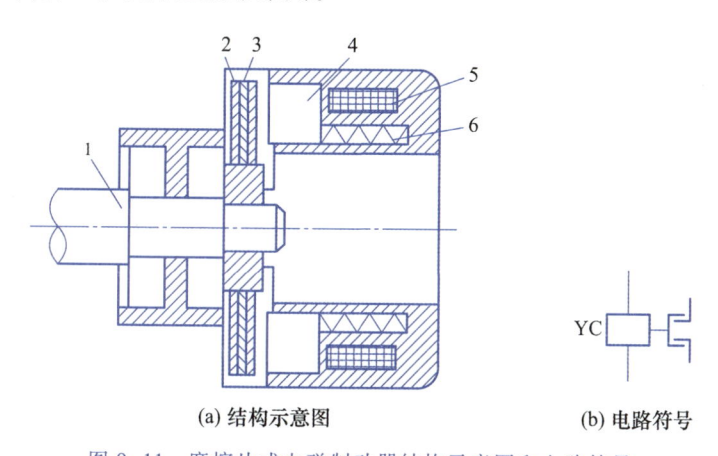

(a) 结构示意图　　(b) 电路符号

图 9-11　摩擦片式电磁制动器结构示意图和电路符号
1—电动轴　2—外摩擦片　3—内摩擦片　4—衔铁　5—直流线圈　6—弹簧

三、任务实施

1. 分析 X6132 型铣床电气控制线路的工作原理

（1）主轴电动机控制

① 主轴的起动。主轴电动机控制线路的电气原理图如图 9-12 所示。为了操作方便,主轴电动机的起动停止在两处中的任何一处可进行操作,一处设在工作台的前面,另一处设在床身的侧面。起动前,先将主轴换向开关 SA1 旋转到所需要的旋转方向,然后按下起动按钮 SB5 或 SB6,接触器 KM1 因线圈通电而吸合,其常开辅助触点(6—

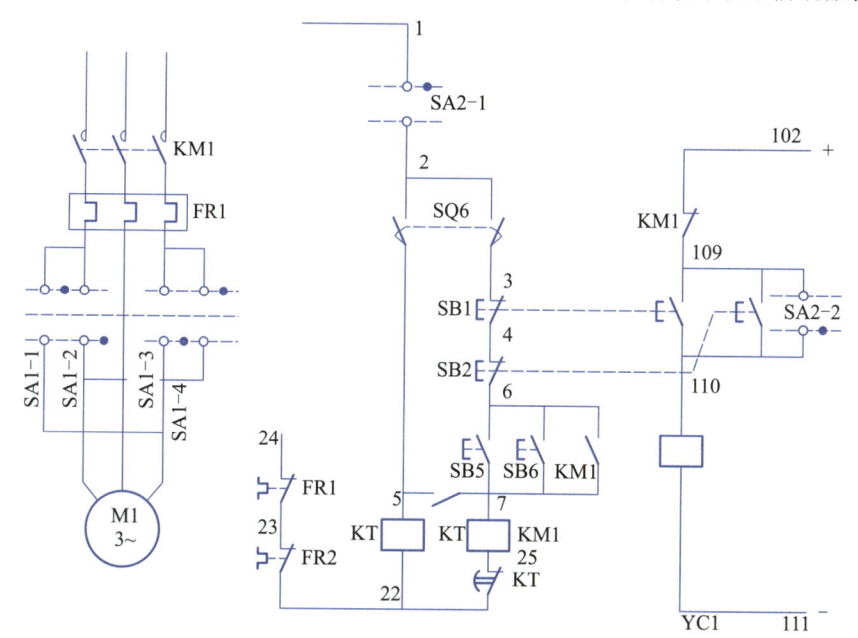

图 9-12　主轴电动机控制线路的电气原理图

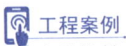

7)闭合进行自锁,常开主触点闭合,电动机 M1 便拖动主轴旋转。在主轴起动的控制电路中串联有热继电器 FR1 和 FR2 的常闭触点(22—23)和(23—24)。这样,当电动机 M1 和 M2 中有任一台电动机过载,热继电器的常闭触点将动作使两台电动机都停止。

主轴起动的控制回路为:1→SA2-1→SQ6-2→SB1-1→SB2-1→SB5(或 SB6)→KM1 线圈→KT→22→FR2→23→FR1→24

② 主轴的停车制动。按下停止按钮 SB1 或 SB2,其常闭触点(3—4)或(4—6)断开,接触器 KM1 因断电而释放,但主轴电动机等因惯性仍然在旋转。按停止按钮时应按到底,这时其常开触点(109—110)闭合,主轴制动离合器 YC1 因线圈通电而吸合,使主轴制动,迅速停止旋转。

③ 主轴的变速冲动。主轴变速时,首先将变速操纵盘上的变速操作手柄拉出,然后转动变速盘,选好速度后再将变速操作手柄推回。当把变速手柄推回原来位置的过程中,通过机械装置使冲动开关 SQ6-1 闭合一次。SQ6-2(2—3)断开,切断了 KM1 接触器自锁回路,SQ6-1 瞬时闭合,时间继电器 KT 线圈通电,其常开触点(5—7)瞬时闭合,使接触器线圈 KM1 瞬时通电,则主轴电动机作瞬时转动,以利于变速齿轮进入啮合位置;同时,延时继电器 KT 线圈通电,其常闭触点(25—22)延时断开,又断开 KM1 接触器线圈电路,以防止由于操作者延长推回手柄的时间而导致电动机冲动时间过长、变速齿轮转速高而发生打坏轮齿的现象。

主轴正在旋转,主轴变速时不必先按停止按钮再变速。这是因为当变速手柄推回原来位置的过程中,通过机械装置使 SQ6-2(2—3)触点断开,使接触器 KM1 因线圈断电而释放,电动机 M1 停止转动。

④ 主轴换刀时的制动。为了使主轴在换刀时不随意转动,换刀前应将主轴制动。将转换开关 SA2 扳到换刀位置,它的一个触点(1—2)断开了控制电路的电源,以保证人身安全;另一个触点(109—110)接通了主轴制动电磁离合器 YC1,使主轴不能转动。换刀后再将转换开关 SA2 扳回工作位置,使触点 SA2-1(1—2)闭合,触点 SA2-2(109—110)断开,断开主轴制动离合器 YC1,接通控制电路电源。

(2)进给电动机的控制

合上电源开关 Q1,起动主轴电动机 M1,接触器 KM1 吸合自锁,进给控制电路有电压,就可以起动进给电动机 M3。

工作台的直线运动是由传动丝杠的旋转带动的。工作台可以在三个坐标轴上运动,因此设有三根传动丝杠,它们相互垂直。三根丝杠的动力都由进给电动机 M3 提供。三个轴向离合器中哪一极挂上,进给电动机就将动力传给哪一根丝杠。例如,将垂直离合器挂上,电动机就带动垂直丝杠转动,使工作台向上或向下运动。若进给电动机正向旋转,工作台就向下运动;若进给电动机反向旋转,工作台就向上运动。因此工作台运动方向的选择,就是机械离合器的选择和电动机转向选择的结合。而操纵手柄扳向某位置,既确定了哪个离合器被挂上,又确定了进给电动机的转向,因而确定了工作台的运动方向。

同一台进给电动机拖动工作台六个方向运动示意图如图 9-13 所示。

进给电动机的正、反转接触器 KM2、KM3 是由行程开关 SQ1、SQ3 与 SQ2、SQ4 来控制的,行程开关又是由两个机械操纵手柄控制的。这两个机械操纵手柄,一个是纵向操纵手柄,另一个是垂直与横向操纵手柄。扳动机械操纵手柄,在完成相应的机械挂挡同时,按下相应的行程开关,从而接通接触器,起动进给电动机,拖动工作台按预定方向运动。在工作进给时,由于快速移动接触器 KM4 线圈处于断电状态,使进给移动电磁离合器 YC2 线圈通电,工作台的运动是工作进给。

纵向机械操纵手柄有左、中、右三个位置,垂直与横向机械操纵手柄有上、下、前、后、中五个位置。SQ1、SQ2 是与纵向操纵手柄有关的行程开关;SQ3、SQ4 是与垂直、横向操纵手柄有关的行程开关。当这两个机械操纵手柄处于中间位置时,SQ1~SQ4 都处于未被按下的原始状态,当扳动机械操纵手柄时,将按下相应的行程开关。

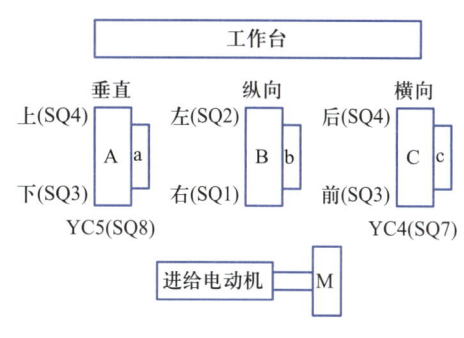

图 9-13 同一台进给电动机拖动工作台六个方向运动示意图

将电源开关 Q1 合上,起动主轴电动机 M1,接触器 KM1 吸合自锁,进给控制电路就有了控制电源,则可以起动进给电动机 M3。

① 工作台纵向(左、右)进给运动的控制。

先将圆工作台的转换开关 SA3 扳在"断开"位置,这时,转换开关 SA3 上的各触点的通断情况见表 9-7。

表 9-7 圆工作台转换开关 SA3 触点通断情况

触点	SA3 操作位置	
	接通圆工作台	断开圆工作台
SA3-1(13—16)	-	+
SA3-2(10—14)	+	-
SA3-3(9—10)	-	+

注:表中"+"表示触点接通,"-"表示触点断开。

由于 SA3-1(13—16)闭合,SA3-2(10—14)断开,SA3-3(9—10)闭合,所以这时工作台的纵向、横向和垂直进给的控制线路的电气原理图如图 9-14 所示。

如图 9-15 所示,操纵工作台纵向运动手柄扳到右边位置时,一方面机械机构将进给电动机的传动链和工作台纵向移动机构相连,另一方面压下向右进给的微动开关 SQ1,其常闭触点 SQ1-2(13—15)断开,常开触点 SQ1-1(14—16)闭合。触点 SQ1-1 的闭合使正转接触器 KM2 因线圈通电而吸合,进给电动机 M3 就正向旋转,拖动工作台向右移动。

a. 向右进给的控制回路是

9→SQ5-2→SQ4-2→SQ3-2→SA3-1→SQ1-1→KM2 线圈→KM3→21。

当将纵向进给手柄向左扳动时,一方面机械机构将进给电动机的传动链和工作台纵向移动机构相联结,另一方面压下向左进给的微动开关 SQ2,其常闭触点 SQ2-2(10—15)断开,常开触点 SQ2-1(15—19)闭合,触点 SQ2-1 的闭合使反转接触器 KM3 因线圈通电而吸合,进给电动机 M3 就反向转动,拖动工作台向左移动。

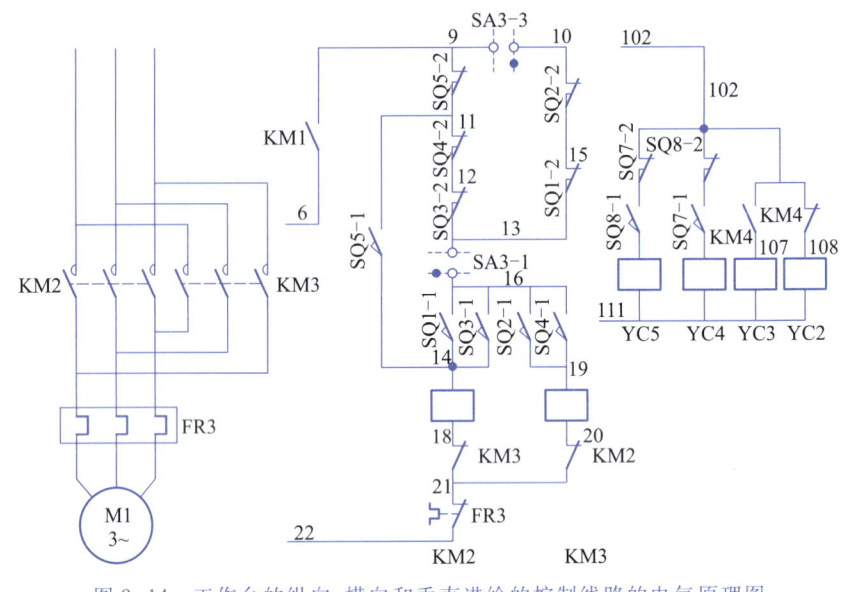

图 9-14　工作台的纵向、横向和垂直进给的控制线路的电气原理图

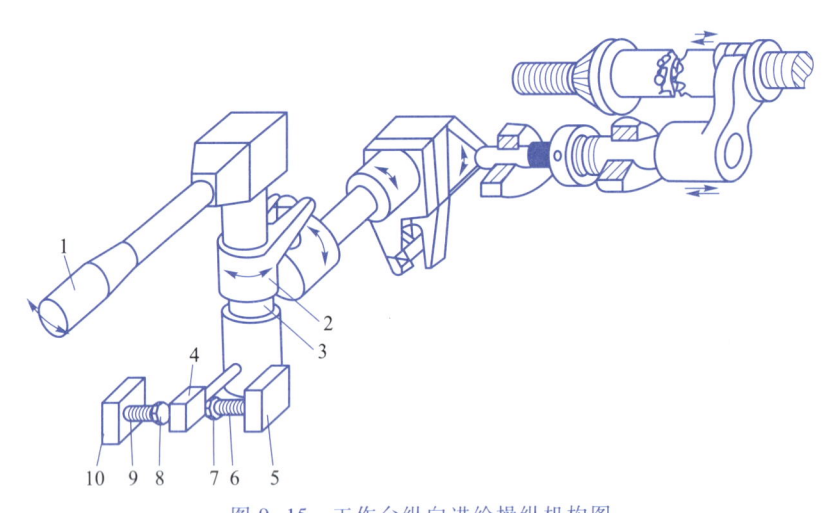

图 9-15　工作台纵向进给操纵机构图

1—手柄　2—叉子　3—垂直轴　4—压块　5—微动开关 SQ1　7、8—可调螺钉
6、9—弹簧　10—微动开关 SQ2

b. 向左进给的控制回路是

9→SQ5-2→11→SQ4-2→12→SQ3-2→13→SA3-1→16→SQ2-1→19→KM3 线圈→20→KM2→21。

当将纵向进给手柄扳回到中间位置(或称零位)时,一方面纵向运动的机械机构脱开,另一方面微动开关 SQ1 和 SQ2 都复位,其常开触点断开,接触器 KM2 和 KM3 释放,进给电动机 M3 停止,工作台也停止。

在工作台的两端各有一块挡铁,当工作台移动到挡铁碰动纵向进给手柄位置时,会使纵向进给手柄回到中间位置,从而实现自动停车。这就是终端限位保护。调整挡铁在工作台上的位置,可以改变停车的终端位置。

② 工作台横向(前、后)和垂直(上、下)进给运动的控制。

首先也要将圆工作台转换开关 SA3 扳到"断开"位置,这时的控制线路如图 9-12 所示。

操纵工作台横向进给运动和垂直进给运动的手柄为十字手柄。它有两个,分别装在工作台左侧的前、后方。它们之间由相关机构连接,只需操纵其中的任意一个即可。手柄有上、下、前、后和零位共五个位置。进给也是由进给电动机 M3 拖动。扳动十字手柄时,通过联动机构压下相应的微动开关 SQ3 或 SQ4,而垂直(上下)进给运动时手柄也压下微动开关 SQ7,横向(前后)进给运动时手柄压下微动开关 SQ8,使电磁离合器 YC4 或 YC5 通电,电动机 M3 旋转,实现横向(前、后)进给或垂直(上、下)进给运动。

当将十字手柄扳到向下或向前位置时,一方面通过电磁离合器 YC4 或 YC5 将进给电动机 M3 的传动链和相应的机构连接。另一方面压下微动开关 SQ3,其常闭触点 SQ3-2(12—13)断开,常开触点 SQ3-1(14—16)闭合,正转接触器 KM2 因线圈通电而吸合,进给电动机 M3 正向转动。当十字手柄压 SQ3 时,若向前,则同时压 SQ7,使电磁离合器 YC4 通电,工作台向前移动。若向下,则同时压下 SQ8,使电磁离合器 YC5 通电,接通垂直传动链,工作台向下移动。

向下、向前控制回路是

6→KM1→9→SA3-3→10→SQ2-2→15→SQ1-2→13→SA3-1→16→SQ3-1→KM2 线圈→18→KM3→21。

向下、向前控制回路相同,而电磁离合器通电不一样。向下时压 SQ8,电磁离合器 YC5 通电。向前时压下 SQ7,电磁离合器 YC4 通电,改变传动链。

当将十字手柄扳到向上或向后位置时,一方面压下微动开关 SQ4,其常闭触点 SQ4-2 (11—12)断开,常开触点 SQ4-1(15—19)闭合,反转接触器 KM3 因线圈通电而吸合,进给电动机 M3 反向转动。另一方面操纵手柄压下微动开关 SQ7 或 SQ8,若向后,则压下 SQ7,使 YC4 通电,接通向后传动链,在进给电动机 M3 反向转动下,向后移动。若向上,则压下 SQ8,使电磁离合器 YC5 通电,接通向上传动链,在进给电动机 M3 反向转动下,向上移动。

向上、向后控制回路是

6→KM1→9→SA3-3→10→SQ2-2→15→SQ1-2→13→SA3-1→16→SQ4-1→19→KM3 线圈→20→KM2→21。

向上、向后控制回路相同,电动机 M3 反转,但电磁离合器通电不一样。向上时,在压 SQ4 的同时压下 SQ8,电磁离合器 YC5 通电。向后时,在压 SQ4 的同时压下 SQ7,电磁离合器 YC4 通电,改变传动链。

当手柄回到中间位置时,机械机构都已脱开,各开关也都已复位,接触器 KM2 和 KM3 都已释放,所以进给电动机 M3 停止,工作台也停止。

工作台前后移动和上下移动均有限位保护。其原理和前面介绍的纵向移动限位保护的原理相同。

③ 工作台的快速移动。

在进行对刀时,为了缩短对刀时间,应快速调整工作台的位置,也就是将工作台快速移动。快速移动的控制电路如图 9-16 所示。

主轴起动以后,将操纵工作台进给的手柄扳到所需的运动方向,工作台就按操纵手柄指定的方向做进给运动。这时如果按下快速移动按钮 SB3 或 SB4,接触器 KM4 因线圈通电而吸合,KM4 在直流电路中的常闭触点(102—108)断开,进给电磁离合器 YC2 失电。KM4 在直流电路中的常开触点(102—107)闭合,快速移动电磁离合器 YC3 通电,接通快速移动传动链。工作台按原操作手柄指定的方向快速移动。当松开快速移动按钮 SB3 或 SB4 时,接触器 KM4 因线圈断电而释放。快速移动电磁离合器 YC3 因 KM4 的常开触点(102—107)断开而脱离,进给电磁离合器 YC2 因 KM4 的常闭触点(102—108)闭合而接通进给传动链,工作台就以原进给的速度和方向继续移动。

④ 进给变速冲动。

为了使进给变速时齿轮容易啮合,进给也有变速冲动。变速前也应先起动主轴电动机 M1,使接触器 KM1 吸合,它在进给变速冲动控制电路中的常开触点(5—9)闭合,为变速冲动做准备。进给变速冲动控制线路如图 9-17 所示。

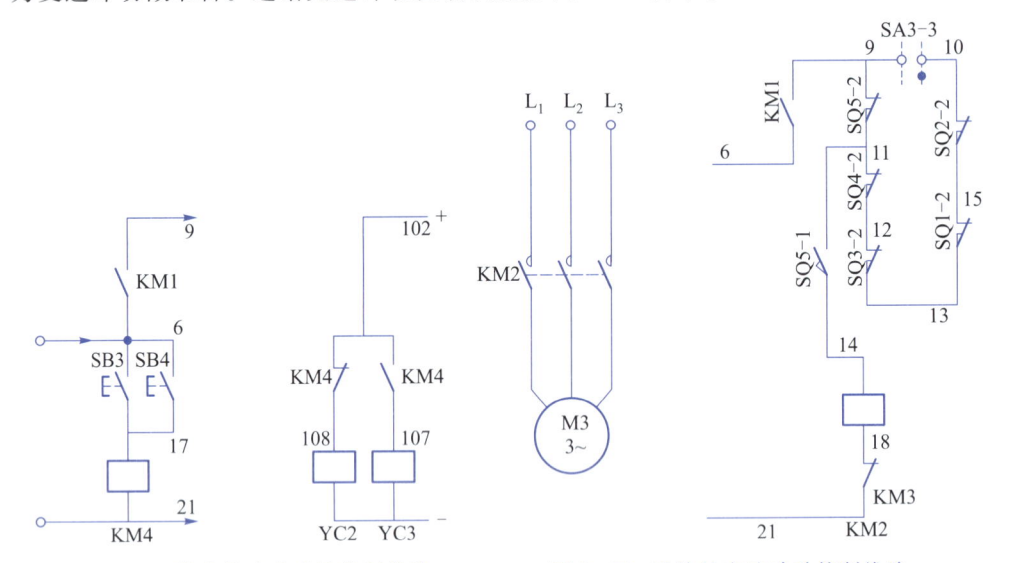

图 9-16 工作台快速移动的控制线路　　图 9-17 进给的变速冲动控制线路

变速时将变速盘往外拉到极限位置,再把它转到所需的速度,最后将变速盘往里推。在推的过程中挡块压一下微动开关 SQ5,其常闭触点 SQ5-2(9—11)断开一下,同时,其常开触点 SQ5-1(11—14)闭合一下,接触器 KM2 短时吸合,进给电动机 M3 就转动一下。当变速盘推到原位时,变速后的齿轮已顺利啮合。

变速冲动的控制回路是

6→KM1→9→SA3-3→10→SQ2-2→15→SQ1-2→13→SQ3-2→12→SQ4-2→11→SQ5-1→14→KM2 线圈→18→KM3→21。

⑤ 圆工作台的旋转控制。

圆工作台是机床的附件。在铣削圆弧和凸轮等曲线时,可在工作台上安装圆工作台进行铣切。圆工作台由进给电动机 M3 经纵向传动机构拖动,在开动圆工作台前,先将圆工作台转换开关 SA3 转到"接通"位置。由表 9-7 可见,SA3 的触点 SA3-2(13—

16)断开,SA3-2(10—14)闭合,SA3-3(9—10)断开。这时,圆工作台的控制线路如图 9-18 所示。工作台的进给操作手柄都扳到中间位置。按下主轴起动按钮 SB5 或 SB6,接触器 KM1 吸合并自锁,圆工作台的控制电路中 KM1 的常开辅助触点(5—9)也同时闭合,接触器 KM2 也紧接着吸合,进给电动机 M3 正向转动,拖动圆工作台转动。因为只能接触器 KM2 吸合,KM3 不能吸合,所以圆工作台只能沿一个方向转动。

圆工作台的控制回路是

6→KM1→9→SQ5-2→11→SQ4-2→12→SQ3-2→13→SQ1-2→15→SQ2-2→10→SA3-2→14→KM2 线圈→18→KM3→21。

(3) 照明电路

照明变压器 T 将 380 V 的交流电压降到 36 V 的安全电压,供照明使用。照明电路由开关 SA4、SA5 分别控制灯泡 EL1、EL2。熔断器 FU3 用作照明电路的短路保护。

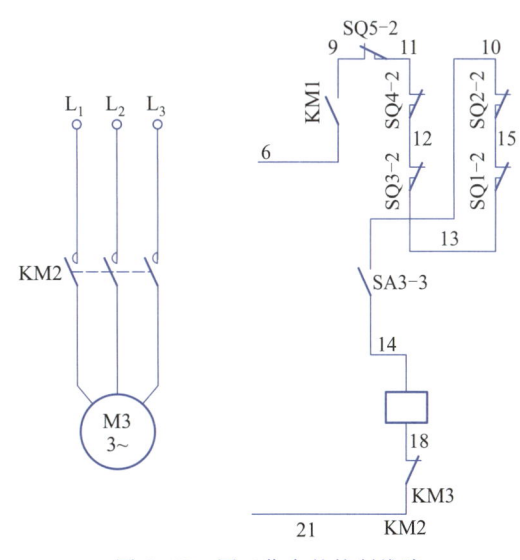

图 9-18 圆工作台的控制线路

整流变压器 TC2 输出低压交流电,经桥式整流电路供给五个电磁离合器以 36 V 直流电源。控制变压器 TC1 输出 127 V 交流控制电压。

2. 联锁保护

(1) 进给运动与主轴运动之间的联锁

只有主轴电动机 M1 起动后才可能起动进给电动机 M3。主轴电动机起动时,接触器 KM1 吸合并自锁,KM1 常开辅助触点(5—9)闭合,进给控制电路有电压。这时才可能使接触器 KM2 或 KM3 吸合而起动进给电动机 M3。如果工作中的主轴电动机 M1 停止,进给电动机也立即停止。这样,可以防止在主轴不转时,工件与铣刀相撞而损坏机床。

(2) 进给运动六个方向之间的联锁

工作台不能几个方向同时移动,有两个以上方向同进给容易造成事故。由于工作台的左右移动是由一个纵向进给手柄控制,同一时间内不会又向左又向右。工作台的上、下、前、后是由同一个十字手柄控制,同一时间内这四个方向也只能一个方向进给。所以只要保证两个操纵手柄都不在零位时,工作台不会沿两个方向同时进给即可。控制电路中的联锁解决了这一问题。在联锁电路中,将纵向进给手柄可能压下的微动开关 SQ1 和 SQ2 的常闭触点 SQ1-2(13—15)和 SQ2-2(10—15)串联在一起,再将垂直进给和横向进给的十字手柄可能压下的微动开关 SQ3 和 SQ4 的常闭触点 SQ3-2(12—13)和 SQ14-2(11—12)串联在一起,并将这两个串联电路再并联起来,以控制接触器 KM2 和 KM3 的线圈通路。如果两个操作手柄都不在零位,则有不同的支路的两个微动开关被按下,其常闭触点的断开使两条并联的支路都断开,进给电动机 M3 因接触器 KM2 和 KM3 的线圈都不能通电而不能转动。

进给变速时两个进给操纵手柄都必须在零位。为了安全起见,进给变速冲动时不能有进给移动,当进给变速冲动时,短时间压下微动开关 SQ5,其常闭触点 SQ5-2

(9—11)断开,其常开触点 SQ5-1(11—14)闭合,与两个进给操作手柄联动的微动开关 SQ1 或 SQ2、SQ3 或 SQ4 的四个常闭触点 SQ1-2、SQ2-2、SQ3-2 和 SQ4-2 是串联在一起的。如果有一个进给操纵手柄不在零位,则因微动开关常闭触点的断开而接触器 KM2 不能吸合,进给电动机 M3 也就不能转动,防止了进给变速冲动时工作台的移动。

(3) 圆工作台的转动与工作台的进给运动不能同时进行

由图 9-16 可知,当圆工作台的转换开关 SA3 转到"接通"位置时,两个进给手柄可能压下微动开关 SQ1 或 SQ2、SQ3 或 SQ4 的四个常闭触点 SQ1-2、SQ2-2、SQ3-2 或 SQ4-2 是串联在一起的。如果有一个进给操纵手柄不在零位,则因开关常闭触点的断开而接触器 KM2 不能吸合,进给电动机 M3 不能转动,圆工作台也就不能转动。只有两个操纵手柄恢复到零位,进给电动机 M3 方可旋转,圆工作台方可转动。

3. X6132 型万能卧式铣床电气线路的常见故障分析

(1) 主轴电动机 M1 不能起动

可能原因如下:

① 转换开关 SA2 在断开位置。

② SQ6、SB1、SB2、SB5 或者 SB6、KT 延时触点任一个接触不良。

③ 热继电器 FR1、FR2 动作后没有复位导致它们的常闭触点不能导通。

(2) 主轴电动机不能变速冲动或冲动时间过长

可能原因如下:

① 不能变速冲动的原因可能是 SQ5-1 触点或者时间继电器 KT 的触点接触不良。

② 冲动时间过长的原因是时间继电器 KT 的延时太长。

(3) 工作台各个方向都不能进给

可能原因如下:

① KM1 的辅助触点 KM1(5-9)接触不良。

② 热继电器 FR3 动作后没有复位。

(4) 进给不能变速冲动

如果工作台能正常各个方向进给,那么故障可能的原因是 SQ5-1 常开触点坏。

(5) 工作台能够左、右和前、下运动而不能后、上运动

由于工作台能左右运动,所以 SQ1、SQ2 没有故障;由于工作台能够向前、向下运动,所以 SQ7、SQ8、SQ3 没有故障,所以故障的可能原因是 SQ4 行程开关的常开触点 SQ4-1 接触不良。

(6) 工作台能够左、右和前、后运动而不能上、下运动

由于工作台能左右运动,所以 SQ1、SQ2 没有故障;由于工作台能前后运动,所以 SQ3、SQ4、SQ7、YC4 也没有故障,因此故障可能的原因是 SQ8 常开触点接触不良或YC5 线圈坏。

(7) 工作台不能快速移动

如果工作台能够正常进给,那么故障可能的原因是 SB3 或 SB4、KM4 常开触点,YC3 线圈坏。

4. X6132型万能卧式铣床电气控制线路的常见故障检修举例

（1）故障现象

主轴电动机不能起动,KM1线圈不得电。

（2）故障分析

首先用万用表电压挡测量变压器 TC 是否有 380 V 电压输入,如果没有,故障范围是 $L_2 \rightarrow Q1 \rightarrow FU1 \rightarrow V_{13} \rightarrow FU2 \rightarrow V_{32} \rightarrow TC$ 和 $L_3 \rightarrow Q1 \rightarrow FU1 \rightarrow W_{13} \rightarrow FU2 \rightarrow W_{32} \rightarrow TC$,如图 9-19 所示。

如果有 380 V 输入,测量变压器是否有 127 V 输出,没有则变压器有故障;如果有则故障范围是 1→SA2-1→2→SQ6-2→3→SB1-1→4→SB2-1→6→SB5 或 SB6 或 KM1(6—7)7→KM1 线圈→25→KT(25—22)→22→FR2→23→FR1→24→FU4→26,如图 9-20 所示。

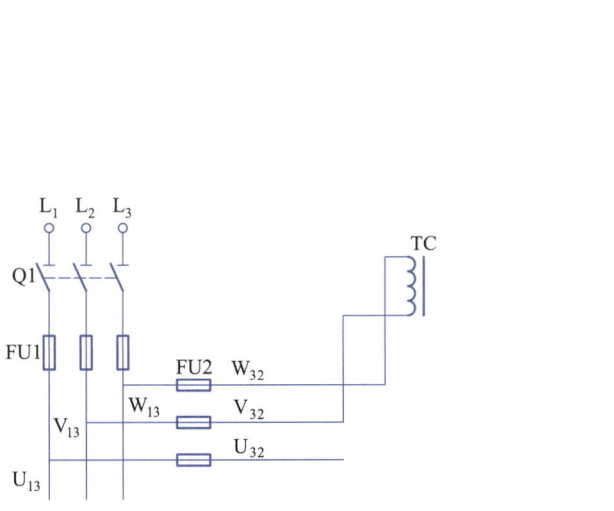

图 9-19　电源、变压器回路　　　图 9-20　接触器 KM1 线圈的得电回路

（3）故障测量（假设 SB1-1 下端的 4 断开）

如图 9-18 所示电路,利用万用表分别用电阻测量法和电压测量法检查电路,找出故障点。

① 电阻测量法。

断开 FU4,按下 SB5、SB6 或 KM1 常开触点,将一支表笔固定在 TC 的 1 上,另外一支表笔依次测量 1、2、3、4、5、6、7,正常情况电阻值应近似为 0;25、22、23、24 正常情况电阻值应近似为 KM1 线圈电阻值;按照假设测到 3 时电阻值应近似为 0,测到 SB2-1 的 4 时电阻应近似为 ∞。

② 电压测量法。

按下 SB5、SB6 或 KM1 常开,将一支表笔固定在 TC 的 26 上,另外一支表笔依次测量 1、2、3、4、005、6、7、25、22、23、24,正常情况电压值应近似为 127 V,按照假设测到 3

时电压值应近似为 127 V，测到 SB2-1 的 4 时电压应为 0。

故障点：SB1-1 到 SB2-1 的 4。

四、技能考核

1. 考核任务

在 30 min 内排除 X6132 型万能铣床电气控制线路的两个常见电气故障，要求写出故障现象，通过操作，由电气原理图分析并确定故障范围，利用万用表检测故障点。

2. 考核要求及评分标准

考核要求及评分标准见表 9-8。

表 9-8　X6132 型万能卧式铣床排除故障考核要求及评分标准

一	观察故障现象	两个故障，观察不出故障现象，每个扣 10 分	20 分		
二	故障分析	分析和判断故障范围，每个故障占 20 分　每一个故障，范围判断不正确每次扣 10 分；范围判断过大或过小，每超过一个电器元件扣 5 分，扣完这个故障的 20 分为止	40 分		
三	故障排除	正确排除两个故障，不能排除故障，每个扣 20 分	40 分		
四	其他	不能正确使用仪表扣 10 分；拆卸无关的电器元件、导线端子，每次扣 5 分；扩大故障范围，每个故障扣 5 分；违反电气安全操作规程，造成安全事故者酌情扣分；修复故障过程超时，每超时 5min 扣 5 分计算	从总分倒扣		
开始时间		结束时间		成绩	评分人

五、练习题

1. 如果 X6132 型万能卧式铣床的工作台能纵向（左右）进给，但不能横向（前后）和垂直（上下）进给，试分析故障原因。

2. 说明 X6132 型万能卧式铣床控制线路中圆工作台控制过程及联锁保护的原理。

思考与练习

一、判断题

1. C6140T 型普通车床电气控制线路中，刀架快速移动电动机未设过载保护，是由于该电动机容量太小。（　　）

2. 在 C6140T 型普通车床控制线路中,主轴电动机、冷却泵电动机未设短路保护和过载保护,是由于电源开关使用了低压断路器。(   )

3. X6132 型卧式万能铣床主轴电动机为满足顺铣和逆铣的工艺要求,要求有正反转控制,采用的方法是通过选择开关预置。(   )

4. X6132 型卧式万能铣床主轴电动机和进给电动机控制线路中,设置变速冲动目的是为了机床润滑的需要。(   )

5. X6132 型卧式万能铣床若主轴电动机未起动,工作台也可以实现快速进给。(   )

6. 对于 X6132 型卧式万能铣床为了避免损坏刀具和机床,要求电动机 M1、M2、M3 中若有一台过载,三台电动机都必须停止运动。(   )

7. X6132 型卧式万能铣床控制线路中,主轴电动机的起动和制动是两地控制的。(   )

8. X6132 型卧式万能铣床控制线路中,在同一时间内工作台的左、右、上、下、前、后、旋转这七个运动中只能存在一个。(   )

9. X1632 型卧式万能铣床控制电路中,当圆工作台在旋转时扳动纵向手柄或十字手柄中的任意一个,圆工作台都将停止旋转。(   )

二、单项选择题

1. C6140T 型普通车床控制电路中照明回路的电压最可能是(   )。
   A. AC 380 V   B. AC 220 V   C. AC 110 V   D. AC 36 V

2. C6140T 型普通车床控制电路中,主轴电动机和冷却泵电动机的起动控制关系是(   )。
   A. 点动   B. 长动   C. 两地控制   D. 顺序控制

3. C6140T 型普通车床控制电路中,快速电动机的控制方法是(   )。
   A. 点动   B. 长动   C. 两地控制   D. 顺序控制

4. C6140T 型普通车床主轴电动机停车制动是采用(   )方法。
   A. 反接制动   B. 能耗制动   C. 电磁离合器制动   D. 电磁抱闸制动

5. X6132 型卧式万能铣床主轴电动机 M1 要求正反转,不用接触器控制而用万能转换开关控制,是因为(   )。
   A. 改变转向不频繁 B. 接触器易损坏   C. 操作安全方便   D. 以上都不是

6. X61322 型卧式万能铣床主轴电动机的制动是(   )。
   A. 反接制动   B. 能耗制动   C. 电磁离合器制动   D. 电磁抱闸制动

7. X6132 型卧式万能铣床控制线路中,快速移动的控制方式是(   )。
   A. 点动   B. 长动   C. 两地控制   D. 点动和两地控制

8. X6132 型卧式万能铣床控制线路中,当工作台正在向左运动时突然扳动十字手柄向上,则工作台(   )。
   A. 继续向上运动   B. 向上运动
   C. 同时向左和向右运动   D. 停止

附录

常用电气符号

名称	GB/T 4728—2022 图形符号	文字符号	名称	GB/T 4728—2022 图形符号	文字符号
直流电	━━━		接地		E
交流电	∼		可调压的单相自耦变压器		T
正、负极	+ −		有铁心的双绕组变压器		T
导线	—		三相自耦变压器		T
三根导线	━/╫━ ≡		电流互感器		TA
导线连接	• ┬		可变（可调）电阻器		R
端子	○		滑动触点电位器		RP
可拆卸端子	⌀		电容器一般符号		C
端子板	1 2 3 4 5 6 7 8	X	极性电容器		C

续表

名称	GB/T 4728—2022 图形符号	文字符号	名称	GB/T 4728—2022 图形符号	文字符号
电感器、线圈、绕组、扼流器		L	串励直流电动机		M
带铁心的电感器		L	并励直流电动机		M
电抗器		L	他励直流电动机		M
普通刀开关		Q	永磁式直流测速发电机		BR
普通三相刀开关		Q	三相笼型异步电动机		M 3~
熔断器		FU	三相绕线式异步电动机		M 3~
热继电器常开（动合）触点		FR	接触器常开主触点		KM
热继电器常闭（动断）触点		FR	接触器常开辅助触点		KM
按钮开关常开触点（起动按钮）		SB	接触器常闭主触点		KM
按钮开关常闭触点（停止按钮）		SB	接触器常闭辅助触点		KM
电机扩大机		AR	继电器常开辅助触点		KA

续表

名称	GB/T 4728—2022 图形符号	文字符号	名称	GB/T 4728—2022 图形符号	文字符号
继电器常闭辅助触点		KA	热继电器的热元件		FR
延时闭合的常开触点		KT	通电延时型时间继电器线圈		KT
延时断开的常闭触点		KT	断电延时型时间继电器线圈		KT
延时断开的常开触点		KT	过电流继电器线圈	$I>$	KI
延时闭合的常闭触点		KT	欠电流继电器线圈	$I<$	KI
接近开关常开触点		SQ	过电压继电器线圈	$U>$	KV
接近开关常闭触点		SQ	欠电压继电器线圈	$U<$	KV
位置开关常开触点		SQ	电磁铁		YA
位置开关常闭触点		SQ	电磁制动器		YB
气压式液压继电器常闭触点		SP	电磁离合器		YC
速度继电器常开触点		KS	电磁阀		YV
接触器线圈		KM	照明灯		EL
继电器线圈		KA	指示灯、信号灯		HL

参考文献

[1] 胡幸鸣. 电机及拖动基础[M]. 2版. 北京:机械工业出版社,2010.
[2] 姜新桥,蔡建国. 电机与电气控制技术[M]. 北京:人民邮电出版社,2014.
[3] 谭维瑜. 电机与电气控制[M]. 北京:机械工业出版社,2017.
[4] 许翏. 电机与电气控制技术[M]. 3版. 北京:机械工业出版社,2018.
[5] 王兵. 常用机床电气检修[M]. 北京:中国劳动社会保障出版社,2006.
[6] 赵红顺. 常用电气控制设备[M]. 2版,上海:华东师范大学出版社,2014.
[7] 朱相磊,冯泽虎. 电机与电气控制技术[M]. 北京:高等教育出版社,2013.
[8] 杨延栋. 电工技能实训[M]. 北京:电子工业出版社,2003.
[9] 王兆明. 电气控制与PLC技术[M]. 北京:清华大学出版社,2006.
[10] 赵红顺,高丹. 电气控制与PLC技术[M]. 北京:中国电力出版社,2014.
[11] 刘沂. 电气控制技术[M]. 2版. 大连:大连理工大学出版社,2008.

郑重声明

  高等教育出版社依法对本书享有专有出版权。任何未经许可的复制、销售行为均违反《中华人民共和国著作权法》，其行为人将承担相应的民事责任和行政责任；构成犯罪的，将被依法追究刑事责任。为了维护市场秩序，保护读者的合法权益，避免读者误用盗版书造成不良后果，我社将配合行政执法部门和司法机关对违法犯罪的单位和个人进行严厉打击。社会各界人士如发现上述侵权行为，希望及时举报，我社将奖励举报有功人员。

反盗版举报电话　（010）58581999　58582371
反盗版举报邮箱　dd@hep.com.cn
通信地址　北京市西城区德外大街4号　高等教育出版社法律事务部
邮政编码　100120

读者意见反馈

  为收集对教材的意见建议，进一步完善教材编写并做好服务工作，读者可将对本教材的意见建议通过如下渠道反馈至我社。

咨询电话　400-810-0598
反馈邮箱　gjdzfwb@pub.hep.cn
通信地址　北京市朝阳区惠新东街4号富盛大厦1座
　　　　　高等教育出版社总编辑办公室
邮政编码　100029